普通高等教育机电类规划教材

电气绝缘测试技术

第3版

主　编　邱昌容　曹晓珑
参　编　徐　阳
主　审　麻　森

机 械 工 业 出 版 社

本书在第2版的基础上,按照拓宽知识、纳新实用、减少篇幅的要求进行了修订。

本书内容包括:①基本介电参数的测量,如绝缘电阻(微电流)、电容(介电常数)、损耗因数(介电谱)、绝缘强度;②局部放电测量;③在线检测与绝缘诊断;④可靠性及寿命试验。本书在简述各被测参数的物理概念和影响因素的基础上,着重论述测试原理、信号采集与处理以及提高测量灵敏度和准确度的途径,同时还阐述了有关误差分析与数据处理方法。

本书可作为大学本科生、大专生的教材,同时也可作为工矿企业中电工、电子产品设计、制造、测试技术人员及电力系统运行中绝缘监督人员的参考书。

图书在版编目（CIP）数据

电气绝缘测试技术/邱昌容,曹晓珑主编. —3版.
—北京:机械工业出版社,2001.11（2024.3重印）
普通高等教育机电类规划教材
ISBN 978-7-111-03749-1

Ⅰ.电⋯ Ⅱ.①邱⋯②曹⋯ Ⅲ.电气绝缘-测试技术-高等学校-教材 Ⅳ.TM934.3

中国版本图书馆 CIP 数据核字（2001）第 068908 号

机械工业出版社（北京市百万庄大街22号 邮政编码100037）
责任编辑:王保家 版式设计:冉晓华 责任校对:姚培新
封面设计:陈 沛 责任印制:常天培
固安县铭成印刷有限公司印刷
2024年3月第3版 · 第14次印刷
169mm×239mm · 16印张 · 307千字
标准书号:ISBN 978-7-111-03749-1
定价:39.00元

电话服务　　　　　　　　　网络服务
客服电话:010-88361066　　机 工 官 网:www.cmpbook.com
　　　　　010-88379833　　机 工 官 博:weibo.com/cmp1952
　　　　　010-68326294　　金 书 网:www.golden-book.com
封底无防伪标均为盗版　　　机工教育服务网:www.cmpedu.com

前 言

《电气绝缘测试技术》一书，已于1981年和1994年分别出版了第1版和第2版。本书是在第2版的基础上，综合和总结了近10年来绝缘测试技术发展的资料和教学经验，使内容更适应当前经济发展和教学改革的新需求。

与第2版相比，由于本课程的学时数减少，删除了空间电荷测量一章（在研究生用的教材中保留）；介电谱的测量结合在本书第二章中阐述；数据处理结合在第三、四、六章中叙述；在第六章中增加了可靠性试验。此外，为适应近年来发展较快的在线监督绝缘的需要，增加了在线检测与绝缘诊断一章。这样，内容就更加拓宽、充实、实用。

本书共分六章，第一、二、四章由邱昌容教授执笔，第三、六章由曹晓珑教授执笔，第五章由徐阳讲师执笔。全书由邱昌容、曹晓珑统编，并由哈尔滨理工大学麻森教授主审。书中有不妥之处，望读者指正。

目 录

前言
绪论 ·· 1

第一章　电阻、电阻率及微电流的测量 ··· 3
   第一节　绝缘电阻与电阻率 ·· 3
   第二节　试样与电极 ·· 6
   第三节　直测法测量绝缘电阻 ·· 12
   第四节　比较法测量绝缘电阻 ·· 16
   第五节　充放电法测量绝缘电阻 ·· 18
   第六节　测量误差的来源及其消除方法 ·· 20
   第七节　泄漏电流的测量 ·· 24
   第八节　计算机辅助测量时变微电流 ·· 25

第二章　电容（相对介电常数）及损耗因数的测量 ······························· 27
   第一节　概述 ··· 27
   第二节　电桥法测量 C_X 及 $\tan\delta$ ·· 30
   第三节　谐振法测量 C_X 及 $\tan\delta$ ·· 42
   第四节　测量误差及其消除方法 ·· 47
   第五节　介电谱的测量 ··· 57

第三章　介电强度试验 ··· 69
   第一节　概述 ··· 69
   第二节　试样与电极 ·· 72
   第三节　工频电压下的介电强度试验 ·· 74
   第四节　直流电压下的介电强度试验 ·· 85
   第五节　冲击电压下的介电强度试验 ·· 90
   第六节　叠加电压下的介电强度试验 ·· 104
   第七节　高电压试验室 ··· 105

第四章　局部放电测量 ··· 110
   第一节　概述 ··· 110
   第二节　电测法 ·· 123

第三节　非电测法 …… 135
第四节　放电位置的测定技术 …… 146
第五节　抗干扰技术 …… 151
第六节　测试结果的分析和评定 …… 155

第五章　在线测量与绝缘诊断 …… 160
第一节　漏电流的测量 …… 160
第二节　电容和损耗因数的测量 …… 162
第三节　局部放电的测量 …… 166
第四节　绝缘油的试验与分析 …… 169
第五节　绝缘诊断 …… 175

第六章　可靠性试验 …… 190
第一节　可靠性的基本概念与主要特征量 …… 190
第二节　可靠性试验分类 …… 194
第三节　可靠性筛选试验 …… 199
第四节　加速老化试验及其数据的分析 …… 203
第五节　热老化试验 …… 207
第六节　电老化试验 …… 227

附录 …… 236
附录 A　ZC—36 型高阻计的测量原理 …… 236
附录 B　电桥的灵敏度 …… 237
附录 C　大电容电桥计算式 …… 238
附录 D　对角线接地电桥计算式 …… 238
附录 E　球隙放电电压表 …… 239
附录 F　试样数 10 以下中值，5％ t 95％统计数值表 …… 241
附录 G　等级表 …… 245

参考文献 …… 247

绪　　论

　　高电压或高场强电工、电子产品,在研究、设计、制造和运行中,都要进行一系列绝缘性能试验。在绝缘系统设计中,对绝缘结构的设计、参数的选定是否合理,要进行产品模拟试验;在产品制造中,对原料、半成品、成品是否合格,要进行例行试验;在新产品试制或原材料、工艺有重大改变时,要进行型式试验(比例行试验项目更全、条件更严);产品出厂安装好后,要做验收试验;产品在运行中,要做预防性试验或状态试验。此外,在电介质的理论研究中,各特性参数的机理、各种相关的规律,也都要靠电介质绝缘性能测试来验证。因此,在电介质与绝缘技术领域中,不论是理论的研究还是产品的发展和质量的保证,都与绝缘测试技术的应用分不开。

　　绝缘性能包括电、热、机等各种物理、化学性能,本书主要论述电气绝缘性能的测试技术,这不同于一般电工测量。首先,要测量的基本电量大大超过一般电工测量范围,如要测的绝缘电阻可达 $10^{12}\Omega$ 以上;直流微电流可小到 10^{-16} A以下;要测的工频高电压可达 1000kV 以上;要测的局部放电脉冲信号可小到 μV 级;损耗因数要测到 10^{-5}。这都必须采用特殊的测试技术才能进行测量。其次,除了测量基本的电量之外,还要测量对绝缘性能有严重影响的特性参数,如空间电荷、局部放电的视在放电电荷等,这要比测量一般的电荷量复杂得多。另外,还要做各种耐久性试验,如可靠性试验、寿命(老化)试验等。第三,在绝缘性能测试中,有些参数测得的是随机变量,分散性大,因此必须按其统计规律进行数据处理,才能得出比较客观的结果。因此,一个称职的从事绝缘测试的工程师和研究人员需要具备以下几方面的知识:

　　(1) 对被测参数的物理概念及其影响因素有较深入的了解,以便分析可能出现的结果及反常现象。

　　(2) 有较好的电工和电子学基础,以便掌握有关测试原理、测试线路、信号采集、变换(放大、缩小、整形)、滤波、显示以及计算机应用等技术。

　　(3) 懂得概率论和数理统计,以便合理设计实验、掌握有关数据处理、识别和推断试验结论的方法。

　　本书在简述被测参数的物理概念和影响因素的基础上,着重论述测试原理、信号采集与处理、提高测量灵敏度和准确度的途径,同时还阐述了有关数据处理和识别推断的方法。对于具体的操作规程,可查阅有关标准及仪器说明书,本书不再赘述。

本书共分六章，第一章是电阻与微电流的测量，第二章是电容 C_X 相对介电常数（ε_r）及损耗因数的测量，第三章是介电强度试验，第四章是局部放电测量，第五章是在线测量与绝缘诊断，第六章是可靠性试验。全书内容反映了当前比较成熟的绝缘测试技术水平。由于计算机、数字技术、信息采集和处理的高新技术的应用，绝缘测试技术面临着崭新的发展时期，各种数字化、自动化、智能化及基于虚拟仪器的测试系统与装置将会不断出现，本书在此发展趋势方面也尽可能给读者一些启示。

第一章 电阻、电阻率及微电流的测量

第一节 绝缘电阻与电阻率

一、定义

在电工设备中和电力传输线上,要把不同电位的导体隔离开,就要靠绝缘体。绝缘体的基本功能,就是阻止电流流通,使得电能按设计的途径传输,保证设备能正常工作。但绝缘体也不是绝对不导电的,只是通过它的泄漏电流很小而已。绝缘电阻就是用以表征绝缘体阻止电流流通的能力。绝缘电阻太低,泄漏电流会很大,不但造成电能的浪费,而且还会引起发热而损坏绝缘体。因此绝缘电阻是表征绝缘体特性的基本参数之一,必须经常测定。

一个绝缘体在施加直流电压之后,通过的电流随着时间由大到小变化,如图 1-1 所示。这是由于在开始时含有的电流成分很多,除了泄漏电流之外,还有充电电流、极化电流以及净化电流等等,这些电流都是随时间而减小的,最后达到一个稳定的电流,这个稳定的电流,才是表征电介质本征电导的泄漏电流。

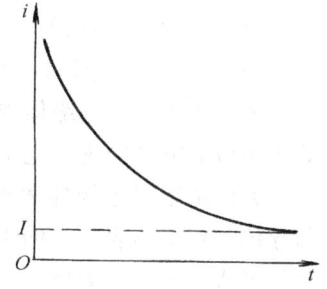

图 1-1 在直流电压下电流的变化曲线

绝缘电阻是施加于绝缘体上两个导体之间的直流电压与流过绝缘体的泄漏电流之比,即

$$R = \frac{U}{I} \tag{1-1}$$

式中　R——绝缘电阻（Ω）;
　　　U——直流电压（V）;
　　　I——泄漏电流（A）。

一个绝缘体的绝缘电阻由两部分组成,即体积电阻与表面电阻。体积电阻 R_V 是施加的直流电压 U 与通过绝缘体内部的电流 I_V 之比;表面电阻 R_S 是施加的直流电压 U 与通过绝缘体表面的电流 I_S 之比,即

$$R_V = \frac{U}{I_V}$$

$$R_S = \frac{U}{I_S}$$

绝缘电阻是体积电阻与表面电阻并联组成的，如图 1-2 所示。即

$$R = \frac{R_V R_S}{R_V + R_S} \tag{1-2}$$

绝缘体的体积电阻与导体间绝缘体的厚度成正比，与导体和绝缘体接触的面积成反比。以图 1-2 所示的平板形绝缘体为例，假定导体（或电极）也是平板形，导体间绝缘体内电场是均匀的，则

$$R_V = \frac{U}{I_V} = \rho_V \frac{h}{A}$$

$$\rho_V = \frac{U/h}{I_V/A} = \frac{E_V}{J_V} \tag{1-3}$$

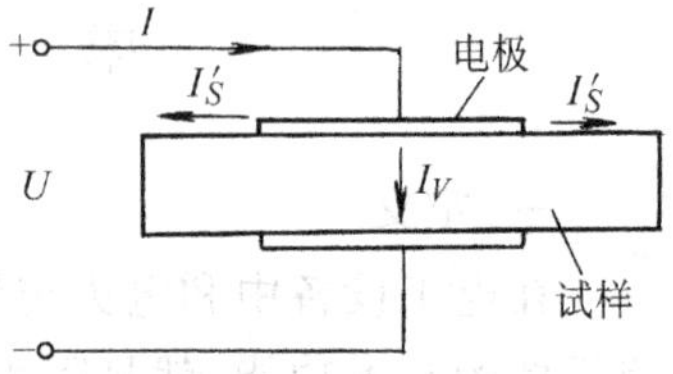

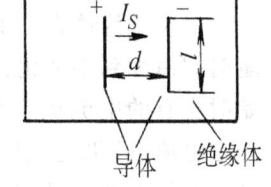

图 1-2 体积电流 I_V 与表面电流 I_S 的途径

式中　h——绝缘体的厚度（m）；
　　　A——电极的面积（m²）；
　　　E_V——绝缘体内的电场强度（V/m）；
　　　J_V——绝缘体内的电流密度（A/m²）；
　　　ρ_V——体积电阻率（Ω·m）。

体积电阻率是绝缘体内的直流电场强度与体内泄漏电流密度之比。实际上它等于单位立方体的绝缘电阻值。

表面电阻与绝缘体表面上放置的导体的长度成反比，与导体间绝缘体表面上的距离成正比，以图 1-3 所示的简单的平板形绝缘体为例

$$R_S = \frac{U}{I_S} = \rho_S \frac{d}{l}$$

$$\rho_S = \frac{U/d}{I_S/l} = \frac{E_S}{J_S} \tag{1-4}$$

图 1-3 计算表面电阻率的示意图

式中　d——导体间的距离（m）；
　　　l——导体的长度（m）；
　　　E_S——表面电场强度（V/m）；
　　　J_S——电流线密度（A/m）；
　　　ρ_S——表面电阻率（Ω）。

表面电阻率是绝缘体表面层的直流电场强度与通过表面层的电流线密度之比。实际上它等于正方形面积内的表面电阻值。

由此可见，绝缘电阻不仅与绝缘材料的性能有关，而且还决定于绝缘系统的形状和尺寸；而电阻率则完全决定于绝缘材料的性能。由于表面电阻率对外界的影响很敏感，所以绝缘材料的电阻率一般指的是体积电阻率。电导率为电阻率的倒数，单位为 S/m（S——西门子）。

二、影响绝缘电阻的诸因素

为了理解试验标准中有关规定的必要性,分析测量结果的合理性和准确性,必须了解试验条件和环境条件对试样的电阻的影响,这些影响因素主要有:

(1) 温度 在绝缘材料中,导电主要是靠离子迁移,温度升高时离子容易摆脱周围分子的束缚而产生位移,从而使体积电阻率呈指数式下降

$$\rho_V = \frac{6KT}{nfq^2\alpha^2} e^{\frac{A}{KT}} \tag{1-5}$$

式中　n——离子浓度(离子数/m³);

　　　f——离子振动频率(Hz);

　　　q——离子所带电荷量(C);

　　　α——离子每次迁移的距离(m);

　　　A——离子迁移活化能(J);

　　　T——热力学温度(K);

　　　K——玻耳兹曼常数(J/K)。

(2) 湿度 水的电导比绝缘材料的电导大得多,特别是水中含有杂质时。同时水的介电常数大,它能降低离子的电离能,因此绝缘材料在吸湿后,电阻率要明显下降。电气设备在潮湿的环境中停放后,在重新投入运行之前,必须先测其电阻,若下降很多,就要烘干后再投入运行。

(3) 电场强度 在电场强度不高时,电阻率几乎与电场强度无关。但当电场强度很高时,电子电导起明显作用,这时电导随电场强度增高而明显增加。如电场强度 E 所增加的位能 $\frac{1}{2}\alpha qE$ 大于 KT 时,绝缘材料的电导率 σ 将随 E^2 而增大。

$$\sigma = \frac{nfq^2\alpha^2}{6KT} e^{-\frac{A}{KT}} \left(1 + \frac{\alpha^2 q^2 E^2}{24K^2 T^2}\right) \tag{1-6}$$

式(1-6)中物理量与式(1-5)同。

另外,当电压升高时,绝缘体中的某些缺陷,如裂纹或气泡,则可能产生放电,这时绝缘电阻也会有所下降。

(4) 辐照的影响 许多有机材料在强光或 X 射线、γ 射线等辐照下,会产生各种光电流,而使绝缘电阻率明显下降,如聚乙烯在 8R⊖/min 辐射剂量的照射下,温度在 20℃ 时,电阻率会下降 3~4 个数量级。在辐射停止后相当长的时间内,这种效应仍然存在。

为了消除由于试样在试验之前所经历的环境条件不同而造成的试验结果的偏差,试样在试验之前要做预处理,即将试样置于规定的大气条件下处理一定时间。现行标准中推荐采用在温度为 (23±2)℃、相对湿度为 50%±5% 条件下处理 24h。

⊖ 伦琴 R 是照射量的专用单位,1R=2.58×10⁻⁴C/kg。

若要测定试样在某一特定条件下的性能,在预处理之后,还要进行试验条件处理。

第二节 试样与电极

测量电气设备的绝缘电阻,只要把直流电压施加在导体的端头,就可进行测量;而测量绝缘材料的体积电阻率和表面电阻率,则必须制作适当的试样,并选取适当的电极系统和电极材料。

一、试样

根据使用的要求,绝缘材料要制成各种不同的形状与尺寸的试样,如板状、薄膜、带状、管状、棒状等等,在测量材料的体积和表面电阻率时,试样的形状决定于材料的形状。试样的厚度,一般也决定于材料的厚度。但在测量表面电阻率时,规定试样的厚度不超过 4mm,有时试样太厚会使电阻值超过测量仪器的量程,因此对太厚的材料,可以单面切削成较薄的试样,此时测量表面电阻率应在未加工的材料原表面上进行。试样的大小应比电极的最大尺寸至少每边要大 7mm,同时也要尽量节省材料。目前我国国家标准 GB/T 1410—1989 规定,方形板材采用边长为 50mm 或 100mm,圆形板材采用直径为 50mm 或 100mm,管状试样长度为 50mm 或 100mm。

试样要经过预处理或条件处理,并置放于规定的环境条件中进行测量。试样表面应无外来的污染,没有损伤,并要清除试样上的残余电荷。后者对于测量薄膜材料特别重要。用酒精清洗试样,或将试样置放在湿度很大的环境中片刻,可将试样表面上的电荷基本清除。

二、电极系统

电极系统分为两电极和三电极两种。

三电极系统可以将体积电流和表面电流分开,以便分别测量体积电阻率和表面电阻率。同时用三电极系统测量体积电阻率时,可以使测量电极下的电场比较均匀,从而可以用等效面积来计算体积电阻率。

平板形试样的三电极系统如图 1-4 所示。在测量体积电阻率时,电极 1 为被保护电极(或称测量电极),电极 2 为保护电极,电极 3 为不保护电极(或称高压电极)。在测量表面电阻率时,电极 2 为不保护电极、电极 3 为保护电极。

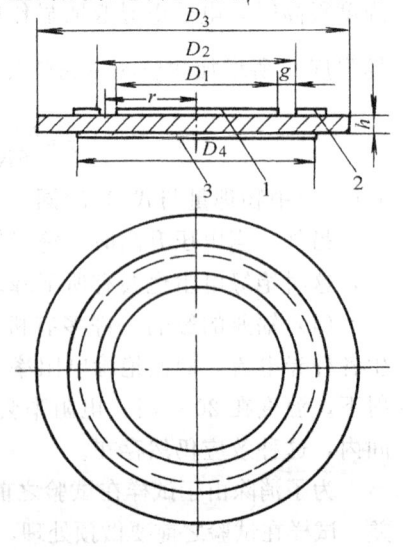

图 1-4 平板试样三电极系统
1—被保护电极 2—保护电极
3—不保护电极

管状试样的三电极系统装置见图 1-5,各电极的作用与平板形相同。

我国 GB/T 1410—1989 标准规定的各电极的尺寸列于表 1-1。

IEC 规定:电极 1 的直径或长度至少应比试样的厚度大 10 倍,实际采用的一般均不小于 5mm;电极 3 的直径或长度及电极 2 的外径应大于电极 2 的内径再加上试样厚度的 2 倍。测量表面电阻率时,还规定电极 1 与 2 之间的宽度 g 至少应为试样厚度的 2 倍,实际采用 g 不小于 1mm。

电极尺寸的规定和选择,除了考虑使测得的结果有代表性并能满足测量设备灵敏度的要求之外,还要在测体积电阻率时,使测量电极下的电场尽可能均匀,减小电极边缘效应,从而近似按均匀电场来计算电阻率。在测量表面电阻时,间隙 g 不能太小,这一方面是为了使沿电极周长间隙 g 的相对误差不致太大;另一方面也是为了尽量减少体积电流的影响,这种影响可用下式表示

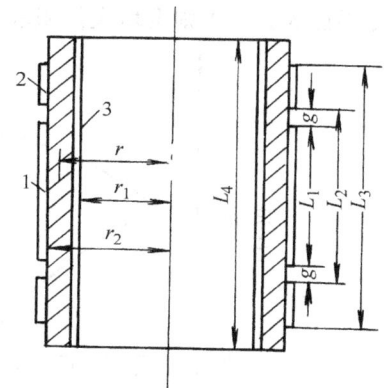

图 1-5 管状试样三电极系统
1—被保护电极 2—保护电极
3—不保护电极

$$\frac{I'_V}{I_S}=\frac{\rho_S}{\rho_V}hf(g/h) \tag{1-7}$$

式中 I'_V、I_S——分别为体积电流和表面电流;

ρ_V、ρ_S——分别为体积电阻率和表面电阻率;

g、h——见图 1-4、图 1-5。

表 1-1 电 极 尺 寸　　　　　　　　　　(单位:mm)

	平 板			管	
D_1	50±0.1	25±0.1	L_1	50	25
D_2	54±0.1	29±0.1	L_2	54	29
D_3	74	39	L_3	74	39
D_4	≥74	≥39	L_4	≥74	≥39

注:表中符号见图 1-4 或图 1-5。

从图 1-6a $f(g/h)$ 曲线中可以看出,在两电极系统中,随着 g/h 的增大,I_S、I'_V 都减小,而且 I_S 比 I'_V 减小得更多,因此 $f(g/h)$ 是上升的。但当电极为三电极系统时,g/h 增大引起更多的体积电流流向保护电极,如图 1-6b 所示,流到测量电极的 I'_V 比 I_S 减小更多,因此 $f(g/h)$ 是下降的。

根据上述分析,在测量表面电阻率时,为了减少体积电流的影响,应采用三电极系统,而且 g/h 应满足 $g/h≥2$。

二电极系统（即不用保护电极）一般只适用于某些特殊场合，例如当试样很薄时，$I_V \gg I_S$，测量 ρ_V 就可以用二电极系统。但要注意用二电极系统测 ρ_S 时，g 不能太大，否则会增大体积电流的影响，见图 1-6。

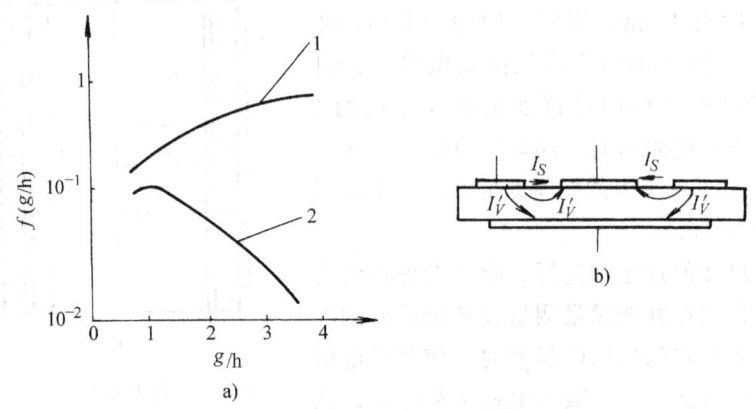

图 1-6　测量 ρ_S 时 I_V' 的影响
a) $f(g/h)$ 曲线　b) I_S 与 I_V' 的分布
1—二电极　2—三电极

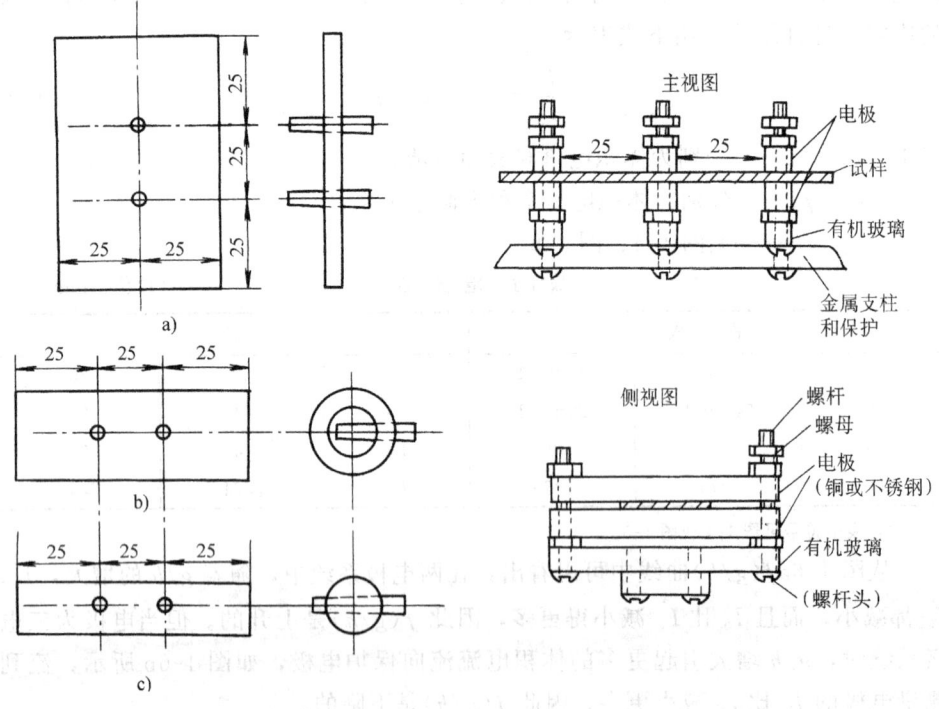

图 1-7　锥形电极
a) 板状材料　b) 管状材料
c) 棒状材料

图 1-8　条形电极

对于某些特定材料,也可以使用专门电极来测定其绝缘电阻。例如层压制品,为了综合测定其表面、体积以及沿层的电阻,可采用图 1-7 所示的锥形电极。又如薄膜带状材料,可采用图 1-8 所示的条形夹紧电极。图 1-9 是用于测量表面电阻率的同轴型电极:高压电极 1 是金属管,接直流高压;测量电极 2 是金属圆柱体,接测量仪器;接地电极 3 对 1、2 电极间都用绝缘电阻比较高的绝缘材料 4 隔离。试样夹在两个同轴电极之间,只要试样不是很厚,则试样 S 承受的基本上是径向电场,因此测得的基本上是表面电流,通过体积的电流影响很小。显然,这些特殊的电极系统所测得的绝缘电阻,只能在用同一电极系统时进行比较,不同电极系统测得的结果是不能相比的。

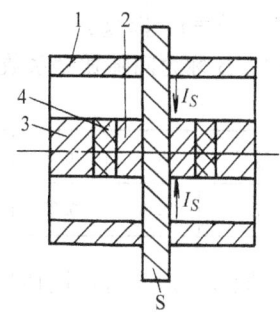

图 1-9 测量表面电阻率的同轴型电极

1—高压电极　2—测量电极
3—接地电极　4—绝缘材料
S—试样

应用三电极系统时,体积电阻率和表面电阻率可以按下列公式进行计算。对于平板形试样

$$\rho_V = \frac{E_V}{J_V} = \frac{U}{I_V}\frac{\pi(D_1+g)^2}{4h} \tag{1-8}$$

$$\rho_S = \frac{E_S}{a} = \frac{U}{r\ln\frac{D_2}{D_1}}\frac{2\pi r}{I_S} = \frac{U}{I_S}\frac{2\pi}{\ln\frac{D_2}{D_1}} \tag{1-9}$$

式中符号见图 1-4。

对于管状试样

$$\rho_V = \frac{E_V}{J_V} = \frac{U}{r\ln\frac{r_2}{r_1}}\frac{2\pi r(L_1+g)}{I_V} = \frac{U}{I_V}\frac{2\pi(L_1+g)}{\ln\frac{r_2}{r_1}} \tag{1-10}$$

$$\rho_S = \frac{E_S}{J_S} = \frac{U}{g}\frac{2\pi r_2}{I_S} = \frac{U}{I_S}\frac{2\pi r_2}{g} \tag{1-11}$$

式中符号见图 1-5。

从上述计算式中可以看出,测量电阻率时,直接测量的量是电压、电流以及电极与试样的一些几何尺寸。由于绝缘电阻很高,所以准确地测量微小的直流电流是测量技术上要解决的主要问题。

式(1-8)和式(1-10)都是用有效直径 (D_1+g) 和有效长度 (L_1+g) 来计算测量电极的面积,这是由于在三电极系统中,测量电极边缘的电力线仍然向外弯曲,这相当于电极的有效面积增大。在应用标准电极尺寸时,这样算得的电阻率,应用在工程上已足够准确。但如果间隙 g 比试样厚度 h 大得多时,对于各向同性且均匀的板材,等效直径应按下式计算更为准确

$$D = D_1 + g - 2\delta = D_1 + g(1 - 2\delta/g) = D_1 + Bg \tag{1-12}$$

式中　$\delta=h[2/\pi\ln\cosh(\pi g/4h)]$；
　　　D_1、g、h——见图 1-4；
　　　$B=1-2\delta/g$。

其中，B 称为间隙宽度系数，不同间隙厚度比的 B 值见表 1-2。

表 1-2　不同间隙厚度比的 B 值

$\frac{g}{h}$	0.1	0.5	0.8	1.0	1.2	1.5	2.0	2.5	3.0
B	0.96	0.81	0.71	0.64	0.59	0.51	0.41	0.34	0.29

同样，对于各向同性且均匀的管状试样的等效长度，可按下式计算

$$L=L_1+g-2\delta=L_1+Bg \tag{1-13}$$

式中　L_1、g——见图 1-5；
　　　B——间隙宽度系数。

三、电极材料与装置

电极材料与装置必须满足以下要求：首先，电极本身是良好的导体，而且能够和试样紧密接触；其次，电极与试样不能有相互作用，电极应能耐腐蚀，在试验过程特别是在高温下，不能因有电极存在而引起试样的性能发生变化；此外，还要求电极制做方便、使用安全。

由于各种绝缘材料的特性不同，而且试验条件也有很大差别，因此推荐作为电极的材料很多，其中主要有下列几种。

(1) 银漆和银膏　高导电的银漆在大气中干燥或在低温下烘干，银膏在高温下还原，都能在试样表面形成电极。这种电极由不连续的银粒沉积在试样表面形成，它能让试样内部的潮气扩散出去，因此试样可先做好电极，而后再进行预处理。这种电极特别适用于研究不同温度下电阻率随温度变化的规律。使用这种电极时，必须注意银漆的溶剂对试样的性能有无影响。制做这种电极的方法是：先用圆规沾上银漆，画好各电极的外缘，然后再用毛笔将整个电极涂满。或者将不应涂电极的试样表面用面板覆盖，再涂上银漆或银膏。

(2) 喷涂或真空蒸发金属电极　采用能很好粘附于试样表面的低熔点金属材料，如锡、铝或其他合金等，直接喷涂在按电极模型覆盖好的试样上，或把上述试样放在真空蒸发器内，让气化的金属沉积在试样表面上。这种电极与导电银漆电极有相同的特点，但要注意离子轰击或真空处理对材料的影响。

(3) 金属箔电极　用柔软的金属箔如铝箔、锡箔等，涂以微量的粘合剂粘贴在试样表面。用干净的绢绸抹平以便把金属箔下的空气赶走，并将多余的粘合剂挤出去。粘合剂一般采用凡士林或硅脂，其厚度应小于 $2.5\mu m$，特别在测量薄膜材料和电阻值不大的材料时，这层粘合剂越厚，测得电阻值的正误差就越大。

采用这种电极时，试样体积内的潮气不能通过电极逸出，因此试样必须先经

过预处理后再贴电极。另外在测表面电阻率时,要特别小心,不要把粘合剂涂到被保护极和保护极之间的间隙上,以免改变了试样表面的状态。在高温下测量时,还应注意粘合剂流动造成的电极移动,或粘合剂渗入试样而改变试样的性能。

(4) 导电橡皮电极 将电阻率不大于 $3\times10^4\Omega\cdot m$,邵氏硬度不大于60的导电橡皮,剪切成规定尺寸的电极,并在电极上施加一定的压力,一般采用 $9.8\times10^3N/m^2$,使电极与试样表面接触良好。这种电极使用方便,但导电性能差,对有弹性的试样应注意因加压力而影响实际厚度。

(5) 胶体石墨电极 与制做银漆的方法相同,将胶体石墨涂刷到试品的表面,干燥后形成一层石墨电极,这是片状石墨堆积形成的,因此必须有一定的厚度,才能保证整个电极面积是连续的导电层。石墨电极比较便宜,但导电性能不如银漆,而且当受潮或浸在变压器油中试验时,石墨容易脱落。

(6) 导电液体电极 水银电极是导电液体电极的一种,如图1-10所示,将试样放在水银面上,并用几个按电极尺寸做成的不锈钢环放在试样上面,再将水银注入环内形成保护电极和被保护电极。这种电极与试样接触很好,但倾注水银时,应注意避免气泡或表面氧化层夹在试样与水银之间。水银对人体是有害的,因此不能长时间连续使用,特别不能在高温下使用。

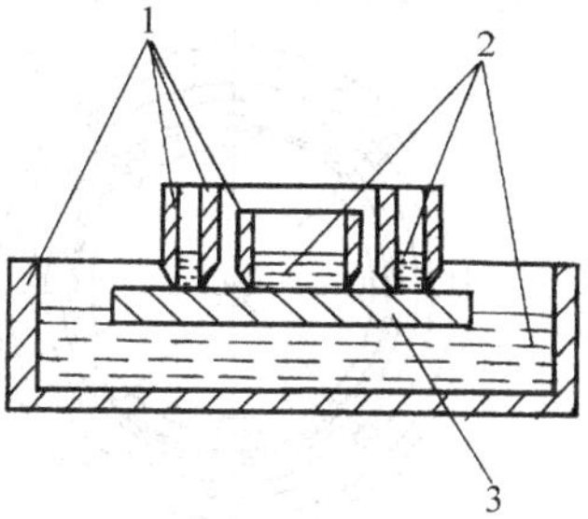

图1-10 水银电极
1—不锈钢环 2—水银
3—试样

测量电线的绝缘电阻时,可用水为电极。把电线浸于水中,两端离开水面一定高度,线芯导体与水组成一对电极,这样就可以很方便地测得整卷电线的电阻。

以上各种电极材料与装置,都是用于固体材料的;对于液体材料用的电极应满足以下要求:除了导电性能好、电极与试样不会有相互作用之外,还要求便于拆洗,电极容积一般不小于40mL,承受的试验电压不低于2kV。

目前采用的液体电极有平板形和圆锥形两种基本结构,如图1-11a和b所示。平板形便于拆洗安装,但测量电极下的气泡往往不易逸出而造成测量误差;圆锥形电极克服了平板形的缺点,但结构比较复杂,而且热惯性大,要在较长时间内试样的温度才能达到平衡。绝缘支架一般都装在电极的上部,使之不浸入被测液体之中,以免与被测液体相互作用,同时也避免通过绝缘支架的电流影响测量结果。安装电极时,要十分注意电极间隙的均匀性,电极间的间隙大小难以测定,计算体积电阻率时可用电极系数 k

$$k=0.036\pi C=0.113C$$
$$\rho_V=kR_V \tag{1-14}$$

式中　C——空电极电容量（pF）；
　　　R_V——体积电阻（Ω）；
　　　ρ_V——体积电阻率（Ω·m）。

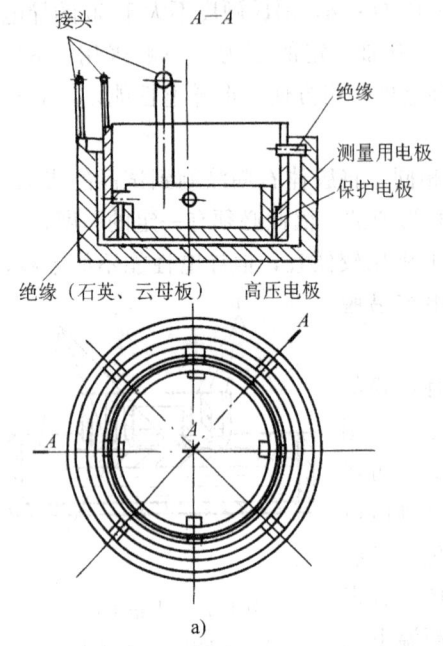
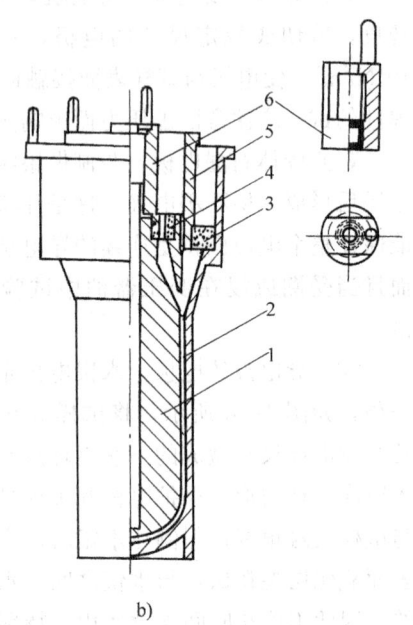

图 1-11　液体电极
a) 平板形　b) 圆锥形
1—内电极　2—外电极　3、4—石英　5—保护环　6—提升柄

杂质对液体的电阻率是非常敏感的，在测量前电极应仔细拆洗。先用清洗溶液清洗两次以上，再用磷酸钠盐蒸馏水溶液煮沸，而后再用蒸馏水漂洗煮沸，最后放在恒温箱内，在 105～110℃ 温度下烘 60～90min。在取样时还应特别注意避免各种杂质如水分、灰尘等混入。为了避免潮气凝结到试样中，在注入试样时，电极的温度要比试样的温度高，试样的温度又应比周围空气的温度高。

试样注入电极 10min 后，就可以进行测量，测量第一试样后，换一个试样再测一次，如果二次测量之差大于两个测量值中较大一个的 35%，则应取更多的试样进行测量，直到相邻两次测量值之差不超过 35% 为止。若多次测量都达不到要求，则应重新清洗电极。

第三节　直测法测量绝缘电阻

直接测量法即直接测量施加于试样的直流电压 U 和流过试样的电流 I，通过欧

姆定律计算出电阻 $R=U/I$。或者使流过试样的电流通过一个已知的标准电阻 R_s，测量 R_s 两端的电压而求得通过的电流 I。根据采用的测量仪器类型，可分为以下几种。

一、欧姆表

旧式欧姆表是由一个手摇直流发电机和一个流比式电流表组成。发电机的电压基本上是稳定的。流比式电流计的指针偏转读数 α 是与流过表内两个线圈的电流比成比例的，因此外加电压的变化对 α 没有影响。试样串联在电流表的一个支路内，见图 1-12。电流表的读数为

$$\alpha = F\left(\frac{I_1}{I_2}\right) = F\left(\frac{R_2+R_x}{R_1}\right) \quad (1-15)$$

式中符号见图 1-12。R_1、R_2 都是固定的，因此可以把 α 读数直接分度为试样的电阻 R_x 值。

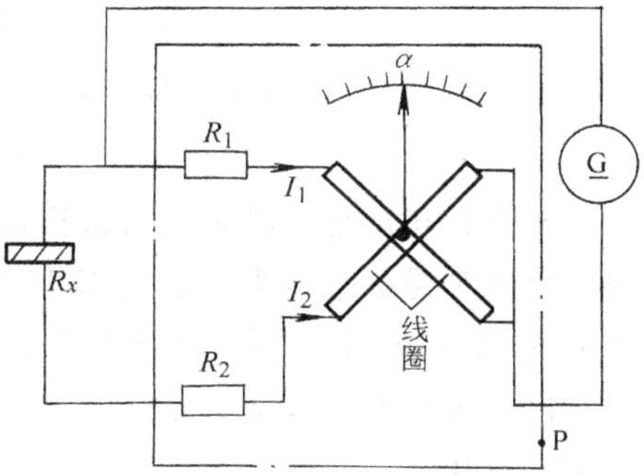

新型欧姆表已不用手摇发电机，而是用高频升压后再整流，以获得直流高压，这比用手摇发电机更为轻便。

图 1-12　欧姆表电路
G—手摇发电机　P—流比式电流计
R_x—试样电阻

用欧姆表测量绝缘电阻是最方便的方法，仪器简单、便于携带、读数稳定，常用于检测电工产品的绝缘电阻。特别是在户外现场使用。但它的灵敏度不高，一般只能测到 100MΩ，电压等级有 500V、1000V、2500V 及 5000V。在使用中要选择适当的电压，电压太低可能暴露不出绝缘的弱点，太高可能发生绝缘击穿。用不同电压测得的绝缘电阻，有时是不可比的。

二、检流计

检流计是一种灵敏度很高的直流电流表，目前国产的 AC15-1 型复射光标式检流计，可检测最小电流为 10^{-10} A/mm。如果试样施加电压为 1000V，光标偏转为 10mm，则测得电阻可达 10^{12} Ω。

图 1-13 是用检流计测量绝缘电阻的线路图。图中直流电源提供施加于试样的直流电压，通常用整流稳压电源，要求电压稳定，电压脉动系数不超过 5%，电压大小可调，一般调节范围为 100~1000V，提高电压可以增大电阻的量程，但电压太高电阻值会下降，甚至会发生击穿。在做对比试验时，电压最好维持不变。为了能改变施加于试样的电压极性，采用换向开关 S_1，这时要求直流电源的输出端都不接地。测量施加于试样的电压，最好用静电电压表直接接在试样两端测量，这时要求静电电压表的电阻要比试样的电阻最少高 100 倍；如果采用磁电式电压表测量直流电源的输出电压，则要求试样的电阻要比保护电阻 R 大 100 倍以上，这样才能保证测量的电压与试样两端电压的差别不超过 1%。

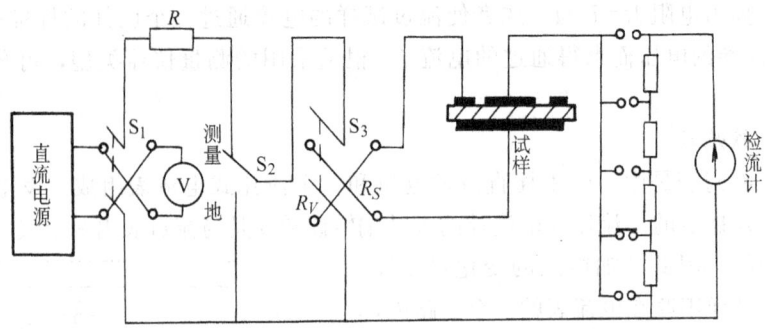

图 1-13 用检流计测电阻的线路图

保护电阻 R 是用以防止当试样击穿，或高压电极与测量电极短路时损坏仪器，如果 R 是标准电阻，还可以用它来校核检流计的常数。校验方法如下：将开关 S_3 置于 R_S 的位置，将电极 1 和 2 短接，闭合 S_1，并将 S_2 置于"测量"位置，逐渐增大电压和改变分流比，直到检流计有明显偏转 $α_0$，则检流计的常数 K 可计算如下

$$K=\frac{I_g}{α_0}=\frac{Un}{Rα_0} \qquad (1-16)$$

式中　U——施加的电压（V）；

　　　R——保护电阻（Ω）；

　　　$α_0$——检流计的偏转读数（mm）；

　　　I_g——流过检流计的电流（A）；

　　　n——分流比，$n=\dfrac{I_g}{U/R}$。

在校验检流计的常数时，要改变电压极性，观察检流计左右两边的偏转是否相等，若相差很大，则可能是检流计没有安放在水平位置上，或是光束与标尺不相垂直，或是测试回路存在漏电流或寄生电动势等，要找出原因并消除之。若相差很小（几毫米）就可取两次测量的平均值为 $α_0$。

分流器是用以扩大量程和保护检流计的，通过试样的电流 I_x，经分流器分流后只有一小部分电流 I_g 流过检流计，分流比 $n=I_g/I_x$，不测量时使 $n=0$，测量时 n 从小到大地调节，直到检流计有明显的读数。

检流计中线圈偏转的阻尼，是由转动过程割切磁力线产生的感应电动势，在线圈与分流器组成的回路中感生的电流大小来决定的。当分流器的总电阻太小时，感生电流太大，从而产生过大的阻尼力矩，使检流计偏转太慢，这是过阻尼，如图 1-14 中曲线 A 所示。如果分流器的总电阻太大，就会因阻尼力矩太小而产生过冲振荡，如曲线 C 所示。当分流器的总电阻正好为检流计的外临界电阻时，检流计的偏转最快达到稳定而不产生振荡，如曲线 B 所示，这是正常的工作状态。

用检流计测量绝缘电阻,通常都应改变电压极性,分别测出两边的偏转读数,然后取平均值 α,绝缘电阻可按下式计算

$$R = \frac{U}{I_x} = \frac{Un}{K\alpha} \tag{1-17}$$

式中符号与式（1-16）同。

三、高阻计

当绝缘电阻很高且通过的电流小于 10^{-10} A 时,用最灵敏的检流计也无法进行测量。只有应用电子放大技术,把微小的电流信号放大才能进行测量。高阻计与电子静电计相似,它是具有高输入阻抗的直流放大器。图 1-15 是高阻计的基本线路图。从图中可以看出,通过试样的电流 I_x 流经标准电阻 R_N,在 R_N 两端产生电压 U_e（U_e 即直流放大器的输入信号）,然后经过放大器放大 A 倍后,在放大器的输出端测得电流 I_P,即

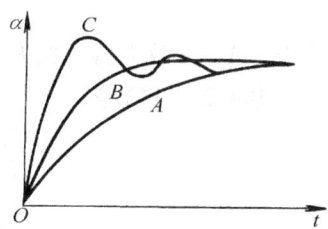

图 1-14　检流计偏转的阻尼状态
A—过阻尼　B—临界阻尼
C—欠阻尼

$$I_P = \frac{AU_e}{R} = \frac{AI_xR_N}{R} = SR_N I_x \tag{1-18}$$

式中,R 包括放大器的输出阻抗、微安表的内阻以及调节灵敏度的电阻 R_P;$S = A/R$ 为高阻计的特性常数,于是当 $R_x \gg R_N$ 的条件下,

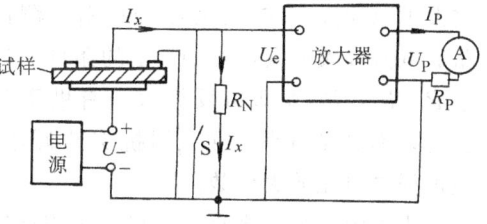

图 1-15　高阻计的基本线路图

$$R_x = \frac{U}{I_x} = \frac{SUR_N}{I_P} \tag{1-19}$$

S、U、R_N 的取值一定,I_P 就可直接分度为电阻的读数。图中开关 S 起保护作用,它在试样施加电压前先闭合,在接上电压的瞬时,较大的电流被短路不会损坏仪器。接上电压 10～20s 后再打开开关 S,让 I_x 通过 R_N。

从式(1-19)可以看出,增大 R_N 可以提高测量电阻的范围,这就可以通过改变 R_N 来改变量程。但 R_N 是与放大器本身的输入阻抗并联的,为了使通过试样的电流都能流过 R_N,它被输入阻抗分流的部分可以忽略不计,则要求输入阻抗要比 R_N 大 100 倍以上。目前高阻计的第一级用电测电子管,或场效应管,电阻一般能做到 $10^{14}\Omega$,因此 R_N 最大也只能取 $10^{12}\Omega$。另外,当 R_N 很大时,测试回路的时间常数很大,电流有可能在 1min 内达不到稳定值。因此 R_N 值不能选得太高。

增大 S 也可以提高灵敏度,但直流放大器的噪声干扰和零点漂移限制了放大倍数。采用差动放大和负反馈等措施,可以得到一定的改善。图 1-16 是 ZC-36 型高阻计的线路简化图（详细说明见附录 A）。从图中可以看出电压放大倍数为

$$A_V = \frac{U_P}{U_e} = A$$

式中　A——放大器的放大倍数。

电流放大倍数为

$$A_I = \frac{I_P}{I_x} = \frac{I_P(R_N + R_f)}{U_e + I_P R_f} = \frac{R_N + R_f}{(U_e/I_P) + R_f} =$$

$$\frac{R_N + R_f}{(U_e/U_P R_f) + R_f} = \frac{R_N + R_f}{\left(\frac{1}{A} + 1\right)R_f} \approx \frac{R_N}{R_f}$$

因为 $R_f \ll R_N$，所以 $A_I \gg 1$。

输入阻抗为

$$Z = \frac{U_e}{I_x} = \frac{I_x(R_N + R_f) - I_P R_f}{I_x} \approx R_N + R_f - \frac{R_N}{R_f}R_f = R_f$$

由此可见，从测试回路输入的电压经放大器放大了 A 倍，A 是放大器的增益；测试回路的电流放大倍数，在 $A \gg 1$ 的条件下决定于 R_N/R_f，R_f 大即负反馈大，有助于工作稳定，本机噪声小，输入阻抗 Z 也减小了，但也损失电流放大倍数。

为了解决零点漂移，还可以采用调制方法，将直流信号变为交流信号，经交流放大后，再检波测量。但由于被测的信号很微小，难以做出满意的调制器。

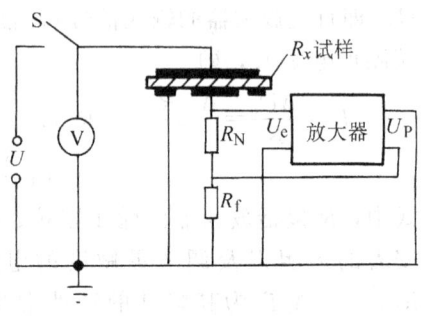

图 1-16　ZC-36 型高阻计的简化线路图

为了克服由于高阻计本身的特性常数 S 的变化带来的误差，在每次测量之前都要先进行自检，即在输入端施加一个标准电压，在一定的 R_s 下，输出的 I_P 应达到一个标定的值，若偏离此值则可以调节 R_P 使之达到，这样就可保证每次测量时 S 保持不变。

目前高阻计是测量绝缘电阻最灵敏的仪器，可测电阻值达 $10^{17}\Omega$，但准确度较差，在测量 $10^{15}\Omega$ 以下的电阻时，误差约为 $\pm 10\%$，测更高的电阻时误差可达 $\pm 20\%$。

第四节　比较法测量绝缘电阻

比较法是与已知标准电阻相比较来测定绝缘电阻值的方法。常用的比较法有两种，即电桥法和电流比较法。

一、电桥法

由试样和另外两个已知标准电阻和1个可调电阻组成一个电桥,如图1-17所示。原理上属于惠斯登电桥,其特点是标准电阻 R_N 阻值很高,平衡指示器的灵敏度也比较高,因此能够测量较高的电阻。当电桥平衡时

$$R_x = R_N \frac{R_B}{R_A} \quad (1-20)$$

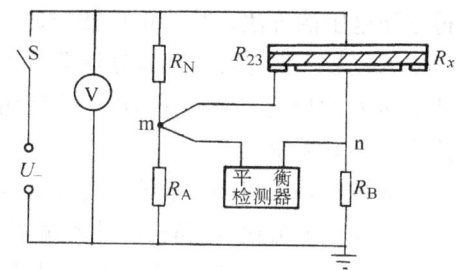

图1-17 测量绝缘电阻的电桥线路图

式中 R_x ——试样电阻;

R_N ——高阻值的标准电阻,可以高达 $10^{12}\Omega$;

R_B ——十进位的标准电阻,用以改变量程;

R_A ——微调电阻,可以调节电桥最终平衡。

电桥法测量绝缘电阻的准确度,基本上决定于各标准电阻的误差和电桥不完全平衡而造成的误差。前者很小,一般在1%范围内,后者与几种因素有关,可以分析如下。

设平衡指示器的输入电阻很大,当电桥略为偏离平衡状态时,电桥对角线上出现的电位差为

$$U_{mn} = \frac{UR_A}{R_A + R_N} - \frac{UR_B}{R_x + R_B}$$

如果这不平衡是由于 R_x 变化引起的,则 U_{mn} 随 R_x 变化的关系,可从上式对 R_x 求偏导数求得

$$\frac{\partial U_{mn}}{\partial R_x} = \frac{UR_B}{(R_x + R_B)^2}$$

实际上 $R_x \gg R_B$,如果用 ΔU_{mn} 和 ΔR_x 分别表示 U_{mn} 和 R_x 的微变量,则上式可改写为

$$\frac{\Delta R_x}{R_x} = \frac{\Delta U_{mn} R_x}{UR_B}$$

如果平衡指示器能检测的最小电压为 ΔU_{min},那么当 R_x 的变化 ΔR_x 产生的 ΔU_{mn} 小于 ΔU_{min} 时,ΔR_x 就成为误差,因此由于灵敏度不够造成的最大相对误差为

$$\frac{\Delta R_x}{R_x} = -\frac{\Delta U_{min} R_x}{UR_B}$$

提高施加于电桥的电压 U,增大 R_B,采用灵敏的零点指示器(ΔU_{min} 小)都可以减小这种误差。

目前电桥法可测的最高电阻值约为 $10^{14}\Omega$,量程很广,准确度比其他的方法都高。其缺点是平衡电桥比较麻烦,而且只能在通过试样的电流达到稳定时才能

平衡,因此不能用于测量随时间变化较快的电阻。

二、电流比较法

在同一电压作用下,通过比较流过试样的电流和流过标准电阻的电流,来测得绝缘电阻的方法,称为电流比较法。这种测量方法的基本线路如图1-18所示。图中 R_N 为标准电阻,R 为分流器,无需从电压表读取电压值,电压表只是用以监视电压有无变化。

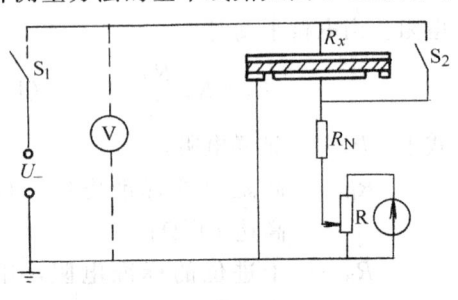

测量时,先将 S_2 打开,接入试样测一次,读下分流比 n_1 和检流计的偏转 α_1,然后将 S_2 闭合,将试样短路,再测得 n_2、α_2。在两次测量中电压保持不变,则

$$\frac{K\alpha_1}{n_1}(R_x+R_N)=\frac{K\alpha_2}{n_2}R_N$$

图1-18 电流比较法线路图

所以

$$R_x=\left(\frac{\alpha_2 n_1}{\alpha_1 n_2}-1\right)R_N \tag{1-21}$$

式中 K——检流计常数。

标准电阻和分流比的准确度都很高,只要 α 的读数准确,这种方法的相对误差可降到百分之几。

第五节 充放电法测量绝缘电阻

一、充电法

充电法测量的原理是:让通过试样的泄漏电流对与试样串联的标准电容器 C_0 充电,测出充电一定时间 t 后,C_0 两端的电压 U_0,就可求得电容器上的电荷 Q,这电荷的大小一方面决定于通过试样的电流 I_x 和充电时间 t($Q_x=I_x t$),另一方面,由于测试回路上施加的电压 U 是一定的,当 C_0 上的电压上升 U_0 时,试样上电压必然要下降 U_0,而试样本身也是一个电容器,其电容为 C_x,因此要放出电荷 $C_x U_0$,这部分电荷也充到 C_0 上但极性与 Q_x 相反,见图1-19。于是 C_0 两端的电荷 Q

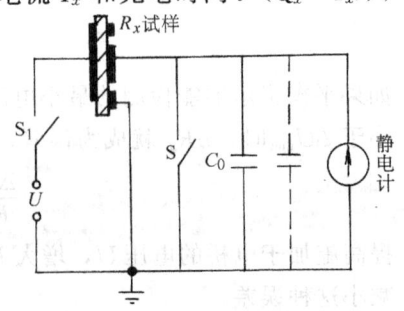

$$Q=(C_0+C_e)U_0=I_x t-C_x U_0$$

所以 $I_x=(C_0+C_e+C_x)\dfrac{U_0}{t}=C_\Sigma\dfrac{U_0}{t}$

图1-19 充电法测量绝缘电阻的线路图

当 $C_0 \gg C_x + C_e$ 时,$C_\Sigma \approx C_0$,这时

$$I_x = C_0 U_0 / t$$

$$R_x = \frac{U}{I_x} = \frac{Ut}{U_0 C_0} \tag{1-22}$$

从式(1-22)可以看出,增加时间 t 可以提高测量电阻的范围,但在式 (1-22) 的推导中,$Q_x = I_x t$,是假定在 t 时间内 I_x 为一常数,所以 t 必须远小于充电的时间常数 $\tau = C_\Sigma R_x \approx C_0 R_x$,同理 C_0 也不能取太小。若取试验电压 $U=1000$V,静电电压表可测最小电压为 10mV,$C_0=10^{-9}$F,$t=100$s,则可测电阻值达 $10^{16}\Omega$。若用更灵敏的电子静电计,可测电阻达 $10^{19}\Omega$。这是目前为止测量绝缘电阻最灵敏的一种方法。

用充电法测量绝缘电阻时,要先闭合开关 S 后加电压,经过 1min 打开 S,开始计时间 t。一般情况下,在加压 1min 后,电流已达到一个稳定值,如果还没有达到稳定值,在 t 时间内电流逐渐变小,则得到的电阻值将比其他方法测量 1min 时的绝缘电阻值偏大。另外,开关 S、标准电容器 C_0 以及静电计的绝缘电阻必须足够高,使得在 t 时间内泄漏掉的电荷可以忽略不计,否则也会使测得的电阻值偏大。用静电计测量时准确度较高,可以与检流计直测法相比,但用电子静电计时,虽然灵敏度提高了,但准确度与高阻计直测法相当。

二、自放电法

自放电法测量绝缘电阻的线路非常简单,除了高压直流电源之外,只需绝缘电阻很高的一个静电电压表和两个开关,如图 1-20 所示。

测量时,先闭合 S_1、S_2,对试样充电,测得这时试样两端的电压 U_1;然后将 S_1、S_2 都打开,并开始计时间,让试样通过它自身的电阻放电。经过时间 t 之后,再闭合 S_2,测得这时试样上的电压 U_2。试样可以用一个并联等效电路来表示,即把试样看作由它自身的电阻和电容并联的一个阻抗。于是试样上电压的衰减服从指数规律

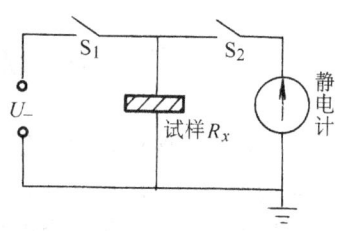

图 1-20 自放电法测量绝缘电阻

$$U_2 = U_1 e^{-\frac{t}{C_x R_x}} = U_1 \left[1 - \frac{t}{C_x R_x} + \left(\frac{t}{C_x R_x}\right)^2 / 2! - \cdots \right]$$

当 $t \ll C_x R_x$ 时,上式可简化为

$$U_2 = U_1 \left(1 - \frac{t}{C_x R_x}\right)$$

$$R_x = \frac{U_1 t}{C_x (U_1 - U_2)} \tag{1-23}$$

式中 R_x——试样的绝缘电阻（Ω）；

C_x——试样的电容（F）；

U_1、U_2——分别为放电前后试样上的电压（V）；

t——放电时间（s）。

这种方法适用于试样的电容已知的试样，否则还必须再测得电容量 C_x 才能用式(1-23)计算出 R_x。对于薄膜试样，由于体积电阻往往比表面电阻小得多，自放电过程主要决定于体积电阻，因此测得的电阻值可以近似看作体积电阻，这时根据式(1-23)可以推导出体积电阻率为

$$\rho_V = \frac{U_1 t}{\varepsilon_0 \varepsilon_x (U_1 - U_2)} \tag{1-24}$$

式中 ρ_V——体积电阻率（Ω·m）；

ε_0——真空介电常数；

ε_x——试样相对介电常数。

其他符号与式(1-23)同。

增加 t 或减小 C_x 可以提高 R_x 测量范围，但受 $t \ll C_x R_x$ 所限，若取 $U_1 = 1000\text{V}$, $U_1 - U_2 = 0.1\text{V}$, $t = 100\text{s}$, $C_x = 10^{-9}\text{F}$，则可测电阻达 10^{15}Ω。测量的准确度主要决定于静电电压表的准确度，误差可在百分之几之内。但要注意开关 S_1、S_2 的绝缘电阻要比试样的电阻大 100 倍以上，否则经过开关泄漏的电荷就不能忽略不计。

第六节 测量误差的来源及其消除方法

在测量绝缘电阻中，除了在本章第一节中已经论述的影响绝缘电阻的诸因素会影响测得的电阻值之外，还有仪器本身的误差；测量装置中漏电流、寄生的电动势以及试样留下的残余电荷等，都会影响测量结果。

一、仪器的误差

各种直读仪表一般都有误差范围的说明。各种电表包括电流表、电压表都可以从它的精确度等级上，知道测量值可能的误差，有些测量方法是要通过几个参数的测量最后由计算式计算出结果，这时就可采用间接误差计算方法来计算总的误差，如用检流计测量绝缘电阻是通过 $R = Un/K\alpha$ 来计算出电阻，其中 K、n、U、α 各参数都有误差，则 R 的相对误差为

$$\frac{\Delta R}{R} = \pm \frac{\Delta U}{U} \pm \frac{\Delta K}{K} \pm \frac{\Delta \alpha}{\alpha} \pm \frac{\Delta n}{n} \tag{1-25}$$

式中　$\dfrac{\Delta U}{U}$——电压表的相对误差，若用 1.5 级的电压表，在读数接近满刻度时，此误差最大为 ±1.5%；

$\dfrac{\Delta K}{K}$——检流计常数的相对误差，它与检流计本身性能以及测量 K 值时用的标准电阻及电压表的精确度有关，一般不超过 3%；

$\dfrac{\Delta \alpha}{\alpha}$——检流计偏转读数的相对误差，检流计的刻度为每格 1mm，若偏转 50 格，读数误差不会超过 1 格，则相对误差为 2%；

$\dfrac{\Delta n}{n}$——分流比的相对误差，此值一般小于 1%。

于是测得电阻的相对误差不超过 7.5%。

二、漏电流

在测量绝缘电阻的线路中，各部件、开关、试样支架等本身的绝缘电阻都不是无限大的，它们中都存在着微小的漏电流，在测量很高的绝缘电阻时，由于待测的电流是极微小的，这些漏电流就可能造成极大的误差。图 1-21 中漏电流 I_1 是从高压部分经过各部分的电阻（用 R_1 表示）流进测试仪器，这部分漏电流就使测得的电阻值偏小了。另一种漏电流是通过试样的待测电流，被测试仪器输入端并联的低电阻分流，如图 1-21 中电流 I_2，这种漏电流就使测得的电阻值偏大了。

要减小 I_1 就必须提高 R_1，要求 $R_1 > 100 R_x$ 有时是不现实的，必须采用特殊的保护技术才能解决。消除漏电流的保护技术是用一导体安插到漏电流的途径中，将漏电流引到电源的回路中去，使之不流经测试仪器；或者使漏电流所经的电阻与测试线路中低电阻元件并联，从而使漏电流的影响可以忽略不计。如图 1-22 中，将导体插入 R_1' 和 R_1'' 中，将 I_1 引到电源的回路中去，而 R_1'' 变为与 R_N 并联，R_N 是标准电阻，最高只用到 $10^{12}\,\Omega$，R_1' 和 R_2 只要大于 $10^{14}\,\Omega$，其影响就可忽略不计，这就容易实现。

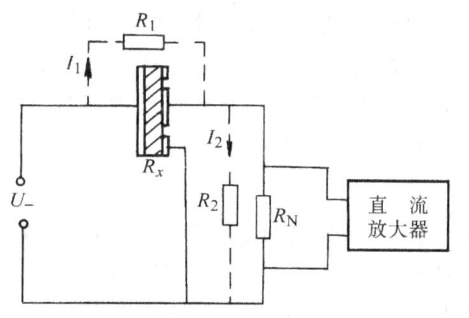

图 1-21　漏电流的示意图

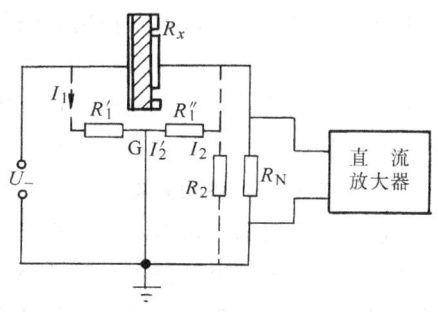

图 1-22　漏电流保护技术示意图

在测量体积电阻时,把保护电极安插在试样表面电流的途径中,将表面电流截住引回电源,使测得的电流只是体积电流。这也是保护技术的应用。

用检流计测量绝缘电阻时,把所有的部件都放在一块金属板上,并将金属板和电源的一端一起接地。这样,从换向开关、保护电阻、试样支架等高压部分流出的漏电流,到达金属板后都流回电源,不会流入测量仪器。

在电桥法测量中,是将保护电极与电桥对角线的一端 m 点连接(见图 1-17),这样高压极与保护极之间的电阻 R_{23} 变为与 R_N 并联,而 $R_N < R_x$,所以比较容易满足 $R_{23} > 100R_N$,使误差小于 1%。而且当电桥平衡时 m、n 两点等电位,因此保护极与被保护极之间就不会有漏电流。

用高阻计测量很高的电阻时,若有低电阻并联于输入端,则不但会因通过试样的电流被分流而使测得的电阻偏大,而且还会因高阻计零点没有调好而造成误差。从图 1-23 可以看出,若零点没有调好,指针略有正偏转,此时开关 S 是闭合的,因为是负反馈线路,在输入端 a 点出现负电位 $-U_a$(输入是负信号)时,输出要出现正偏转,这时放大器的第一级差动放大线路中,调零电阻必须调到偏正值很多。但当测量试样的电阻时,S 是打开的,

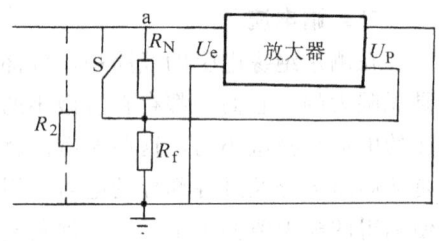

图 1-23 用高阻计时漏电流的示意图

这时若有低电阻并联在输入端,而且 $R_2 \ll R_N$,则 a 点的电位就抬高到接近零电位。与调零时相比,相当于输入了一个正值信号,于是即使试样上不加电压,高阻计也会有个明显的正偏转读数。同理,如果调零时是偏向负值,则在测量时就会使指针偏转减小,甚至出现反向偏转。这在测超高电阻时,应特别注意。

漏电流不但决定于测试装置,而且与环境条件、气候条件都有关,在测量电阻之前应先检查漏电流的影响。检查的方法是拆开试样测量端与测量仪表的联接,加上电压,仪器各开关均置于测量位置,逐渐增大灵敏度达到测试所需的范围,这时仪器若仍然指零,则可认为漏电流 I_1 的影响可以忽略不计。要检查 I_2 的影响比较困难,但这只有在用高阻计或充放电方法测量时,特别是在湿度大、有环境污染时才有必要进行检查。比较可靠的方法是用标准电阻来进行比较,对于带有负反馈的高阻计,也可以在调零时留下微小的指针偏转读数,然后打开开关 S 看偏转是否有明显偏大,若没有就说明漏电流可以忽略。

三、寄生电动势和外电场

在绝缘电阻的测试电路中,很难避免存在各种寄生的电动势,如热电动势、接触电动势、电解电动势以及其他感应电动势等,这些电动势一般数值都很小,但在测量很高的电阻时,或是出现在测试电路的敏感部位时,寄生电动势带来的影响也不可忽视。

热电动势一般在毫伏数量级以下，只有当它出现在低阻值回路中，如在检流计和分流计的回路中时，才会有明显影响。

一般接触电动势是很小的，约为毫伏级，只有在测量回路的敏感部位，如高阻计输入端的短路开关上，若在拉开开关时出现电动势，这电动势就会直接加到高阻计的输入端，造成误差。因此，这个开关触头要用电子逸出功大的铂做成，并在结构上要使开关打开过程尽可能减少摩擦。

电解电动势容易在潮湿的条件下出现，两种金属体间存在电解液就容易出现电解电动势。如试样表面不干净，在测量电极和保护电极之间就可能出现电解电动势，这种电动势有时可达上百毫伏，显然这是不可忽略的。

外界感应电动势在用高阻计测量很高的电阻（$R \geqslant 10^{15}\Omega$）时就会有明显的影响，这时整个试样和电极系统都要完善地屏蔽起来，否则就无法进行测量。

检查各种寄生电动势和外电场影响的方法很简单，只要测试装置全部接好并调节到测量的状态，只是不加直流电压，这时仪器若指零，则说明各种电动势的影响都可以忽略。

四、剩余电荷

当试样上施加直流电压时，试样表面层将会积聚上极化电荷，在电极上也增加了相应的自由电荷。之后若去除施加的电压，并将试样短路，电极上的电荷也不会瞬时都放光，而是随着极化电荷的消失而逐渐消失。如果在一块试样上测量体积电阻之后，接着就测表面电阻，那么就可能由于极化电荷的存在而造成误差，由图1-24可以看出，在测体积电阻时已经形成了极化电荷，这些电荷在测量表面电阻时不断地消失，在电极1、3上原来被极化电荷束缚的电荷便通过测量仪器释放，从而出现与表面电流 I_S 方向相反的放电电流 I_d，因此仪器上测得的电流是

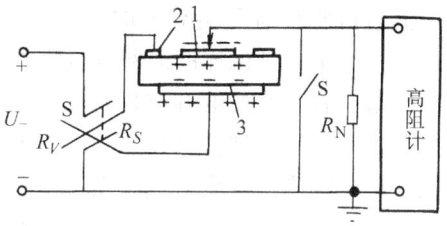

图1-24 极化电荷影响的示意图
1、2、3—电极

$$I_g = I_S - I_d$$

这就使测得的表面电阻偏大。在对薄膜材料的测量中，由于试样的电容量大，施加的电场强度高，同时薄膜的表面电流又比较小，往往出现 $I_S < I_d$，于是在测量仪器上就会出现指针反偏转现象。

除了极化电荷之外，绝缘材料在生产、储存、运输过程中，以及在试样的制做过程中，都有可能在试样上残留静电荷，这些电荷都会影响绝缘电阻的测试结果。

在测量绝缘电阻时，检查剩余电荷影响的方法与检查寄生电动势的影响一样，检查结果如果不正常，则可能是剩余电荷的影响，也可能是寄生电动势的影

第七节 泄漏电流的测量

上述绝缘电阻的测量，实质上都是测量通过试样的泄漏电流，在这一节讨论的泄漏电流的测量都是对电工设备而言，而且都是在较高的直流电压下进行，一般是几千到几万伏以上。由于电压高，泄漏电流大，就不需要很灵敏的测试仪器，一般用微安或毫安表就可满足灵敏度的要求。同时电压高才能暴露出某些绝缘的缺陷或受潮、老化等。因此，电工设备经常要在直流高电压下测量泄漏电流。

图 1-25a 是测量泄漏电流的装置，用微安表串接在测试回路中，测量通过试样的泄漏电流。只要试样不是固定接地，微安表总是接在试样与地之间。如果试样的一端要固定接地，则微安表可以串接在直流高压电源与接地端之间，但这时测得的电流包括所有高压端对地的

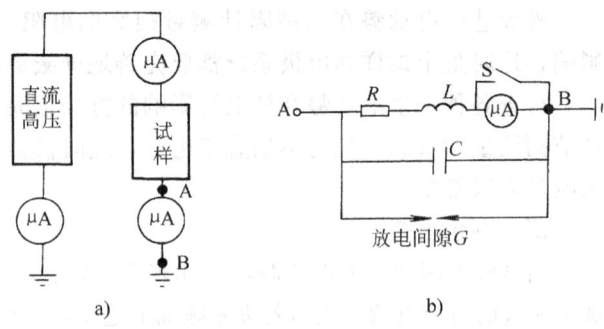

图 1-25 测量泄漏电流的线路图
a) 测试回路 b) 测量电流装置

电流。除了通过试样的泄漏电流之外，还可能存在所有高压端对地的漏电流，如高压端套管、滤波电容器以及保护电阻的支架等等。因此，测量时先不要接试样，升高电压达试验电压值，记下这时电流的读数为 I_1；然后再接上试样，在同一电压下测得电流为 I_2。若 $I_2 \gg I_1$，则可以认为流过试样的泄漏电流为

$$I_x = I_2 - I_1$$

若 I_1 与 I_2 很接近甚至 $I_1 = I_2$，则必须消除漏电流后，才能进行正常测量。将微安表接在试样的高压端，可以消除其他漏电流的影响，但要在高压端读取电流，操作很不安全，所以不是不得已的情况下，尽量不采用这种接法。

为了使微安表的读数稳定，最好采用图 1-25b 所示的线路，与微安表串接一电感 L 及并接一个电容 C，可以抑制脉动电流，使微安表读数稳定。放电间隙 G 是用以保护 A 点不会出现高电位。当试样击穿，或电阻 R、电感 L 以及微安表烧断时，A 点出现高电位，这时放电间隙就放电，强制 A 点接近地电位。电阻 R 用来保护微安表，当电流过大时，A 点的电压达到放电间隙的起始放电电压，将微安表短路，使电流通过放电间隙而不经过微安表。

泄漏电流的试验，除了测量一定电压下的泄漏电流之外，还经常要测量吸收电流与电压或与时间的关系，可以从这些关系中分析绝缘中存在的缺陷或受潮情

况。

图 1-26 是吸收电流与加电压时间的关系曲线。良好的绝缘中，吸收电流随加电压时间下降很快，最后稳定的电流也很小，如图中曲线 1 所示；而受潮或有缺陷的绝缘体，吸收电流变化很慢，稳定的电流值也比较大，如图中曲线 2 所示。为了简化试验，只测施加电压后 15s 时的电流 I_{15} 和 60s 时的电流 I_{60}，用吸收比 I_{15}/I_{60} 来表示绝缘的优劣。通常吸收比大，说明绝缘良好，如电机绝缘吸收比要大于 1.2 才算是正常的。但也要注意，对于某些非极性的绝缘材料，在施加电压后 15s 内电流就已经下降到很小，稳定电流值就更小，如曲线 3 所示，这时吸收比也不大，但不能认为绝缘是不好的。因此，在测得 I_{15}、I_{60} 都很小时，最好要做出曲线进行分析判断。

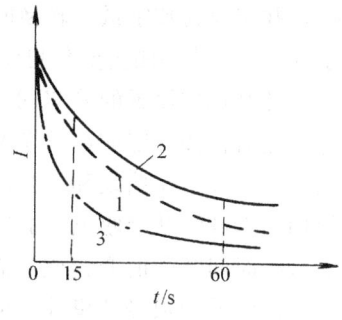

图 1-26 吸收电流与电压作用时间的关系

在测量泄漏电流时，可能会出现以下几种情况：

1) 微安表指针连续摆动。这可能是电源波动、直流电压脉动系数较大以及测试回路中有充放电过程，采用图 1-25b 所示的线路并加大电容 C，会使这种情况得到改善。如果摆动不大，可读取其平均值作为试验结果。

2) 微安表突然出现不规则的大脉冲，这可能是试样中有局部地方出现间断性放电。

3) 微安表读数随时间不断增大，这说明试品有击穿的危险。

出现 2)、3) 两种情况，说明绝缘系统有严重问题，应立即停止试验，否则试样就有击穿的危险。

第八节 计算机辅助测量时变微电流

各种随时间变化的电流，如试样在外加直流电压下的吸收电流，试样在外加直流电压去除后的自放电电流，试样在电热作用后的热刺激电流等，都是随着时间而变化的微电流。它的大小及衰减快慢，包含有丰富的介质特性的信息，如介质净化、介质极化、介质中空间电荷的累积和转移等等，从中可以分析介质的物质结构、绝缘缺陷、以及研究击穿机理等。近年来由于计算机的应用，可以快速采集数据，可以对分散性大的数据进行曲线拟合，可以对大量数据进行统计计算，最后得出可靠的结果。因此，时变电流的测量技术有了很大的发展。

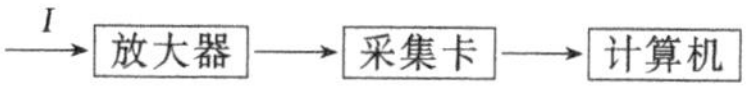

图 1-27 是简单的计算机辅助的时变电流测量系统框图。其中，放大器要求超低漂移、

图 1-27 计算机辅助的时变电流测量系统框图

高输入阻抗。放大器的增益和频带宽度的选择,都应保证被测信号不失真,而且足以驱动采集卡正常工作。

采集卡可采用 PS—2107 模数转换接口板,把输入的电流模拟量经采样保持,并转换为数字量,转换时间约 $100\mu s$,输入电压范围为 $0\sim 5V$,总误差不大于 0.5%,若要测量变化更快的电流,可以选用转换速度更高的采集卡。

计算机按设置的采集时间,依序采集指定时刻的电流值,生成电流数据文件,之后再按一定的数学模型拟合成电流—时间曲线。图 1-28 是对 XLPE 电缆实测的吸收电流曲线和拟合曲线,最后对测量结果进行分析,例如用模糊数学的模糊贴近度法从吸收电流曲线中分离出不同阶段的时间常数 τ_1、τ_2、$\tau_3\cdots$,再根据这些时间常数的变化或它们之间的相对变化来推断绝缘的缺陷或老化程度。又如把此时域函数经傅里叶变换,变为频域函数即介电谱,用以分析介质的物质结构等。这在后续章节还要详述。

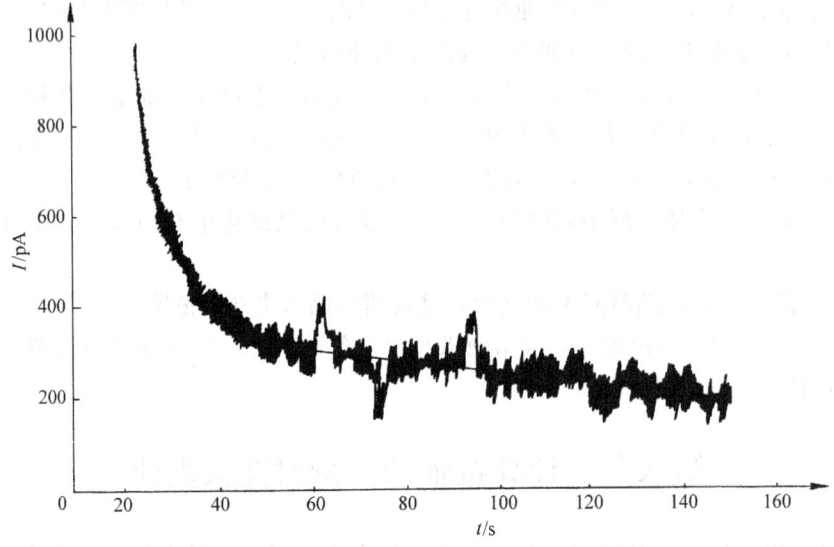

图 1-28 电缆的吸收电流

第二章 电容(相对介电常数)及损耗因数的测量

第一节 概 述

一、定义

相对介电常数(亦称相对电容率)和介质损耗因数(亦称介质损耗角正切)是电介质与绝缘体的两个主要特性。在不同应用场合下,对这两个特性的要求也各不相同,用于储能元件如电容器时,要求相对介电常数要大,使单位体积中储存的能量大;但在用于一般电工设备时,要求相对介电常数小,以减小流过的电容电流。在一般电工设备中用的电介质和绝缘体,都要求损耗因数小,因为损耗因数大,不但消耗浪费电能,而且使介质发热,容易造成老化或损坏,这在工作电场强度高、电压频率高的工作条件下尤为突出。只有在特殊场合如要求利用介质发热时,才要求用损耗因数大的材料。为了检验评定电工设备、元件的性能,选择合适的绝缘材料,就必须对其相对介电常数、损耗因数进行测量。另外,还可以通过相对介电常数和损耗因数的测量,来判断绝缘系统中的含湿量、老化程度等。测量相对介电常数和损耗因数的频率谱和温度谱,还可以作为研究电介质和绝缘材料物质结构的一种手段。

(一)相对介电常数

相对介电常数 ε_r 是在同一电极结构中,电极周围充满介质时的电容 C_X 与周围是真空时的电容 C_0 之比,即

$$\varepsilon_r = \frac{C_X}{C_0} \tag{2-1}$$

若电极为平行板电极,则

$$C_0 = \frac{\varepsilon_0 A}{t} \tag{2-2}$$

式中 A——电极面积(m^2);

t——电极间距离(m);

$\varepsilon_0 = \frac{1}{36\pi} \times 10^{-9} \, F/m = 8.854 \times 10^{-12} \, (F/m)$,是常数。

在标准大气压下,干燥空气的相对介电常数为 1.00053,因此工程上可以用空气电容来代替真空电容 C_0。C_0 称为几何电容。

将式(2-2)代入式(2-1)可得

$$\varepsilon_r = \frac{0.036\pi t C_X}{A} \tag{2-3}$$

由此可见,测量 ε_r 实际上是测量电容 C_X 及与电极、试品有关的尺寸。

(二) 损耗因数

介质损耗因数是试品在施加电压时所消耗的有功功率与无功功率的比值,若绝缘体或介质本身没有损耗,则在电场中通过它的电流与它两端的电压的相位差应为 90°。若有损耗则相位差为 90°−δ,如图 2-1 所示。δ 为介质损耗角,介质损耗角的正切 tanδ 即为介质损耗因数。

用电路的概念来描述,可以把有介质损耗的绝缘体看成是电容和电阻并联或串联的等效阻抗,如图 2-2 所示。对于并联等效阻抗

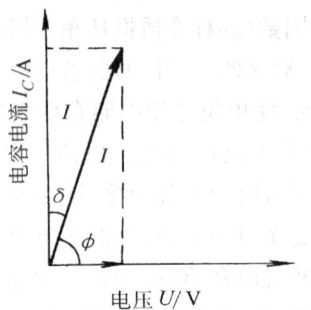

图 2-1 介质损耗角示意图

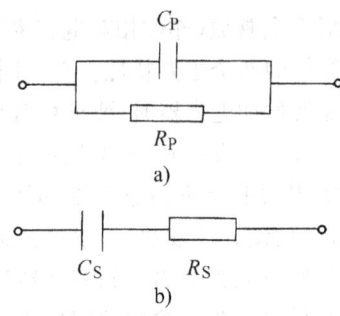

图 2-2 试品的等效阻抗
a) 并联 b) 串联

$$\tan\delta = \frac{P_r}{P_c} = \frac{uI_r}{uI_c} = \frac{1}{\omega C_P R_P} \tag{2-4}$$

对于串联等效阻抗

$$\tan\delta = \frac{P_r}{P_c} = \frac{u_r I}{u_c I} = \omega C_S R_S \tag{2-5}$$

式中 C_P、C_S——分别为并联、串联等效阻抗中的电容;

R_P、R_S——分别为并联、串联等效阻抗中的电阻;

ω——电压角频率。

对于 tanδ 两者完全等效,即

$$\omega C_S R_S = \frac{1}{\omega C_P R_P}$$

于是 $C_P = \dfrac{C_S}{1+\tan^2\delta}$, $R_P = \left(1+\dfrac{1}{\tan^2\delta}\right)R_S$

但并联等效阻抗能切实反映绝缘体中有泄漏电流的事实,所以试品的电容 $C_X = C_P$,只有在 tanδ<0.1 时, $C_X = C_P \approx C_S$,误差不超过 1%。

实际上介质损耗是很微小的,一般不能用普通的功率表来测损耗因数,而是把试品视为上述的等效阻抗,测得 $1/(\omega C_P R_P)$ 或 $\omega C_S R_S$ 以求得试品的 $\tan\delta$。

二、影响相对介电常数与介质损耗因数的因素

(一) 电压幅值

一般情况下,相对介电常数及损耗因数与施加的电压幅值无关。若有夹层极化,在高场强下将会使相对介电常数及损耗因数增大;若在绝缘体中有气泡,在电压超过起始放电电压后,测得的相对介电常数及损耗因数都会增大。

(二) 频率

各种极化过程都需要一定时间,若这时间比交变电场的周期长得多时,这种极化就来不及完成,相对介电常数就变小,如图 2-3 所示,频率低时,各种极化都存在,所以 ε_r 就大,而频率高时,夹层极化、偶极子极化可能来不及完成,只剩下电子极化、原子极化,所以 ε_r 就小了。

损耗因数主要是由偶极子极化、夹层极化造成的,当频率很高时,这些极化不存在,当然也就没有由它产生的损耗。但若频率很低,交变电场的周期比该极化过程所需的时间长得多时,极化完全跟得上电场变化而没有滞后现象,极化形成的电容电流与外加电压的相位差为 $90°$,这时也不会产生损耗,只有在该极化有滞后现象时才会出现介质损耗,所以在 ε_r 有变化时,介质损耗因数出现最大值,如图 2-3 所示。

(三) 温度

温度升高会使分子间的束缚力减小,极化容易形成,因而介电常数增大;但当温度很高时,物质密度降低,而且分子的热运动加剧,从而使极化强度降低,如图 2-4 所示。

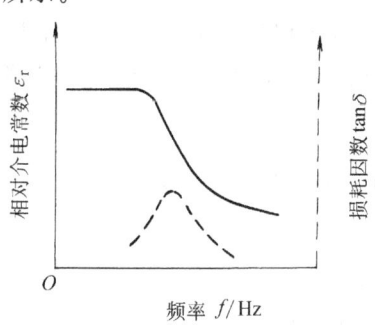
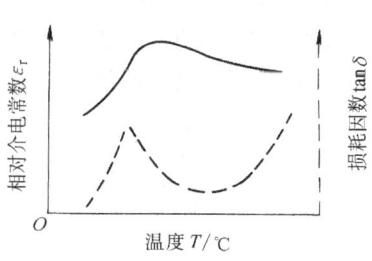

图 2-3 ε_r、$\tan\delta$ 与频率的关系　　图 2-4 ε_r、$\tan\delta$ 与温度的关系

在温度较低时,损耗因数也是在介电常数变化时出现最大值,而在温度很高时,由于电导产生的介质损耗占主要地位,介质损耗就和电导一样随温度上升而指数式增长,如图 2-4 所示。同时温度升高,极化松弛时间减小,$\tan\delta$ 随频率变化的最大值向高频方向移动。

(四) 湿度

水的相对介电常数很大($\varepsilon_r=81$),同时水分渗入会起增塑作用,使极化更容易形成,使得介电常数明显增大,再加上水的电导也比较大,损耗因数也明显增大。

三、试样与电极

在工频电压下测量 ε_r 和 $\tan\delta$ 时,所用的试样和电极与第一章第二节所述的测量电阻时采用的基本一样。对于电极材料的导电性能要求更高,石墨电极一般不用。采用三电极系统,不但可以使测量电极边缘的电场分布均匀化,消除表面电流造成的附加损耗,而且可以消除测量电极对地或对其他物体的分布电容的影响。在高频电压下,用谐振法的测量装置,只能提供两端测量,因而只能采用两电极系统。这时接线及电极都可能引入测量误差,这些误差的分析和消除方法,将在本章第四节中详述。

第二节 电桥法测量 C_X 及 $\tan\delta$

在测量频率不很高时,(一般低于 MHz)都可用电桥法来测 ε_r 及 $\tan\delta$。常用的电桥有两大类,即阻容电桥和变压器电桥(亦称电感比例臂电桥)。

一、阻容电桥

电桥的四个桥臂都是由电阻电容组成的电桥,统称为阻容电桥。根据使用条件和各桥臂的阻抗不同,又可分为多种阻容电桥。在 ε_r 及 $\tan\delta$ 测量中,根据测量电压的不同,主要采用的有高压西林电桥和低压工频电桥。

(一) 高压西林电桥

1. 原理

西林电桥的两个高压桥臂,分别由试品 Z_X 及无损耗($\tan\delta\simeq 0$)的标准电容器 C_N 组成;两个低压桥臂,分别由无感电阻 R_3 及无感电阻 R_4 与电容 C_4 并联组成,如图 2-5 所示。各桥臂的导纳为

$$Y_X=\frac{1}{R_P}+j\omega C_P \quad Y_N=j\omega C_N \quad Y_3=\frac{1}{R_3} \quad Y_4=\frac{1}{R_4}+j\omega C_4$$

调节 R_3、C_4 使电桥达到平衡时,应满足

$$Y_X Y_4 = Y_3 Y_N$$

即
$$\left(\frac{1}{R_P}+j\omega C_P\right)\left(\frac{1}{R_4}+j\omega C_4\right)=\frac{1}{R_3}j\omega C_N \tag{2-6}$$

解此方程,实部、虚部分别相等,可得

$$\tan\delta_X=\frac{1}{\omega C_P R_P}=\omega C_4 R_4 \tag{2-7}$$

$$C_P=\frac{R_4}{R_3}C_N\frac{1}{1+\tan^2\delta_X} \tag{2-8}$$

当 $\tan\delta<0.1$，误差允许不大于 1% 时，式(2-8)可改写为

$$C_P=C_N\frac{R_4}{R_3} \quad (2\text{-}9)$$

高压西林电桥是用于工频高电压，于是 $\omega=2\pi f=100\pi$ 是固定的；同时电桥中的 R_4 取 $\frac{10^4}{\pi}\Omega$，也是固定的，这时

$$\tan\delta_X=\omega R_4 C_4=KC_4\times 10^6$$

式中 C_4 的单位是 F，若 C_4 以 μF 计，则上式可写为

$$\tan\delta=KC_4 \quad (2\text{-}10)$$

式中 $K=1F^{-1}$。

于是 C_4 就可以直接分度为 $\tan\delta$。在西林电桥上 $\tan\delta$ 是直读的。C_P 是按 R_3 的读数，通过式(2-9)计算得出。C_N 一般都用 100pF，个别也有用 50pF 或 1000pF，但都是固定已知值。测得试品的电容 C_P 后，再量出电极的面积 A 及试品的厚度 t，就可按式(2-3)计算得相对介电常数 ε_r。

高压西林电桥的高压桥臂的阻抗比对应的低压臂阻抗大得多，即 $Z_X\gg Z_3$，$Z_N\gg Z_4$ 所以电桥上施加的电压绝大部分都降落在高压桥臂上，只要把试品和标准电容器放在高压保护区，用屏蔽线从其低压端连接到低压桥臂上，则在低压桥臂上调节 R_3 和 C_4 就很安全。

电桥的灵敏度与电桥本身的结构、电桥上施加的电压幅值及频率、以及电桥的平衡指示器有关。电桥比例臂的两阻抗（如 Z_X 与 Z_3 或 Z_N 与 Z_4）相等时，电桥的灵敏度最高；电压、频率愈高、指示器可测出的电流或电压愈小，电桥的灵敏度就愈高（详见附录 B）。虽然西林电桥的比例臂两阻抗相差很大，但施加电压很高，再加上平衡指示器是由放大器及灵敏的仪表组成，可测电流达 10^{-10} A，因此灵敏度还是很高的，可测 $\tan\delta$ 达 10^{-5}。

2. 几种高压西林电桥

为了满足不同的使用条件，高压西林电桥又可分为以下几种。

(1) 精密西林电桥　为了能准确测量很小的 $\tan\delta$（如 10^{-5} 数量级），对电桥结构上可能造成的误差，都应采取措施予以消除或减小。主要措施如下：

1) 减小标准电容器的损耗　设 C_N 的损耗因数为 $\tan\delta_N$，则其等效阻抗应并联上 R_N，式(2-6)应改写为

$$\left(\frac{1}{R_P}+j\omega C_P\right)\left(\frac{1}{R_4}+j\omega C_4\right)=\frac{1}{R_3}\left(\frac{1}{R_2}+j\omega C_N\right)$$

解此方程可得测到的 $\tan\delta_m$ 为

$$\tan\delta_m=\omega C_4 R_4=\tan\delta_X-\tan\delta_N \quad (2\text{-}11)$$

只有 $\tan\delta_N\ll\tan\delta_X$ 时，$\tan\delta_N$ 造成的误差才可忽略，否则测得的 $\tan\delta_m$ 就会偏小，甚至出现负值（这时要把试品与标准电容器两个桥臂对换，电桥才能调节到平衡）。

标准电容器在正常情况下,$\tan\delta_N$ 在 10^{-5} 或更小,如果标准电容器受潮、受污染,或是电压太高出现局部放电,则 $\tan\delta_N$ 会增大几个数量级,因此在使用时应保证标准电容器干净、无局部放电。

2) 减小杂散电容的影响 为了避免外界电磁场的干扰,从试品低压端连接到桥臂 R_3 及从 R_3 连接到平衡指示器都要用屏蔽线,屏蔽线的外屏蔽是接地的,若电桥的 B 点是接地的,如图 2-5 所示,则屏蔽线的电容(有上百 pF)即 C 点对地(B 点)的电容,设此电容为 C_1,C_1 与 R_3 并联。同样与电桥的 D 点连接的屏蔽线也有电容,设该电容为 C_2,C_2 与 C_4 并联,显然 C_1、C_2 存在式(2-6)就不能成立,要去除 C_1、C_2 是不可能的,但可以使 B 点不接地,并使 C 点与 D 点在电桥平衡时都为 0 电位,这样 C_1、C_2 上没有电压、没有电流通过,它的存在就不会影响电桥的平衡。

要实现 C、D 两点为 0 电位的方法很多,常用的是 B 点通过一个电源 E_2 接地,如图 2-6 所示,E_2 的大小和相位都是可调的、当 C、B 间的电压 $u_{CB}=-\dot{E}_2$ 时,C 点的电位即为 0 电位。即从 O 到 B 电压升高多少,从 B 到 C 就降多少,所以 C 点与 O 点等电位。若要 C、D 两点都等于 0 电位,则必需使电桥平衡,为此先要将开关 S 接通 C 点,调节 R_3、C_4 使电桥平衡、这时 C、D 不是 0 电位,C_1、C_2 参与电桥的平衡,于是再把开关 S 换接到接地点,调节电源 E_2,使指示器显示为 0,即说明 D 点为 0 电位,之后再把开关 S 换接 C 点,这时电桥又不平衡了(因为 C_1、C_2 不起作用),于是要再调 R_3、C_4 使电桥重新平衡,这时 C、D 点电位又变了,但比前次电桥平衡时要更接近于 0 电位,这样重复几次,直到不论开关 S 置于 C 或地,指示器总是指 0,这时 C、D、O 三点就都等电位。

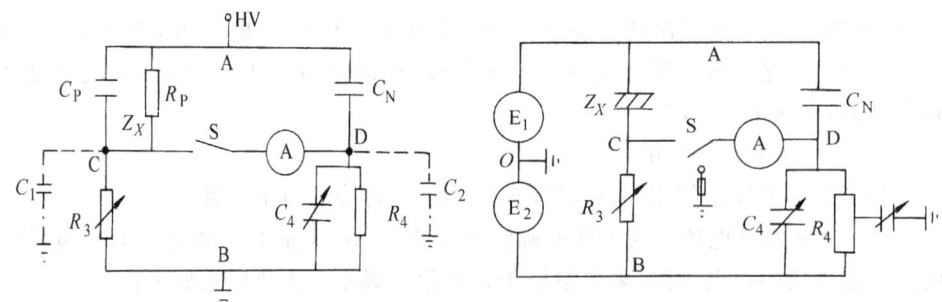

图 2-5 西林电桥原理图   图 2-6 精密西林电桥原理图

现在应用电位自动跟踪器,只要把 C 点接到跟踪器的输入端,跟踪器的输出端接地,则 C 点电位就可始终保持为地电位。图 2-7 为电位自动跟踪器的原理图。这是一个输入阻抗很高(高于 $10^{12}\Omega$),放大倍数为 1,无相位移的放大器。它能使输入端与输出端的电位始终保持相等,这样调节电桥平衡就方便多了。

3) 减小残余电感及零电容的影响 R_3、R_4 都是无感电阻,但实际上仍然有残余电感 L_3、L_4。电容 C_4 刻度为零时,也还有残余零电容 C_{40}。在电桥平衡时它们

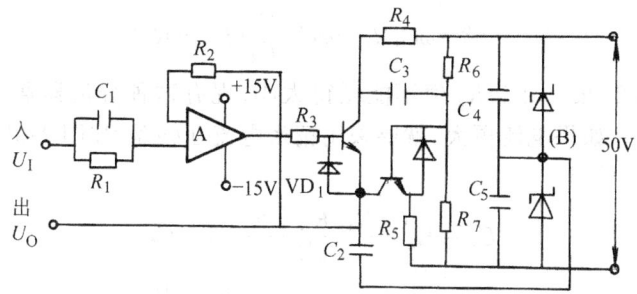

图 2-7 自动跟踪器的原理图

间相互有补偿作用,但不能完全相互抵消。为了能更好地相互补偿,可在 R_4 的中点与地之间接一可调电容 C_a, C_a 的作用可通过图 2-8 来分析,把星形阻抗 BDO 变换为三角形阻抗,就可以看出 Z_{BO} 与 E_2 并联,不影响平衡条件,Z_{DO} 因电桥平衡时 D 为 0 电位而不起作用,只有 Z_{BD} 阻抗为

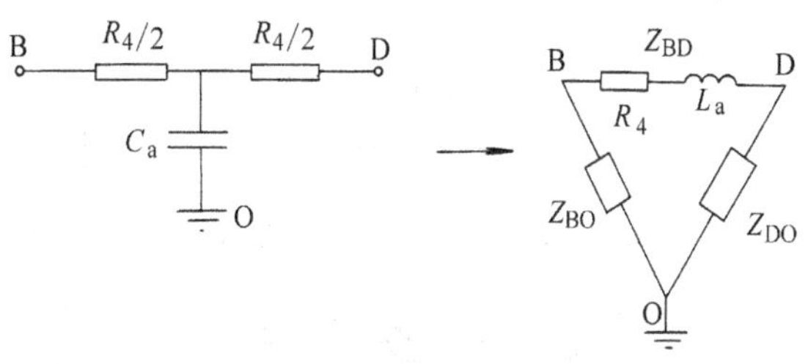

图 2-8 C_a 阻抗变换图

$$Z_{BD} = \frac{R_4}{2} + \frac{R_4}{2} + \frac{\frac{R_4}{2}\frac{R_4}{2}}{\frac{1}{j\omega C_a}} = R_4 + j\omega C_a \frac{R_4^2}{4} = R_4 + j\omega L_a$$

式中　$L_a = C_a \frac{R_4^2}{4}$。于是调节 C_a 就相当于调节 L_a,它和 L_4 一样起补偿 C_{40} 及 L_3 的作用。调节方法是用完全相同的两个电阻(10kΩ)取代 Z_X 及 C_N,并调 $C_4 = 0$,$R_3 = R_4 = \frac{10^4}{\pi}$Ω,在电桥上施加很低的电压(约 10V),再调 C_a 使电桥平衡,这时残余的电感、零电容得到最佳的补偿。

由于采取了以上措施,这种电桥的准确度很高,电容的测量误差为 $\pm 0.5\%$ ± 2pF,介电损耗因数的测量误差为 $\pm(1.5\% + 1\times 10^{-4})$

(2) 大电容电桥　对于电容量很大的试品,如电力电容器、长电缆等,在高电压下要流过很大的电流,而精密西林电桥内电阻 R_3 的允许最大电流为 30mA,因此可能会烧坏 R_3,为了满足大电容试品测试的要求,可在 R_3 并联一个电阻分流器,如图 2-9a 所示,R_N 与 R_3 并联,通过试品的电流大部分经 R_n 分流而不经过 R_3。把 R_3、R_n 及 R_{N-n} 组成的三角形阻抗变换为星形阻抗,当电桥平衡时,可以推导得(推导见附录 C)

$$C_X = C_N \frac{R_4}{R_3} \frac{R_N + R_3}{R_n} \tag{2-12}$$

$$\tan\delta = \omega C_4 R_4 - \omega C_N \frac{R_4}{R_3}(R_N - R_n) \tag{2-13}$$

式中符号见图 2-9a。由于 R_n 值不能做得太小，现有这种分流器通过的电流最大可扩大到 30A。如果电流更大，就要采用精密电流互感器，如图 2-9b 所示，当电桥平衡时，可以推导得

$$C_X = K \frac{C_N R_4 (R_N + R_3)}{R_n R_3} + K C_N \tag{2-14}$$

$$\tan\delta = \omega C_4 R_4 - \omega C_N R_4 \frac{R_N - R_n}{R_3} \tag{2-15}$$

式中 K——电流互感器的电流比；其他符号见图 2-9b。

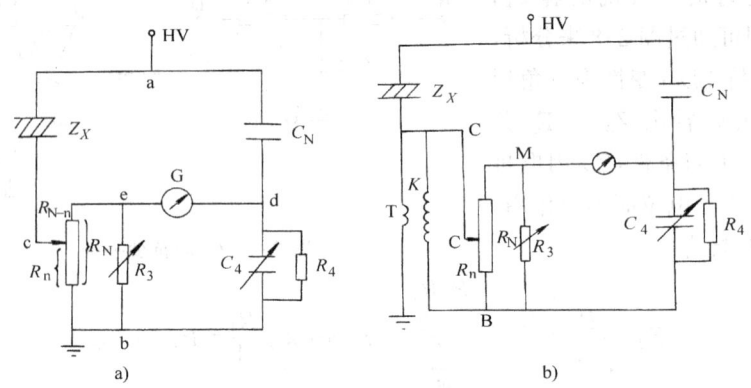

图 2-9 大电容电桥

（3）反接和对角线接地电桥 如果试品的一端必须接地，上述精密西林电桥不能用，最简单的解决方法是把电桥的接地端改到高阻抗桥臂的一端，这就是反接电桥，如图 2-10 所示。这时 R_3、C_4 是处于高电位，为了保证操作者的安全，要把低阻抗桥臂装在法拉第笼 S 内，S 与电桥的 D 点相接，这样人在笼内与 R_3、C_4 的电位差就很小了。法拉第笼 S 用绝缘子 N 支撑。S 对地的电容就作为标准电容器 C_N，为了减小绝缘子泄漏电流的影响，在绝缘子上加保护金属环 K 并把它与高压端相接，这样 K 点对地（O 点）的阻抗 Z_{KO} 与电源并联，不影响电桥平衡，K 点对 D 点的阻抗 Z_{DK} 与 C_4、R_4 并联，由于 $Z_{DK} \gg Z_4$，对电桥的平衡影响就不大。

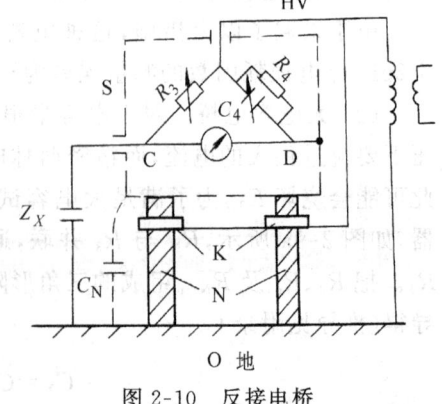

图 2-10 反接电桥

当电桥平衡时，可得 C_X 及 $\tan\delta$ 的计算式仍然是

$$C_X = C_N \frac{R_4}{R_3} \qquad \tan\delta = \omega C_4 R_4$$

对角线接地电桥如图 2-11 所示，电桥在 C 点接地，这样试验变压器两端都不能接地，而且高压端对外壳，即对地的等效阻抗 C_1、R_1 是并接在试品上，这会造成很大的误差，必须予以消除。为此，电桥的原理图改为图 2-11，在 C_4、R_4 桥臂上加上 C_2、R_2，在试品桥臂上加一开关 S。测量时电桥要平衡两次，首先把 S_1 打开，即不接试品，并把 C_4、R_4 短路（将 S_2 闭合），调 C_2、R_2 使电桥平衡。之后，闭合开关 S_1，打开 S_2，C_2、R_2、R_3 保持不变，调 C_4、R_4 使电桥重新平衡，根据两次电桥平衡的方程，可得

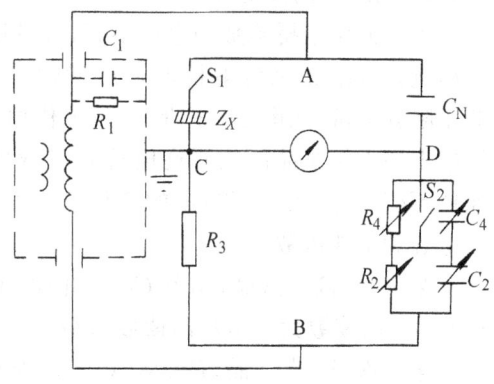

图 2-11 对角线接地电桥

$$C_X = C_N \frac{R_4}{R_3} \qquad \tan\delta = \omega C_4 R_4$$

（推导见附录 D）

（二）低压阻容电桥

对于薄膜材料及某些电子器件，不允许施加过高电压，这时就要采用低压电桥（不大于 100V），由于电压低，比例臂的两个阻抗就可以做得很接近，这可弥补由于电压降低而造成的电桥灵敏度的损失。

1. 电容比例臂电桥

图 2-12 为常用的电容比例臂电桥原理图，调节 C_4、R_3 可使电桥平衡，将试品用串联等效阻抗 $R_S + \dfrac{1}{j\omega C_S}$ 来表示，电桥平衡时

$$\left(R_S + \frac{1}{j\omega C_S}\right)\frac{1}{j\omega C_4} = \left(R_3 + \frac{1}{j\omega C_3}\right)\frac{1}{j\omega C_N}$$

解此方程，实部虚部分别相等，可得

$$C_X = C_N \frac{C_3}{C_4} \qquad (2\text{-}16)$$

$$\tan\delta = \omega C_3 R_3 \qquad (2\text{-}17)$$

式中各符号见图 2-11。上式推导没有计入各电容器的损耗，若 C_N、C_3、C_4 各自的损耗因数 $\tan\delta_N$、$\tan\delta_3$、$\tan\delta_4$ 不可忽略，则电桥平衡时测得的 $\tan\delta_m$ 为

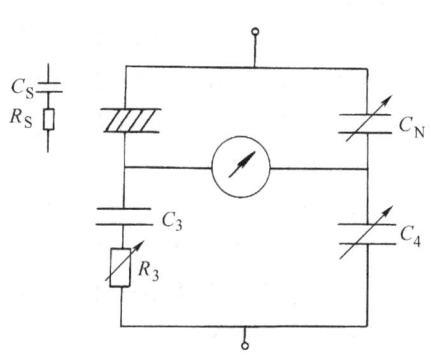

图 2-12 电容比例臂电桥原理图

$$\tan\delta_m = \omega C_3 R_3 = \tan\delta_X + \tan\delta_4 - \tan\delta_3 - \tan\delta_N \tag{2-18}$$

通常 $\tan\delta_N$ 是很小的可以忽略，因此 C_3、C_4 的损耗因数应尽可能接近。

2. 电阻比例臂电桥

由于低压电桥施加的电压不高，就可以采用替代法测量来消除一些杂散电容的影响。电阻比例臂电桥就是用替代法测量的低压阻容电桥，如图 2-13 所示，其工作原理是根据接上和不接试品两次平衡电桥时，各桥臂阻抗保持不变，于是从 C_1 和 G_1 的变化可计算出试品的电容和损耗因数。

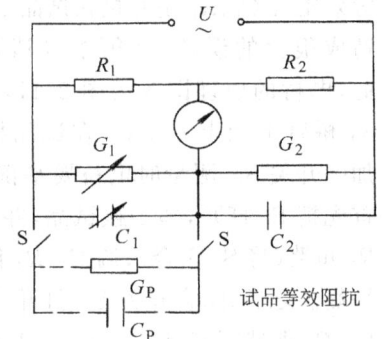

图 2-13 电阻比例臂电桥原理图

第一次，接上试品，调节 C_1、G_1 使电桥平衡，这时，C_1 的读数为 C_i，G_1 的读数为 G_i。

第二次，取掉试品，R_1、R_2、C_2、G_2 都保持不变，调节 C_1、G_1，使电桥重新平衡，这时 C_1 的读数为 C_o，G_1 的读数为 G_o。

显然在两次平衡中，有三个桥臂的阻抗 $\left(R_1, R_2, \dfrac{1}{G_2 + j\omega C_2}\right)$ 都不变，则还有一个桥臂的阻抗 Z_{AD} 也一定保持不变，于是其导纳

$$(G_i + G_P) + j\omega(C_i + C_P) = G_o + j\omega C_o \tag{2-19}$$

实部、虚部分别相等，可得

试品的电容 $\quad C_P = C_o - C_i \tag{2-20}$

试品的损耗因数 $\quad \tan\delta = \dfrac{G_P}{\omega C_P} = \dfrac{G_o - G_i}{\omega C_P} \tag{2-21}$

式中 C_P、G_P——试品损耗因数并联等效阻抗的电容和电导。

从计算式中可以看出，若 C_1 的读数中含有零电容和杂散电容等误差 ΔC_1，只要在电桥两次平衡中 ΔC_1 保持不变，则通过式(2-20)计算就可以完全消除 ΔC_1。

$$C_P = C_o + \Delta C_1 - (C_i + \Delta C_1) = C_o - C_i \tag{2-22}$$

G_1 的误差也是一样，只要保持不变，就可通过计算消除。所以替代法测量可以大大提高准确度，这种电桥可用于超低频(50Hz 以下)的 ε_r 和 $\tan\delta$ 的测量。

二、变压器电桥

变压器电桥又称为电感比例臂电桥，电桥除了试品和标准电容器各为一个桥臂之外，还有两个桥臂由两个电感组成。根据使用条件的不同，电感桥臂可与平衡指示器回路耦合，称为电流比变压器电桥；电感桥臂亦可与电桥的电源耦合，称为电压比变压器电桥。

（一）电流比变压器电桥

有些试品工作电压很高,要求要在高电压下测量 C_X 及 $\tan\delta$,电流比变压器电桥能满足此要求,故亦称它为高压变压器电桥。图 2-14 为电流比变压器电桥原理图,图中 U 为高压电源;G_P、C_P 为试品并联等效阻抗的电导和电容;C_o 为标准电容器;N_x、N_o、N_a 为三个电感量可调的绕组,这些绕组组成电桥的低压桥臂;D 为平衡指示器,它接在与 N_X、N_o、N_a 耦合的副边绕组的回路中。此外,还有电压变换器(图 2-14 中点划线所围部分)。因电导 G_a 要做成能承受很高电压是很难的,用了电压变换器可使它只承受比 U 小得多的电压 E。E 与 U 的关系可推导如下

$$\begin{cases} E=(I_o-I_f)ZA \\ I_f=E/\left(\dfrac{1}{\omega C_f}+Z\right) \end{cases}$$

式中　Z——放大器的输入阻抗;

A——放大器的放大倍数,其他符号见图 2-14。在电路设计时,保证 $\dfrac{1}{AZ}\ll\omega C_f$、$\dfrac{1}{\omega C_f}\gg Z$ 及 $\dfrac{1}{\omega C_o}\gg Z$,解上述方程组可得

$$E=\dfrac{C_o}{C_f}U \tag{2-23}$$

在仪器设计中取 $C_o\ll C_f$,所以 $E\ll U$。

由图 2-14 可以看出:当通过试品的阻性电流 I_g 和容性电流 I_c 在绕组 N_x 中产生的磁通 ϕ_g、ϕ_c,分别与通过 G_a 的电流 I_a 和通过 C_o 的电流 I_o 在绕组 N_a 和 N_o 中产生的磁通 ϕ_a、ϕ_o 各自幅值相等而相位相反时,三个绕组中的总磁通为零。这时在二次绕组中没有感应电势,指示器指示为零,即电桥平衡。由于 N_x、N_o、N_a 三个绕组都是绕在同一铁心上,磁阻都是一样的,所以只要它们的磁势(IN)相等,磁通也就相等。因此,电桥的平衡条件为

$$\begin{cases} I_cN_x=I_oN_o \\ I_gN_x=I_aN_a \end{cases}$$

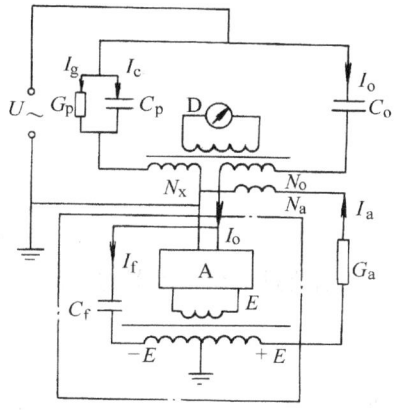

图 2-14　电流比变压器电桥原理图

同时考虑到三个绕组的阻抗都很小,可以忽略不计,上式可写为

$$U\omega C_pN_x=U\omega C_oN_o \tag{2-24}$$

$$U\omega G_pN_x=E\omega G_aN_a=U\omega\dfrac{C_o}{C_f}G_aN_a \tag{2-25}$$

式中各符号见图 2-14,从上式中可得试品的电容和损耗因数分别为

$$C_p=C_o\dfrac{N_o}{N_x} \tag{2-26}$$

$$\tan\delta = \frac{G_p}{\omega C_p} = \frac{G_a}{\omega C_f} \cdot \frac{N_a}{N_0} \tag{2-27}$$

这种电桥对 C_p 和 $\tan\delta$ 都可以做成直读式,通常 C_0、C_f 及 ω 是固定不变的。N_x 用以改变 C_p 的量程,N_0 就可分度为 C_p。N_a/N_x 用以改变 $\tan\delta$ 的量程,G_a 就可以直接分度为 $\tan\delta$。

(二) 电压比变压器电桥

当施加于电桥的电压不高时,电桥的电源可以通过电感比例臂直接耦合,如图 2-15a 所示。这种电桥称为电压比变压器电桥。

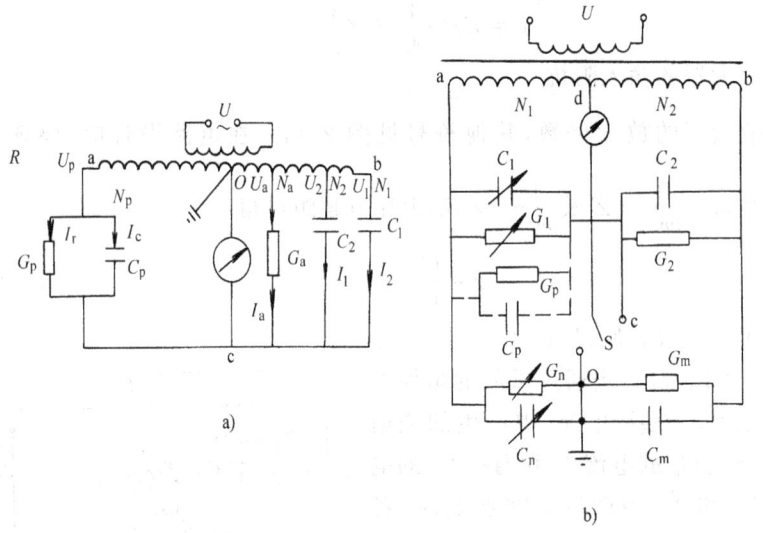

图 2-15 电压比变压器电桥
a) 原理图 b) 加上瓦格纳接地

当流过平衡指示器的电流为 0 时电桥达到平衡,所以电桥的平衡条件是

$$\begin{cases} I_c = I_1 + I_2 \\ I_r = I_a \end{cases}$$

即

$$\begin{cases} U_p \omega C_p = U_1 \omega C_1 + U_2 \omega C_2 & (2-28) \\ U_p G_p = U_a G_a & (2-29) \end{cases}$$

由于各绕组是紧密地绕在一个铁心上,电源绕组产生的,通过电感比例臂上各匝线圈的磁通是相等的,设每匝感应的电势为 U_0,则 $U_p = U_0 N_p$;$U_1 = U_0 N_1$;$U_2 = U_0 N_2$;$U_a = U_0 N_a$。以此代入式(2-28)、式(2-29),可得试品的电容 C_p 及损耗因数 $\tan\delta$ 为

$$C_p = \frac{N_1}{N_p} C_1 + \frac{N_2}{N_p} C_2 \tag{2-30}$$

$$G_p = \frac{N_a}{N_p} G_a$$

$$\tan\delta = \frac{G_p}{\omega C_p} = \frac{N_a}{N_p}\frac{G_a}{\omega C_p} \tag{2-31}$$

从上述电桥平衡条件中可以看出：改变绕组匝数、改变标准电容器及标准电导，都可以使电桥平衡。绕组的阻抗很小，与其并联的分布电容影响不大，若将作为两个桥臂的两个绕组（如图 2-15b 中的 N_1、N_2）做成一样，则两个绕组的分布电容对电桥平衡的影响可以相互补偿，从而可以减少测量的误差。若要进一步提高测量的准确度，或要在高频下进行测量时，可用瓦格纳接地并用替代法来测量。

图 2-15b 中，电桥是通过由 C_m、G_m、C_n、G_n 组成的辅助桥臂的中点接地，这种接地方式称为瓦格纳接地。平衡电桥时，先把开关 S 置于 c 点调节 C_1、G_1 使电桥平衡，之后，把 S 换接到 O 点，调节 C_n、G_n 使电桥平衡，这样反复几次，就可实现 c、d、O 三点都等于地电位。这时，c、d 点对地的分布电容不起作用，而集中于 a、b 点的对地电容是与辅助桥臂并联，不会影响测量结果。

用替代法测量时，电桥要平衡两次，第一次接试品，调 C_1、G_1 使电桥平衡，记下这时 C_1 的读数为 C_i；G_1 的读数为 G_i；之后，取掉试品，重新平衡电桥，这时 C_1 的读数为 C_o，G_1 的读数为 G_o。于是试品的电容 C_p 及损耗因数 $\tan\delta$ 可通过下式计算得

$$C_p = C_o - C_i \tag{2-32}$$

$$G_p = G_o - G_i$$

$$\tan\delta = \frac{G_p}{\omega C_p} = \frac{G_o - G_i}{\omega C_p} \tag{2-33}$$

式中　ω——角频率；

C_p、G_p——试品并联等效阻抗的电容和电导。

用替代法可消除在两次平衡时 C_o、C_i、G_o、G_i 的读数误差，因此这种电桥可以做到很高的准确度。C_p 测量误差不大于 $\pm 0.01\% \pm 1\text{pF}$，$\tan\delta$ 测量误差不大于 $\pm 0.5\% \pm 5\times 10^{-5}$。测量频率可达几 MHz。

（三）自动平衡电桥

自动平衡电桥不但可以减少人工操作，而且可以更加快速地使电桥平衡，这在连续测量 ε_r 和 $\tan\delta$ 时，如测量 ε_r 和 $\tan\delta$ 随外加电压的变化曲线、介电频谱、介电温谱等，自动平衡电桥就显得十分优越。电压比例臂变压器电桥最适宜于制成自动平衡电桥。图 2-16 是自动平衡电压比例臂电桥的原理图，试样的并联等值电容 C_x 和电阻 R_x 用标准元件 C_N 和 R_N 来平衡，C_N、R_N 分别施加不同的电压 U_C、U_R。电桥的平衡条件如下

$$U_x C_x = U_C C_N \tag{2-34}$$

$$\frac{U_x}{R_N} = \frac{U_R}{R_x} \tag{2-35}$$

因此，改变标准电容 C_N 和电阻 R_N 或改变电压 U_C 和 U_R 都能使电桥平衡。通常

平衡电桥的程序是：首先选择标准元件 R_N、C_N 进行粗略地平衡,然后自动平滑地改变电压 U_R、U_C,直到直桥完全平衡。

图 2-17 是数字式自动平衡电桥原理图,图中 L_R 和 L_C 为锁相器,其锁定相位可以分别调节,使之与通过试品的阻性电流相位和容性电流相位相同;ADA 为模数、数模转换器,将模拟信号转为数字信号输出,以便通过计算机处理及显示,同时将数字信号转换成模拟信号,以便于反馈调节 U_C、U_R,使电桥完全平衡。测量时,先不接试品,选择适当 R_N，C_N,使电桥平衡。之后再接试品,这时电桥自动调节 U_C、U_R,直到电桥重新平衡。U_C 与相对介电常数 ε_r 成比例, U_R 与代表试品损耗因数的电导率 γ 成比例,两者关系为

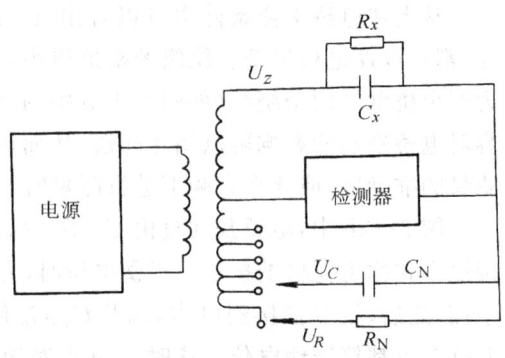

图 2-16 自动平衡变压器比例臂电桥原理图

$$\varepsilon_r = \frac{d}{A\varepsilon_0} \frac{C_N}{U_x} U_C \tag{2-36}$$

式中　U_C——记录的信号；

　　　d——试样厚度；

　　　A——电极面积；

　　　C_N——标准电容；

　　　U_x——施加于试样上的电压；

　　　ε_0——真空介电常数。

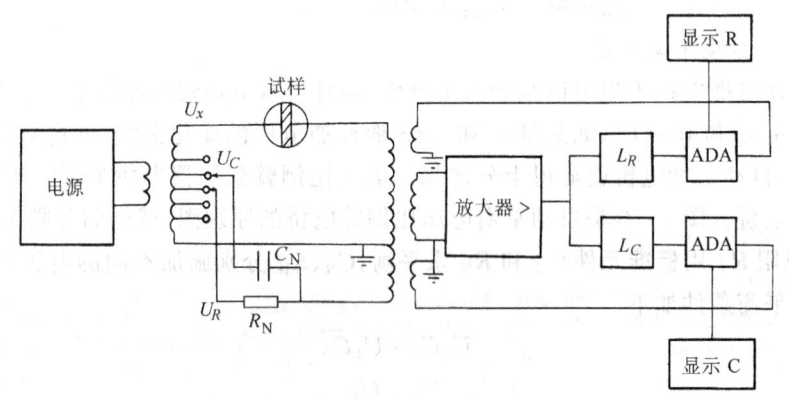

图 2-17　数字式自动平衡电桥原理图

总电导率 γ 为

$$\gamma = \gamma_0 + \omega \varepsilon'' \varepsilon_0 = \frac{d}{A} \frac{U_R}{R_N} \frac{1}{U_x} \tag{2-37}$$

式中　R_N——标准电阻；

　　　U_R——记录的信号；

　　　γ_0——直流电导率；

　　　ε''——损耗指数。

其余符号的意义同上。$\tan\delta$ 与 γ 是成比例的。

三、双 T 电桥

（一）工作原理

双 T 电桥是由两个 T 形网络并联组成，在其输入端接电源 E，在输出端接平衡指示器 G，如图 2-18 所示。当两个网络的输出电流 $\dot{I}_2$ 和 $\dot{I}_2'$ 大小相等相位相反时，指示器流过的电流为零，这时电桥平衡。设 Z_1、Z_2、Z_3 为组成一个网络的阻抗，而另一个网络对应的阻抗为 Z_1'、Z_2'、Z_3'。为了简化计算，将星形（Y形）网络变为三角形（△形）网络，在三角形网络中的

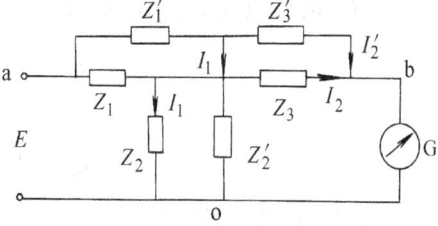

图 2-18　双 T 电桥的原理图

ao 支路的阻抗 Z_{ao} 是与电源并联，它不影响通过阻抗 Z_{ab} 的电流 $\dot{I}_2$ 或 $\dot{I}_2'$；bo 两端的电压在电桥平衡时为零，可以把 bo 两点看做是短路的，于是 ab 支路（Z_{ab}）的电流

$$\dot{I}_2 = \frac{\dot{E}}{Z_{ab}} = \frac{\dot{E}}{Z_1 + Z_3 + \dfrac{Z_1 Z_3}{Z_2}} \tag{2-38}$$

$$\dot{I}_2' = \frac{\dot{E}}{Z_{ab}'} = \frac{\dot{E}}{Z_1' + Z_3' + \dfrac{Z_1' Z_3'}{Z_2'}} \tag{2-39}$$

上式中各符号见图 2-18。电桥平衡的条件是 $\dot{I}_2 + \dot{I}_2' = 0$，根据式（2-38）和式（2-39），平衡条件又可改写为

$$Z_1 + Z_3 + \frac{Z_1 Z_3}{Z_2} + Z_1' + Z_3' + \frac{Z_1' Z_3'}{Z_2'} = 0 \tag{2-40}$$

只要选择适当的阻抗，调节到电桥平衡，就可从平衡条件中求出被测的阻抗。

（二）测量电容及损耗因数

图 2-19 为测量试品电容及损耗因数的双 T 电桥原理图。图中 C_p 为试品电容，C_p 与 R_p 为试品的等效并联阻抗，试品的 $\tan\delta = \dfrac{1}{\omega C_p R_p}$。采用替代法测量，先

闭合开关 S,接入试品,调节 C_2、C_3 使电桥达到平衡(指示器 G 指零),这时 C_3 的读数为 C_{3i},C_2 的读数为 C_{2i},将电桥中各阻抗代入式(2-40),并取等式中实部和虚部各自相等,可得

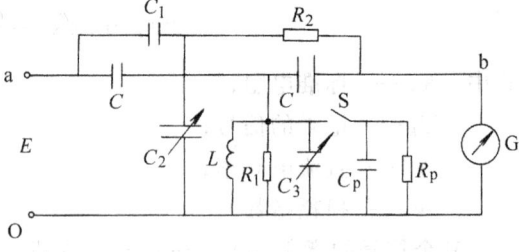

图 2-19 测量 C_X 及 tanδ 的双 T 电桥原理图

$$\omega C_p + \frac{1}{\omega L} = \left(2C + \frac{C^2}{C_1} + C_{3i}\right)\omega \tag{2-41}$$

$$\frac{1}{R_p} + \frac{1}{R_1} = R_2 C^2 \omega^2 \left(1 + \frac{C_{2i}}{C_1}\right) \tag{2-42}$$

之后将开关 S 打开(不接试品),调节 C_2、C_3 使电桥重新达到平衡,这时 C_2 的读数为 C_{2o},C_3 的读数为 C_{3o},其他参数都不变,按平衡条件又可得

$$\frac{1}{\omega L} = \left(2C + \frac{C^2}{C_1} + C_{3o}\right)\omega \tag{2-43}$$

$$\frac{1}{R_1} = R_2 C^2 \omega^2 \left(1 + \frac{C_{2o}}{C_1}\right) \tag{2-44}$$

将式(2-43)代入式(2-41)可得

$$C_p = C_{3i} - C_{3o} = \Delta C_3 \tag{2-45}$$

将式(2-44)代入式(2-42)可得

$$\frac{1}{R_p} = R_2 C^2 \omega^2 \left(\frac{C_{2i} - C_{2o}}{C_1}\right) = R_2 C^2 \omega^2 \Delta C_2 / C_1$$

$$\tan\delta = \frac{1}{\omega C_p R_p} = \frac{R_2 C^2 \omega \Delta C_2}{C_1 \Delta C_3} \tag{2-46}$$

以上各式符号见图 2-19,于是通过 ΔC_3 就可测得电容 C_p;通过 ΔC_2 及 ΔC_3 就可测得 tanδ,而 $R_2 C^2 / C_1$ 可以作为测量 tanδ 的倍率。

双 T 电桥可提供公共接地端"O",a 端对地的杂散阻抗与电源并联,b 端对地的杂散阻抗与指示器并联,当电桥平衡时,它们都不影响平衡条件,即不会引入测量误差。C_2、C_3 的读数误差只要在两次测量中(接和不接试品)保持不变,则在相减计算之后的 ΔC_2 及 ΔC_3 中就可消除此误差。因此这种电桥可以在 50kHz～50MHz 范围内保持较高的准确度。

第三节 谐振法测量 C_X 及 tanδ

上述各种电桥测量回路中的杂散电容及电感对测量结果的影响,都随测量频率的提高而增大。电桥回路和元件的杂散电容及电感较大,一般适用于测量频率

在 MHz 以下,MHz 以上一般都用谐振法测量,由于谐振法测试回路简单,用的元件少,杂散电容及电感较小,再加上是采用替代法测量,可把部分固定的误差减除。因此在很高测量频率下(GHz 以上)都可使测量误差减到允许范围。

一、谐振法测量电容

谐振法的测量线路很简单,如图 2-20 所示,它是由一个电感线圈 L 和一个调谐电容 C 组成,由于 L 和 C 工作时都要损耗少量电能,这部分损耗用等效电导 G_0 来表示。谐振回路的品质因数 Q_0 和损耗因数 $\tan\delta$ 是倒数关系,可表示如下

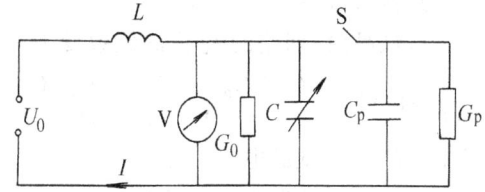

图 2-20 谐振法测试原理图

$$Q_0 = \frac{1}{\tan\delta_0} = \frac{\omega C}{G_0} \qquad (2\text{-}47)$$

式中 ω——电源 U_0 的角频率。电压表 V 用以测量 C 两端的电压。

用谐振法来测量试品的电容 C_p 是根据谐振回路的谐振条件来求得的。测量时要调谐两次,先是闭合开关 S,接入试品,调节 C 使回路出现谐振,即 C 的两端电压(电压表的读数)达到最大,这时回路应满足谐振条件

$$\omega L = \frac{1}{\omega(C_i + C_p)} \qquad (2\text{-}48)$$

式中 ω——电源电压的角频率;

L——谐振回路的电感(H);

C_i——谐振时 C 的读数(F);

C_p——试品的电容(F)。

之后打开 S,不接试品,电源的 ω 不变,回路的电感 L 也不变,调节 C 使回路重新出现谐振,这时 C 的读数为 C_o。谐振条件为

$$\omega L = \frac{1}{\omega C_o} \qquad (2\text{-}49)$$

从式(2-48)和式(2-49)中就可以得出

$$C_p = C_o - C_i = \Delta C \qquad (2\text{-}50)$$

试品的电容 C_p 可从接和不接试品两次谐振时,调谐电容 C 的变化量 ΔC 来求得。C_o 和 C_i 都是直接测量值,它们不可避免地存在误差,但只要这误差是相同的,在 ΔC 计算时就可以消除,这是替代法测量的优点。

二、变 Q 值法测量 $\tan\delta$

(一)测量原理

谐振回路的品质因数 Q 值可用谐振时调谐电容器 C 两端的电压 U_r 与电源电压 U_0 之比来表示,Q 值可用 Q 表来测得。谐振回路中接或不接试品,回路的 Q 值

要发生变化,如图 2-21 所示,接试品时的 Q 值比不接试品时的小。

不接试品时,回路的 Q 值倒数为

$$\frac{1}{Q_o} = \tan\delta_o = \frac{G_o}{\omega C_r} \tag{2-51}$$

式中　C_r——谐振时调谐电容 C 的读数;

其他参数见式(2-47)。

接试品时,回路的 Q 值的倒数变为

$$\frac{1}{Q_i} = \tan\delta_i = \frac{G_o + G_p}{\omega(C_p + C_i)} = \frac{G_o}{\omega C_r} + \frac{G_p}{\omega C_r} \frac{C_p}{C_p}$$

式中　C_p——试品电容;

C_i——调谐电容的读数;

$C_p + C_i = C_r$(因为 ωL 不变,所以两次谐振时回路的总电容也应相同)。

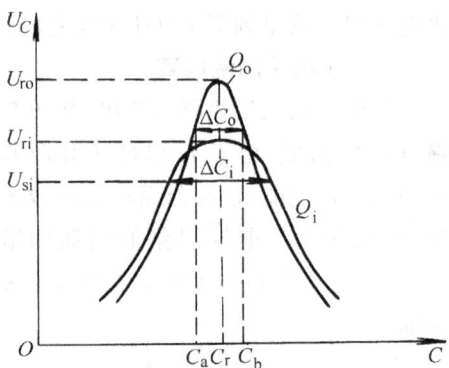

图 2-21　谐振曲线图

于是试品的损耗因数为

$$\tan\delta_x = \frac{G_p}{\omega C_p} = \left(\frac{1}{Q_i} - \frac{G_o}{\omega C_r}\right)\frac{C_r}{C_p} = \left(\frac{1}{Q_i} - \frac{1}{Q_o}\right)\frac{C_r}{C_p} \tag{2-52}$$

用 Q 表测出 Q_o 和 Q_i,并在两次调谐时,同时可测出 C_r 及 C_p,于是通过上式就可求得试品的损耗因数。

(二) Q 表

Q 表是用以测量品质因数 Q 值的仪表,它由三部分组成:

1. 电源

Q 表电源是一个频率和幅值都可变的高频正弦电压发生器。频率范围一般是几十 kHz 到几百 MHz,电压一般在几 V 范围。但要求负载能力很强(输出阻抗很小),频率和幅值在负载变化时都很稳定。

2. 谐振回路

由电感 L 和谐振电容 C 组成谐振回路,C 的可调范围一般是 30～500pF;电感线圈做成外插的独立元件,当测量频率高时,要选较小的电感量,使得在 C 的可调范围内能达到谐振,即能满足 $\omega L = 1/\omega C$。要求回路的损耗小,即 Q_o 值大。

3. 电压表

用以测量电源及调谐电容 C 两端的电压,后者要求输入阻抗很高,很灵敏,通常是用电子毫伏表,由于

$$Q = \frac{U_r}{U_0}$$

当 U_0 一定时,U_r 可直接分度为 Q 值,U_0 可作为 Q 值的倍率。如 $U_0 = 1V$ 时 U_r 分度为 100,即 $Q = 100$,若 $U_0 = 0.2V$,则在同一刻度下 $Q = 500$。

一般 Q 表的 Q 值分辨率不高,每一小格(1mm)$Q = 10$,当试品的 $\tan\delta_x$ 很小

时,Q_o 和 Q_i 的差别很小,很难测量准确。为了提高 Q 值读数的分辨率,一种新型的 Q 表能直接读取 $\Delta Q = Q_o - Q_i$。如图 2-22 所示,普通 Q 表把电子毫伏表直接接到 C 的两端,而这种新型的 Q 表是把 C 两端的电压经过差动放大器(或比较器) D,再输入电压表 V,差动放大器的另一输入端通过开关 S 接地或接到参考电压 U_f,U_f 的频率与 U_o 相同,大小是可调的。测量时,先接试品并把开关 S 接地,调电容 C 使回路达到谐振,这时可读得 Q_i,之后,把开关 S 置于参考电压 U_f,调 U_f 使电压表读数为 0,说明 U_f 正好补偿了这时的谐振电压,使 Q 表读数为 0。此后把试

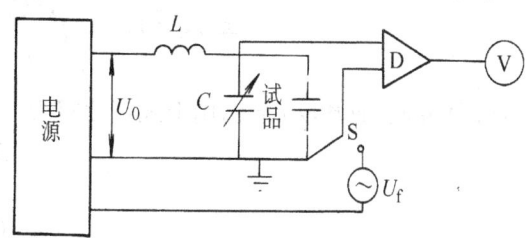

图 2-22 Q 表原理图

品取掉,调节电容 C,使回路重新出现谐振,这时 Q 表上的读数即为 $\Delta Q = Q_o - Q_i$,因为这时差动放大器输入的电压即为接和不接试品两次谐振电压之差。由于这个电压信号很小,可以提高放大倍数,使 ΔQ 读数分辨提高 10~100 倍。

三、变电纳法测量 tanδ

从图 2-21 可以看出,谐振曲线的宽度 ΔC 与谐振回路的损耗有一定的关系,损耗愈大,ΔC 就愈大,变电纳法就是利用接和不接试品两种情况下,回路谐振曲线宽度 ΔC 的变化来测量试品的 tanδ。

按图 2-20 所示的谐振回路,可知回路的电流为

$$I = \frac{U_o}{j\omega L + \dfrac{1}{G_o + j\omega C}} = \frac{U_o(G_o + j\omega C)}{j\omega L G_o - \omega^2 CL + 1} \tag{2-53}$$

式中符号见图 2-20。调谐电容两端的电压为

$$U_C = I\frac{1}{G_o + j\omega C} = \frac{U_o}{1 - \omega^2 CL + j\omega L G_o} \tag{2-54}$$

从式(2-53)可以看出,当 $1 - \omega^2 LC = 0$ 时,电流 I 达到最大,即回路达到谐振。设这时的调谐电容为 C_r,谐振时的电流为

$$I_r = \frac{U_o(G_o + j\omega C_r)}{j\omega L G_o}$$

这时调谐电容两端的电压也达到最大值,即

$$U_r = I_r \frac{1}{G_o + j\omega C_r} = \frac{U_o}{j\omega L G_o}$$

于是可得出 U_r 与 U_C 的比值为

$$\frac{U_r}{U_C} = \frac{U_o(1 - \omega^2 LC + j\omega L G_o)}{U_o j\omega L G_o}$$

取上式的模数并取其平方值为 q

$$q=\left|\frac{U_r}{U_C}\right|^2=\frac{(1-\omega^2CL)^2+(\omega LG_o)^2}{(\omega LG_o)^2}=\frac{(1-\omega CL)^2}{(\omega LG_o)^2}+1$$

用谐振条件 $L=1/\omega^2C_r$ 代入上式,并开方可得

$$\pm\sqrt{q-1}=\frac{1-\dfrac{\omega^2C}{\omega^2C_r}}{\dfrac{1}{\omega C_r}G_o}=\frac{\omega(C_r-C)}{G_o}$$

为计算方便,通常取 $q=2$,则上式可改写为

$$C=C_r\pm\frac{G_o}{\omega}$$

设

$$C_a=C_r-\frac{G_o}{\omega}$$

$$C_b=C_r+\frac{G_o}{\omega}$$

则

$$\Delta C_o=C_b-C_a=\frac{2G_o}{\omega}$$

即

$$G_o=\omega\Delta C_o/2 \tag{2-55}$$

回路的损耗因数

$$\tan\delta_o=\frac{G_o}{\omega C_r}=\frac{\Delta C_o}{2C_r}$$

测量试品的 $\tan\delta_x$,仍然要采用替代法,先接入试品,调节调谐电容 C,使回路达到谐振,记下谐振电压 U_{ri} 并计算出 $U_{si}=U_{ri}/\sqrt{2}$,再调节(增大)C,使 C 两端的电压 U_C 下降到 U_{si},记下这时 C 的读数 C_{bi}。再调节(减小)C,使 U_C 上升到 U_{ri} 之后又下降到 U_{si}(见图 2-21),记下这时电容 C 的读数 C_{ai},则

$$\Delta C_i=C_{bi}-C_{ai}$$

$$G_i=G_o+G_x=\frac{\omega\Delta C_i}{2} \tag{2-56}$$

之后,不接试品,调节 C 使回路达到谐振,记下谐振电压 U_{ro} 并计算出 $U_{so}=\dfrac{U_{ro}}{\sqrt{2}}$,再增大 C 使 U_C 下降到 U_{so},读取这时 C 的读数 C_{bo},再减小 C,使 U_C 上升到 U_{ro} 后又降到 U_{so},读取这时 C 的读数 C_{ao},则

$$\Delta C_o=C_{bo}-C_{ao}$$

$$G_o=\frac{\omega\Delta C_o}{2}$$

将上式代入式(2-56)可得

$$G_x=G_i-G_o=\frac{\omega(\Delta C_i-\Delta C_o)}{2}$$

试品的损耗因数

$$\tan\delta_x = \frac{G_x}{\omega C_x} = \frac{\Delta C_i - \Delta C_o}{2C_x} \qquad (2\text{-}57)$$

试品的电容 C_x 可以从接和不接试品两次谐振时,调谐电容 C 的变化来求得,同时从测得的 ΔC_i 和 ΔC_o 就可以计算出试品的 $\tan\delta_x$。

变电纳法测量用的仪器可以是 Q 表,也可以是与 Q 表相似,但指示读数不是 Q 值而是调谐电容 C 两端电压的仪表,它同样要求电源的电压和频率很稳定,谐振回路的损耗小(Q 值大),并具有特别设计的微调电容器,可以分辨 $10^{-2}\,\mathrm{pF}$ 的电容变量,对于 $C_x \geqslant 50\,\mathrm{pF}$ 的试品,可测 $\tan\delta \leqslant 10^{-4}$。因此它比变 Q 值法有较高的灵敏度和准确度,但测量时操作较麻烦,比变 Q 值法要多失谐两次。

第四节 测量误差及其消除方法

在上述测量方法中,由于测量仪器本身灵敏度有限、杂散分布阻抗的影响以及直接测量参数本身的误差等造成测量的误差,已在上一节中阐明。除此之外,还有外来的电磁场干扰、外来阻抗耦合以及电极、接线使用不当等也会给测量结果带来很大误差。

一、外来电磁场干扰

在试验环境中,特别是在变电站等现场进行测量时,往往存在其他正在运行的高电压设备,在试品所在的空间存在很强的电磁场,这时试品本身即使不加电压,在试品所接的测试回路中也会有干扰电流 $\dot{I}_i$ 流过,于是当试品本身加上电压进行测量时,通过试品的电流不单是试验电压产生的电流 $\dot{I}_x$,而是 $\dot{I}_x$ 与 $\dot{I}_i$ 之和 $\dot{I}_1$,如图 2-23 所示。这时测得的损耗因数是 $\tan\delta_1$,而不是试品真实的损耗因数 $\tan\delta_x$,测得的电容 C_1($C_1 = I_{1c}/\omega U$),也不是试品的电容 C_x($C_x = I_{xc}/\omega U$)。如果外电场干扰产生的电流是 $\dot{I}_i'$(见图 2-23),则可能使测得的 $\tan\delta_1$ 是负值。由此可见外电场干扰可能造成很大的测量误差。

消除外来电磁场干扰的方法很多,最常用的有屏蔽法和倒相法两种。

屏蔽法是在试品的测试系统(包括试品)与干扰源之间用金属板或网屏蔽起来,使电磁场透过屏蔽层时大大衰减,衰减程度与屏蔽材料的电导率、磁导率、金属板的厚度以及被衰减的电磁波的频率有关,衰减值 $A(\mathrm{dB})$ 可表示为

$$A = 3.338\sqrt{fG\mu}\, t \times 10^{-3} \qquad (2\text{-}58)$$

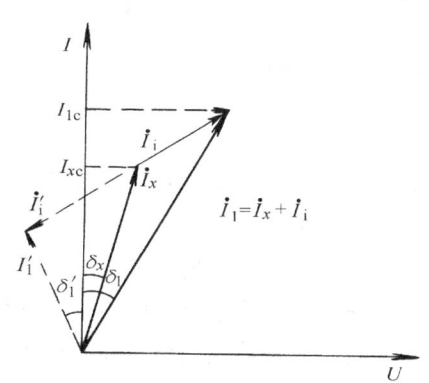

图 2-23 外电场干扰示意图

式中　f——被衰减的电磁波的频率；
　　　G——屏蔽材料相对于铜的电导率比；
　　　μ——屏蔽材料对空气的磁导率之比；
　　　t——屏蔽板的厚度(mm)。

显然这种方法只适用于实验室内,在变电站等现场试验中就无法采用。

倒相法是在正相和反相电压下,两次测量 C_x 和 $\tan\delta_x$,当施加于试品的电压倒相 180°时,通过试品的电流变为 $-\dot{I}_x$,如图 2-24 所示,这时外来干扰的电磁场没有变化,于是两者之和为 $-\dot{I}_2$。为了计算方便,将 $-\dot{I}_x$、$-\dot{I}_2$ 移到第一象限内,其大小和相角的绝对值不变,于是可以导出

$$I_c = \frac{I_{1c} + I_{2c}}{2}$$

试品的电容为

$$C_x = \frac{C_1 + C_2}{2} \quad (2-59)$$

试品的损耗因数为

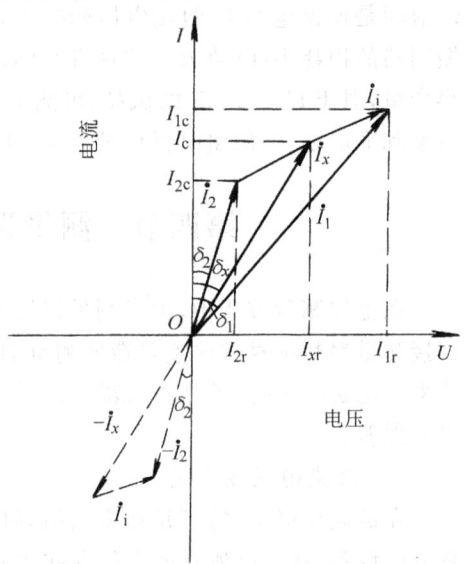

图 2-24　倒相法测量 C_x、$\tan\delta_x$ 的相量图

$$\tan\delta_x = \frac{I_{xr}}{I_{xc}} = \frac{I_{1r} + I_{2r}}{I_{1c} + I_{2c}} = \frac{\frac{I_{1r}}{I_{1c}} + \frac{I_{2r}}{I_{2c}}\frac{I_{2c}}{I_{1c}}}{\frac{I_{1c}}{I_{1c}} + \frac{I_{2c}}{I_{1c}}}$$

用　　　　　　　$\tan\delta_1 = \frac{I_{1r}}{I_{1c}} \quad \tan\delta_2 = \frac{I_{2r}}{I_{2c}}; \frac{I_{2c}}{I_{1c}} = \frac{C_2}{C_1}$

代入上式,可得

$$\tan\delta_x = \frac{C_1 \tan\delta_1 + C_2 \tan\delta_2}{C_1 + C_2} \quad (2-60)$$

式(2-59)、式(2-60)中,C_1、C_2 及 $\tan\delta_1$、$\tan\delta_2$ 分别为正相和反相电压下两次测得的电容及损耗因数。由此可见,电容可取两次测量的平均值,而 $\tan\delta_x$ 的正确结果并不是简单的平均值。

磁场的干扰主要是影响指示电桥平衡的检流计的正常工作,即改变其中的固有磁场。测量前先把检流计的输入开关置于断开位置,这时若指示不为零,则说明有外来磁场干扰,可以移动电桥和检流计的位置,直到指示为零,说明已避免了外来磁场的影响;若不能完全避免,可改变检流计的极性开关,进行两次测量。若在

正极性下测得的结果是 C_1 和 $\tan\delta_1$,而反极性下测得的是 C_2 和 $\tan\delta_2$,则试品的 C_x 和 $\tan\delta_x$ 可按下式计算

$$C_x = \frac{2C_1C_2}{C_1+C_2} \tag{2-61}$$

$$\tan\delta_x = \frac{\tan\delta_1+\tan\delta_2}{2} \tag{2-62}$$

二、外界耦合阻抗

前节已论述电桥结构中,各桥臂的杂散电容和电感对测量结果的影响。除此之外,在整个测试回路中,若有外来的阻抗与试品或任一桥臂耦合,也会对测量结果造成严重影响。

图 2-25a 表示一个星形阻抗与试品耦合,为了简明地分析这个阻抗对测量结果的影响,可把这一星形阻抗变换为等效的三角形阻抗。当该品接在电桥上时,施加于电桥的电源一端是接地的,所以 H、O 两点间的阻抗是与电源并联的,它不影响电桥的平衡;M、O 两点在电桥平衡时是等电位,所以这两点间的阻抗也不影响测量结果。只有 H、M 两点间的阻抗 Z_{HM} 是与试品并联的,这时测量的结果是试品的阻抗 Z_x 与 Z_{HM} 并联的结果,从导纳 Y_{HM}($Y_{HM}=1/Z_{HM}$)的表示式中,可以分析这一影响。

$$\begin{aligned}
Y_{HM} &= \frac{(g_1+j\omega C_1)(g_3+j\omega C_3)}{g_1+g_2+g_3+j\omega(C_1+C_2+C_3)} \\
&= \frac{(g_1g_3-\omega^2 C_1C_3)+j\omega(C_1g_3+C_3g_1)}{\Sigma g+j\omega\Sigma C} \\
&= \frac{(g_1g_3-\omega^2 C_1C_3)\Sigma g+\omega^2(C_1g_3+g_1C_3)\Sigma C}{(\Sigma g)^2+(\Sigma C)^2} \\
&\quad +j\omega\frac{[(C_1g_3+C_3g_1)\Sigma g-(g_1g_3-\omega^2 C_1C_3)\Sigma C]}{(\Sigma g)^2+(\Sigma C)^2}
\end{aligned}$$

式中 各符号见图 2-25a;$\Sigma g=g_1+g_2+g_3$;$\Sigma C=C_1+C_2+C_3$。不同的耦合阻抗对测得的电容及 $\tan\delta$ 的影响是不同的。

图 2-25b 是表示在一台变压器的旁边放了一个木梯,木梯的电导为 g_3,木梯上端(N 点)与变压器的高压端耦合电容为 C_1,与测量端的耦合电容为 C_2,图 2-25a 中的 g_1、g_3、C_2 相对很小,可以忽略。在这情况下,Y_{HM} 可写为

$$\begin{aligned}
Y_{HM} &= \frac{-\omega^2 C_1C_3}{g_2+j\omega(C_1+C_3)} = \frac{-\omega^2 C_1C_3 g_2}{g_2^2+\omega^2(C_1+C_3)^2}+j\omega\frac{\omega^2 C_1C_3(C_1+C_3)}{g_2^2+\omega^2(C_1+C_3)^2} \\
&= -g_e+j\omega C_e
\end{aligned}$$

式中 $g_e=\dfrac{\omega^2 C_1C_3 g_2}{g_2^2+\omega^2(C_1+C_3)^2}$;

$C_e=\dfrac{\omega^2 C_1C_3(C_1+C_3)}{g_2^2+\omega^2(C_1+C_3)^2}$。

于是测得的电容

$$C_m = C_x + C_e$$

测得的损耗因数

$$\tan\delta_m = \frac{g_x - g_e}{\omega(C_x + C_e)} = (\tan\delta_x)\frac{C_x}{C_x + C_e} - \frac{g_e}{\omega(C_x + C_e)}$$

由此可见,测得的电容 C_m 偏大了;测得的 $\tan\delta_m$ 偏小了。

图 2-25c 是表示一根电机线棒放在桌子上,桌子 N 点对地的电导为 g_2、对测量端 m 的电导为 g_3,高压端对桌子的耦合电容为 C_1,g_1、C_2、C_3 相对都很小,可以忽略。这种情况下

$$Y_{HM} = \frac{\omega^2 C_1^2 g_3 + j\omega C_1 g_3(g_2 + g_3)}{(g_2 + g_3)^2 + c_1^2} = g_e + j\omega C_e$$

式中 $g_e = \dfrac{\omega^2 C_1^2 g_3}{(g_2 + g_3)^2 + C_1^2}$;

$C_e = \dfrac{C_1 g_3(g_2 + g_3)}{(g_2 + g_3)^2 + C_1^2}$。

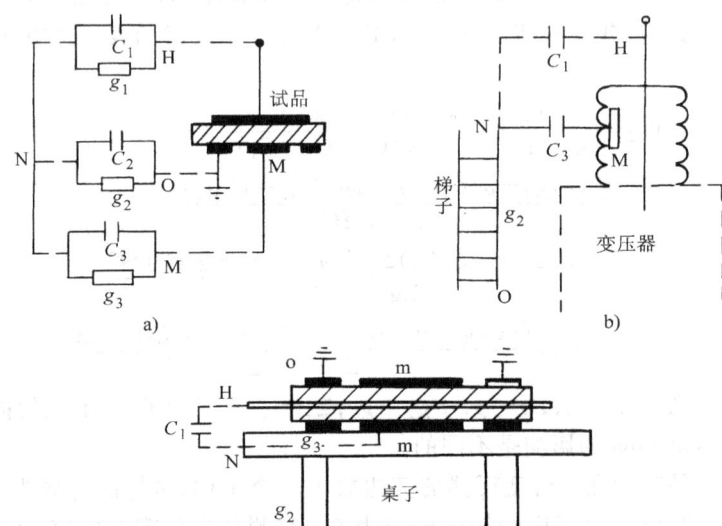

图 2-25

由此可见测得的电容为

$$C_m = C_x + C_e$$

测得的损耗因数

$$\tan\delta_m = \frac{g_x + g_e}{\omega(C_x + C_e)}$$

若 $C_e \ll C_x$,则测得的 $\tan\delta_m \approx \tan\delta_x + \dfrac{g_e}{\omega C_x}$。测得的电容和损耗因数都偏大了。

三、电极、导线等可能造成的误差

要把试品接入测试系统,一般都用导线连接,导线的电阻、电感以及分布电容将会对测得的 C_x 及 $\tan\delta$ 带来误差。对于原材料或某些部件,在测量 C_x 或 $\tan\delta_x$ 时,必须先加上电极才能加电压,电极本身的电阻、电极与试品间接触不好以及电极边缘效应等也会对测量结果带来误差,这些误差会随测量频率的提高而增大。

1. 接线的影响

如图 2-26 所示,接线的电感为 L_l,电阻为 R_l,电容为 C_l(若测量频率很高,接线长度与波长相近时,接线应视为具有 L、C、R 分布参数的输送线)。为分析方便,在分析接线的电感和电阻的影响时,试品用串联等效电路来表示,如图 2-26b 所示,在分析接线的电容 C_l 的影响时,试品用并联等效电路来表示,如图 2-26c 所示。

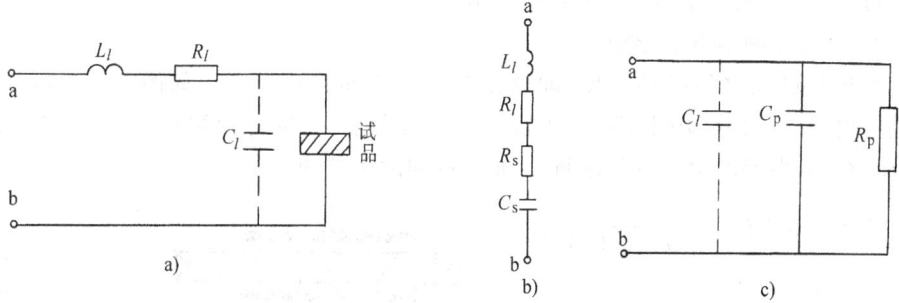

图 2-26 接线与试品的等效阻抗图

从图 2-26b 可得 a、b 两端的阻抗为

$$Z_{ab} = (R_s + R_l) + \dfrac{1}{j\omega C_s} + j\omega L_l = R_s' + \dfrac{1}{j\omega C_m}$$

式中　各符号见图 2-26b;

$R_s' = R_s + R_l$;

$C_m = \dfrac{C_s}{1 - \omega^2 C_s L_l}$。

测得的电容值与 $\tan\delta$ 值分别为 C_m 及 $\tan\delta_m$,它与试品真实的电容 C_x($C_x \approx C_s$)及 $\tan\delta_x$ 之差为

$$\Delta C = C_m - C_s = \left(\dfrac{1}{1 - \omega^2 C_s L_l} - 1\right) C_s \tag{2-63}$$

$$\Delta\tan\delta = \tan\delta_m - \tan\delta_x = \omega C_m R_s' - \omega C_s R_s \tag{2-64}$$

在工频下,$\omega^2 C_s L_l \ll 1$(如 $\omega^2 \approx 10^5 \text{rad/s}^2$),$C_s = 10^{-9}\text{F}$,$L_l = 10^{-6}\text{H}$,$\omega^2 C_s L_l = 10^{-10}$,这时

$$\Delta\tan\delta = \omega C_s R_l$$

由此可见,当测量频率很高(几 MHz 以上),试品电容很大(如接近 μF 数量级),接线很长(如长于 10m 以上)时就要特别注意接线的 R_l 及 L_l 带来的误差。

接线的电容 C_l 对测量结果的影响,可以通过图 2-26c 来分析,通常接线是架空的,即接线对地之间是空气绝缘的,因此 C_l 是没有损耗的纯电容,这时测得的 C_m 和 $\tan\delta_m$ 分别为

$$C_m = C_p + C_l \tag{2-65}$$

$$\tan\delta_m = \frac{1}{\omega C_m R_p} \tag{2-66}$$

由此造成测量的误差为

$$\Delta C = C_m - C_p = C_l \tag{2-67}$$

$$\Delta\tan\delta = \frac{1}{\omega C_m R_p} - \frac{1}{\omega C_p R_p} = \tan\delta_x \left(\frac{C_p}{C_x + C_p} - 1 \right) \tag{2-68}$$

由此可见测得的电容偏大了,损耗因数偏小了。

2. 电极接触不良的影响

电极与试品之间接触不良,即电极与试品之间存在一夹层如图 2-27a 所示。于是在电极之间的电场中,除了试品之外还有夹层,它的等效阻抗如图 2-27b 所示,R_0、C_0 为夹层的串联等效阻抗,a、b 两点间的阻抗为

$$Z_{ab} = (R_0 + R_s) + \frac{1}{j\omega}\left(\frac{C_s + C_0}{C_s C_0}\right)$$

$$= R_s' + \frac{1}{j\omega C_m}$$

式中　各符合见图 2-27b;
$R_s' = R_s + R_0$;
$C_m = \dfrac{C_s C_0}{C_s + C_0}$。

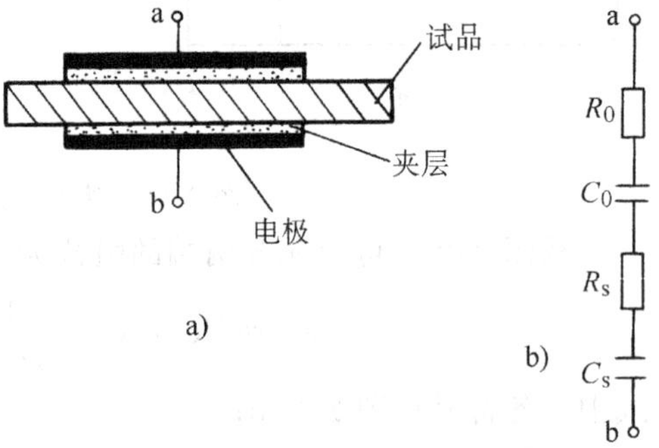

测得的电容及 $\tan\delta$ 分别为 C_m、$\tan\delta_m$。
这与试品的真实电容 C_x($C_x \approx C_s$)及
$\tan\delta_x = \omega C_s R_s$ 的差值为

图 2-27　电极接触不良的等效阻抗

$$\Delta C = C_m - C_s = C_s \left(\frac{C_0}{C_0 + C_s} - 1 \right) = C_s \left(\frac{C_s}{C_s + C_0} \right) \tag{2-69}$$

$$\Delta\tan\delta = \omega C_m R_s' - \omega C_s R_s = \omega(R_s + R_0)\frac{C_s C_0}{C_s + C_0} - \omega C_s R_s$$

$$= \frac{C_s}{C_s + C_0}(\tan\delta_0 - \tan\delta_s) \tag{2-70}$$

由此可见,测得的电容总是偏小,测得的 $\tan\delta$ 要看夹层与试品的 $\tan\delta$ 那一个大,如夹层为空气,$\tan\delta_0 \ll \tan\delta_s$,则测得的 $\tan\delta$ 值偏小;若夹层是很脏的粘合剂或水,

$\tan\delta_0 \gg \tan\delta_s$,则测得的 $\tan\delta$ 值偏大。

3. 电极边缘的影响

在许多场合中,不能采用三电极系统,如各种元器件、各种绝缘材料在高频下用谐振法测量电容及损耗因数都是只用两电极,这时电极边缘的电力线仍然通过试品的表面及试品周围的媒质,分析试品表面及周围媒质对测量结果的影响,可以用它的并联等效阻抗来表示,如图 2-28 所示。

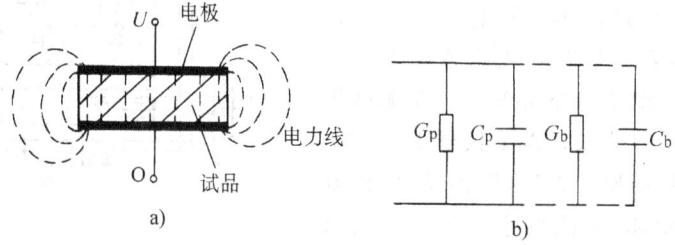

图 2-28 电极边缘效应分析图

测得的电容 C_m 与 $\tan\delta_m$ 分别为

$$C_m = C_p + C_b$$

$$\tan\delta_m = \frac{G_p + G_b}{\omega C_m} = \frac{G_p}{\omega C_p}\frac{C_p}{C_m} + \frac{G_b}{\omega C_b}\frac{C_b}{C_m}$$

$$= \tan\delta_p \frac{C_p}{C_m} + \tan\delta_b \frac{C_b}{C_m}$$

上式中各符号见图 2-28,试品的电容及损耗因数分别为 C_p、$\tan\delta_p$。由于电极边缘效应造成的电容及损耗因数的误差分别为

$$\Delta C = C_m - C_p = C_b \tag{2-71}$$

$$\Delta\tan\delta = \tan\delta_m - \tan\delta_p = \frac{C_b}{C_p + C_b}(\tan\delta_b - \tan\delta_p) \tag{2-72}$$

由此可见,测得的电容总是偏大;测得的损耗因数要看 $\tan\delta_p$ 与 $\tan\delta_b$ 那一个大,$\tan\delta_p > \tan\delta_b$ 时有负误差,$\tan\delta_p < \tan\delta_b$ 时有正误差。

4. 消除或减少接线及电极带来误差的方法

(1) 简单方法　消除或减小接线及电极可能带来误差的简单方法有:①用较粗的架空短接线,在用替代法测量时,不接试品是将试品从接线的末端取掉,让接线还留在测量系统中,这样两次测量结果相减,可以消除部分接线的误差。②用损耗因数与试品相同、介电常数很小的粘合剂涂在电极与试品的表面使两者接触良好。③用三电极系统(在第一章第二节中已述及),可以避免电极边缘效应的影响。此外,采用测微电极和不接触电极可以进一步减少这些误差。

(2) 测微电极　测微电极是在高频下测量绝缘材料的专用电极夹具。图 2-29

为测微电极的结构图,试品放在高压电极与接地电极之间,高压电极的引线端可直接插入 Q 表或其他测量仪器的测量端上,接地电极的引线端也同样可直接插入测量仪表的接地端上。测量时通过试品的电流经过波纹管和电极外壳时方向是相反的,再加上距离很小,所以相应的电阻电感都很小。M_1 是与接地电极连接,用以调节电极间的距离。测量时先把试品放在两个电极之间,调节螺杆 M_1 使电极与试品接触良好(试品表面最好要先涂或贴上一层金属),记下这时电极的距离 d_1(在测微螺杆上有刻度可以读取),调节仪器上的调谐电容使之达到谐振。之后,取出试品,再调电极之间的距离(距离变小),使测试回路重新达到谐振,显然这时电极系统内的电容应与接试品时相同(因为测试的角频率 ω、回路的电感 L 以及调谐电容 C_r 都不变),因此在替代法测量中,可以在计算式

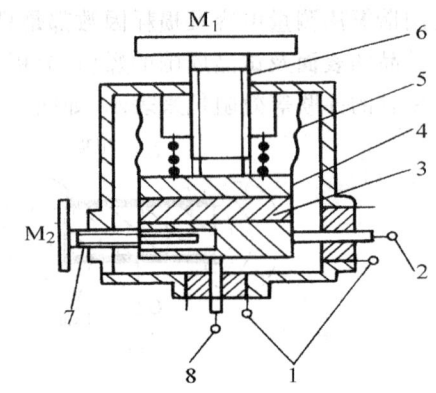

图 2-29　测微电极结构图
1—接地端　2—高压电极(接伏特计)　3—试品
4—接地电极　5—波纹管　6—测微螺钉
7—微调电容器　8—高压电极(接电路)

中将电极系统内本来就很小的电阻、电感的影响进一步消除。

用测微电极测量时,可以通过测微电极中两个电极之间距离的变化所对应的电容的变化来计算出试品的电容值。图 2-30 为测微电极的电容 C_d 与电极间距离 d 的关系曲线。这是测微电极中为空气时实测的特性曲线,它包括电极极板间的主电容 C_a 与极板边缘的电容 C_e 之和。在接试品时测微电极上读得的电容 C_1 为电极间的主电容即试品的几何电容 C_{a0}(即电极间的距离与试品的厚度一样,试品的直径与电极的直径相同,以空气为介质的电容),与边缘电容 C_e 之和

$$C_1 = C_{a0} + C_e$$

但要注意这时电极系统中实际的电容为 $C_x + C_e$(C_x 为试品的电容)。之后,把试品从电极中取出,测试回路中的电源角频率 ω、回路电感 L、调谐电容 C_r 都不变,调小电极间的距离,直到重新达到谐振,这时电极上读数 C_2 应与接试品时的实际电容相等,假定电极间距离变化不大,C_e 不变,则

$$C_2 = C_x + C_e$$

从以上两式可得

$$C_x = C_2 - C_1 + C_{a0} \qquad (2\text{-}73)$$

式中　C_{a0} 可以按试品的尺寸计算出。

另一种测量电容的方法是:先把试品放在测微

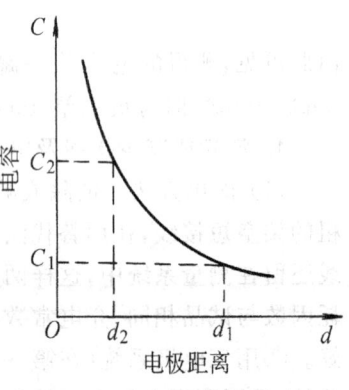

图 2-30　测微电极的电容与
电极距离关系图

电极中,调节仪器的调谐电容 C_r 直到出现谐振,记下这时 C_r 的读数 C_1,电极的距离 d_1;之后,取出试品,电极距离仍保持为 d_1,再增大 C_r 直到重新达到谐振,记下这时 C_r 的读数为 C_2,则试品的电容为

$$C_x = C_2 - C_1 + C_{a0}$$

式中 C_{a0} 也是试品的几何电容。

测微电极上还有 M_2 螺杆与高压电极组成的微调电容器,在用变电纳法测量时,可以精确地测得 ΔC,即用主电极调到谐振后,再用这个微调电容调失谐到规定值,从微调电容器上即可读取 ΔC。测微电容可以精确读取到 10^{-2} pF,对于电容量大于 50pF 的试品,$\tan\delta$ 可以精确测到 10^{-4}。

(3) 不接触电极 为了进一步减少因电极接触不良造成的误差,可用不接触方法来测量,即接试品时电极与试品间留一间隙 g,如图 2-31a 所示。这时电极两端的等效阻抗可用图 2-31b 表示,图中 R_g、C_g 表示间隙的等效阻抗;R_s、C_s 表示试品的等效阻抗。

$$R_m = R_g + R_s$$

$$C_m = \frac{C_s C_g}{C_s + C_g} \quad (2\text{-}74)$$

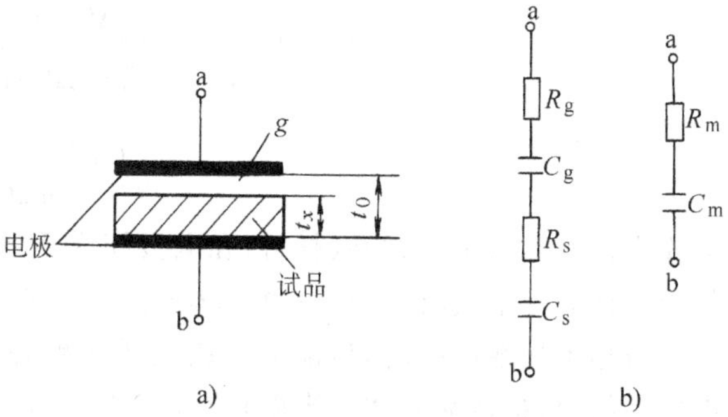

图 2-31 不接触电极示意图
a) 结构示意 b) 等效电路

上式中各符号见图 2-31,用不接触法测量时,电极可用测微电极,也可以用其他形式的电极结构;电极间的距离可以固定也可以是可调的;测量方法可以是谐振法,也可以是电桥法。现以用测微电极、谐振法测量为例,说明不接触电极的应用方法。

首先把直径与电极直径相同的试品放在电极之中,调节电极距离,使上电极与试品表面间留一个间隙,设这时电极的距离为 t_0,试品的厚度为 t_x,电极与试品表面的间隙厚度为 $t_0 - t_x$。调节仪表(Q 表)上的调谐电容 C_r,使测试回路达到谐振,记下这时 C_r 的读数 C_1。之后,取出试品,电极间距离保持为 t_0,再调 C_r 使之重新出现谐振,读下这时 C_r 的读数 C_2。由于两次调谐时,回路的电感 L 及电源角频率 ω 都不变,则

$$C_1 + C_m + C_e = C_2 + C_0 + C_e = \frac{1}{\omega^2 L}$$

$$C_m = C_2 - C_1 + C_0 = \Delta C + C_0 \quad (2\text{-}75)$$

式中 C_0——电极距离为 t_0 时空电极的电容;
C_m 见式(2-74);

$\Delta C = C_2 - C_1$。

试品的电容 $C_x \approx C_s$，从式(2-74)及式(2-75)可得

$$C_x \approx C_s = \frac{C_m C_g}{C_g - C_m} = \frac{\Delta C + C_0}{1 - \frac{(\Delta C + C_0)}{C_g}} \qquad (2\text{-}76)$$

由于 C_g 与 C_0 的面积和电介质都是一样的，因此其电容比就等于其电极距离的倒数比，即

$$\frac{C_g}{C_0} = \frac{t_0}{t_0 - t_x} \text{ 或 } C_g = \left(\frac{t_0}{t_0 - t_x}\right) C_0$$

将上式代入式(2-76)可得

$$C_x = C_0 \frac{\Delta C + C_0}{C_0 - (C_0 + \Delta C)\left(1 - \frac{t_x}{t_0}\right)} \qquad (2\text{-}77)$$

$$\varepsilon_{rx} = \varepsilon_{r0} \frac{C_0 + \Delta C}{C_0 - M\Delta C} \qquad (2\text{-}78)$$

上式中，ε_{rx}、ε_{r0} 分别为试品(材料)和电极间介质的相对介电常数，当电极中不充其他介质而只是空气时，$\varepsilon_{r0} \approx 1$；$M = (t_0 - t_x)/t_x$，它是间隙厚度与试品厚度之比。

应用不接触电极时，试品的介质损耗因数 $\tan\delta_x$ 计算如下：设接试品时测得的电极系统(包括试品及间隙媒质)的 $\tan\delta$ 为 $\tan\delta_m$，

$$\tan\delta_m = \omega C_m R_m = \omega(R_g + R_s)\frac{C_g C_s}{C_g + C_s}$$

$$= \omega R_s C_s \frac{C_g}{C_g + C_s} + \omega R_g C_g \frac{C_s}{C_g + C_s}$$

式中　$\omega R_s C_s = \tan\delta_x$；

$\omega R_g C_g = \tan\delta_g$。

于是

$$\tan\delta_x = \omega C_s R_s = \left(\tan\delta_m - \tan\delta_g \frac{C_s}{C_s + C_g}\right)\frac{C_g + C_s}{C_g}$$

$$= \tan\delta_m \left(1 + \frac{C_s}{C_g}\right) - \tan\delta_g \frac{C_s}{C_g} \qquad (2\text{-}79)$$

设不接试品时，测得的电极系统的 $\tan\delta$ 为 $\tan\delta_0$，这时电极中的媒质是与有试品时间隙中的媒质是相同的，所以 $\tan\delta_g = \tan\delta_0$。同时

$$C_s/C_g = \varepsilon_{rx}(t_0 - t_x)/(\varepsilon_{r0} t_x) = M \frac{\varepsilon_{rx}}{\varepsilon_{r0}}$$

于是上式可写为

$$\tan\delta_x = \tan\delta_m + M\frac{\varepsilon_{rx}}{\varepsilon_{r0}}(\tan\delta_m - \tan\delta_0)$$

若媒质为空气，$\varepsilon_{r0} \approx 1$，$\tan\delta_m \gg \tan\delta_0$，上式可简化为

$$\tan\delta_x = \tan\delta_m(1+M\varepsilon_{rx}) = \tan\delta_m \frac{C_x}{C_m} \tag{2-80}$$

以上各式中，$\tan\delta_m$、$\tan\delta_0$、$C_x(\varepsilon_{rx})$、C_m、$C_0(\varepsilon_{r0})$，都可以用谐振法或电桥法来测得，不论用什么方法来测量，结果都可通过上述各式来计算。

用不接触法测量时，因空气为媒质时 $C_m \ll C_x$，$\tan\delta_m \ll \tan\delta_x$，所以要求测量仪器要有更高的灵敏度，另外由于试品厚度的误差引起介电常数的测量误差也比接触电极法大。这对于低损耗薄膜材料影响尤为严重。为了克服这一缺点，电极中媒质最好要选用 ε_{r0} 及 $\tan\delta_0$ 和试品的 ε_{rx}、$\tan\delta_x$ 很接近的液体，但电极必须刷洗干净，否则杂质会带来严重的误差。

综上所述，造成电容（介电常数）、损耗因数测量误差的因素很多，在测量频率提高（10^7Hz 以上），和试品的 $\tan\delta$ 很小（10^{-4} 数量级）时，应特别注意电极和导线造成的误差。

第五节　介电谱的测量

要了解在不同频率或不同温度下绝缘系统或介质的介电特点，或要研究高分子绝缘材料的分子结构形态时，要求测量复介电常数 $\varepsilon^* = \varepsilon' - j\varepsilon''$（$\varepsilon'$ 即相对介电常数 ε_r，ε'' 损耗指数，$\varepsilon'' = \varepsilon' \tan\delta$）随频率的变化曲线（称为介电频谱）或随温度的变化曲线（称为介电温谱）。介电频谱的测量要求频率的量程很宽，用前面所述的仪器进行测量，往往用一台仪器不能满足，两台不同仪器测得的数据往往不能很好地衔接。同时一条曲线往往需要测量很多数据。花费很长的时间。这就要求测量仪器稳定性要好，零点漂移要很小，而且不必人工逐点进行测量。在前面所述的测量方法和仪器中，有自动平衡电桥可以应用。此外，介电谱的测量方法还有很多，如不平衡电桥法、相位比较法、时域—频域法、白噪声法等，本节简述其中较常用的几种方法。

一、不平衡电桥

在测量介电频谱时，要在不同频率下，逐点平衡电桥，测出该频率下的 ε' 及 ε'' 或 $\tan\delta$，这样就需要很长的测量时间，采用不平衡电桥，只需在开始时，在某一频率下平衡电桥，之后，改变电桥电源的频率，就可以从电桥偏离平衡时输出电压的实部和虚部，测得 ε' 及 ε''。

图 2-32 是不平衡电桥结构的框图，振荡器提供给电桥的电压，经分相器产生电压 u_1、u_2，$u_1 = -u_2$，加到电极 P_1、P_2，P_1 与 P_3 组成电容器 C_1，电极间置放试品，P_2、P_3 组成电容器 C_2 是空气绝缘的。电桥不平衡时，P_3 电极输出的电压 u_3，经放大输入到相敏检测仪，相敏检测仪由振荡器提供相位差为 $90°$ 的参考电压，于是就

可把输入的电压 U_3 分解为实部、虚部两部分，即相应为 ε' 及 ε''。从图 2-33 所示的原理图上，可以写出如下电路方程组

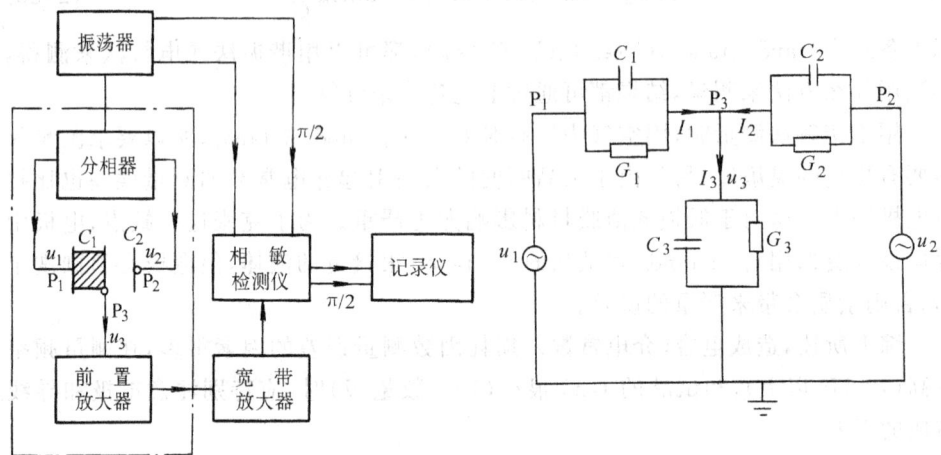

图 2-32　不平衡电桥结构框图　　　　图 2-33　不平衡电桥原理图

$$\begin{cases} i_3 = i_1 + i_2 \\ u_1 = i_1 Z_1 + i_3 Z_3 \\ u_2 = i_2 Z_2 + i_3 Z_3 \\ u_3 = i_3 Z_3 \end{cases}$$

式中各参数见图 2-33，Z_3 为放大器输入阻抗。当 $u_1 = -u_2$ 时，可解得

$$\frac{u_3}{u_1} = \frac{(G_1 - G_2) + j\omega(C_1 - C_2)}{(G_1 + G_2 + G_3) + j\omega(C_1 + C_2 + C_3)} \tag{2-81}$$

当取出试品时，P_1、P_3 电极距离不变，这时电极间的电容为 C_0；等效电导为 G_{10}，它也是空气绝缘，C_0 与 C_2 除了电极距离不同之外，其他结构都是相同的，所以这两个电极系统的等效电导可视为近似相等，即 $G_{10} = G_2$。在接入试品时，G_{10} 仍然存在，若试品的损耗因数用 $G_p/(\omega C_p)$ 来表示，则

$$G_1 = G_{10} + G_p = G_2 + G_p$$
$$C_1 = \varepsilon' C_0 = C_p \tag{2-82}$$

于是　　　　$G_1 - G_2 = G_p = \omega C_p \tan\delta = \omega \varepsilon' C_0 \dfrac{\varepsilon''}{\varepsilon'} = \omega C_0 \varepsilon'' \tag{2-83}$

将式(2-82)、式(2-83)代入式(2-81)，并考虑到实际设计电路时保证满足 $\omega(\varepsilon' C_0 + C_2 + C_3) \gg \omega \varepsilon' C_0 + G_3$，则式(2-81)可简化为

$$\frac{u_3}{u_1} = \frac{(\varepsilon' C_0 - C_2) - j\varepsilon'' C_0}{\varepsilon' C_0 + C_2 + C_3} \tag{2-84}$$

测量时接好试品、选定适当的角频率 ω，调节 C_2，使 u_3/u_1 的实部平衡，从式(2-84)可以看出，这时 $C_2 = \varepsilon_0' C_0 = C_1$，于是式(2-84)可改写为

$$\left(\frac{u_3}{u_1}\right)_0 = \frac{-\mathrm{j}\varepsilon_0'' C_0}{2\varepsilon_0' C_0 + C_3}$$

在任一角频率 ω_f 下,电桥输出的归一化的电压为

$$\left(\frac{u_3}{u_1}\right)_f - \left(\frac{u_3}{u_1}\right)_0 = \frac{C_0(\varepsilon_f' - \varepsilon_0') - \mathrm{j}\varepsilon_f'' C_0}{2\varepsilon_0' C_0 + C_3} \tag{2-85}$$

式(2-85)的实部为

$$\frac{C_0(\varepsilon_f' - \varepsilon_0')}{2\varepsilon_0' C_0 + C_3} \tag{2-86}$$

式(2-85)的虚部为

$$\frac{C_0(\varepsilon_f'' - \varepsilon_0'')}{2\varepsilon_0' C_0 + C_3} \tag{2-87}$$

于是 ε_f' 和 ε_f'' 就可分别从 u_3/u_1 的实部和虚部测到。相敏检测仪能分别检测 u_3/u_1 的实部、虚部,之后由记录仪分别记录 ε_f'、ε_f''(或 $\tan\delta$)随频率变化的介电频谱。

二、相位比较法

电桥法测量 ε'、ε'' 的量程范围不大,在测量温谱时,ε' 和 ε'' 的变化范围很大,这时用相位比较法比较容易满足要求。图 2-34 是用相位比较法测量 ε_r' 和电导率 γ 的原理图($\tan\delta$ 与 γ 成比例,γ 随温度指数式上升,在高温下 $\tan\delta$ 主要决定于 γ)。这种方法是应用相敏检波技术,通过一个与电压 u_0(施加于试品的电压)同相,另一个与 u_0 相差为 $\frac{\pi}{2}$ 的参考信号,将通过试品的电流分离为与 u_0 同相的 I_R(锁定 R)及与 u_0 相差为 $\frac{\pi}{2}$ 的 I_C(锁定 C),于是

$$\gamma = I_R \frac{d}{u_0 A} \tag{2-88}$$

$$\varepsilon' = I_C \frac{d}{u_0 \omega \varepsilon_0 A} \tag{2-89}$$

式中　A——试品的电极面积;
　　　d——试品的厚度;
　　　ω——u_0 的角频率;
　　　I_R 与 I_C 可以分别分度为 γ 与 ε',在记录仪上读取。

图 2-35 是用相位比较法测得的聚氯乙烯(PVC)的介电温谱图。

三、时域——频域法

(一)测量原理

介电谱本质上是表征介质极化强度随时间的变化特征,这可以表现在吸收电流、去极化电流等随时间变化的时域特性上,对这种时域特性进行傅里叶变换,就可以得到随频率变化的频域特性,这个频域特性就是介电频谱。所以时域-频域法的测量原理就是先测得与介质极化有关的电流、电荷或电压随时间变化的信息,再

经过傅里叶变换得出 ε'、ε''（或 γ）随频率变化的介电频谱，近年来，由于计算机的应用，可以快速采集数据，可以对大量数据进行统计处理，以及可以快速进行傅里叶变换，使得这种测量方法有了很大的发展。

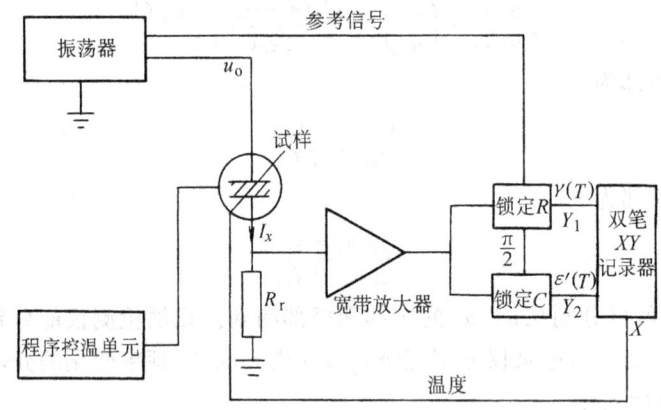

图 2-34　相位比较法测量原理图

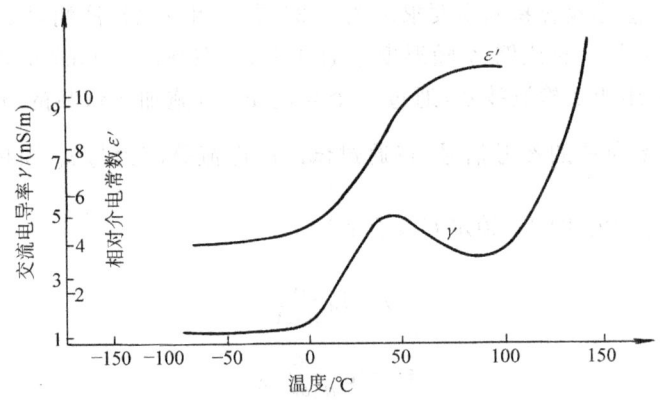

图 2-35　在 1kHz 下测得 PVC 的介电温谱

假定在某一时刻 t_0，把直流电压加到试样上，则可测到随时间变化的通过试样的电流，若把电压去除，并将试样短路，又可测得符号相反的类似的电流-时间的曲线，见图 2-36。这一时域信号中包含有很宽的频谱信息，频谱的下限决定于测量电流持续的时间，频谱的上限决定于阶跃电压的上升时间。这种突然地施加或去除的阶跃直流电压，可用电压阶跃函数 $\delta(t)$ 来分析，这在工程应用的范围内，误差是允许的。

设在一个充满复介电常数为 ε^* 的介质，且几何电容 $C_a=1$ 的电容器上施加一个单位阶跃电压 $u(t)$，在 $t_0=0$ 时电容器开始充电，充电电荷为

$$Q(t)=\varepsilon^* u(t)$$

相应的电流

$$i(t) = \frac{\mathrm{d}Q(t)}{\mathrm{d}t} = \varepsilon^* \frac{\mathrm{d}u(t)}{\mathrm{d}t} = \varepsilon^* \delta(t) \tag{2-90}$$

如图 2-36 所示,式中,$\delta(t)$ 为 δ 函数。对式(2-90)两边取傅里叶变换,对具有复介电常数 $\varepsilon^* = \varepsilon' - \mathrm{j}\varepsilon''$ 的介质可得

$$\varepsilon^* = \int_0^\infty i(t) \mathrm{e}^{-\mathrm{j}\omega t} \mathrm{d}t \tag{2-91}$$

实际应用中,也可采用下面的表达式

$$\varepsilon' = \frac{1}{C_0}\left[C_0 + \int_0^\infty \phi(t)\cos\omega t\,\mathrm{d}t\right] \tag{2-92}$$

和

$$\varepsilon'' = \frac{1}{C_0}\left[\frac{G_0}{\omega} + \int_0^\infty \phi(t)\sin\omega t\,\mathrm{d}t\right] \tag{2-93}$$

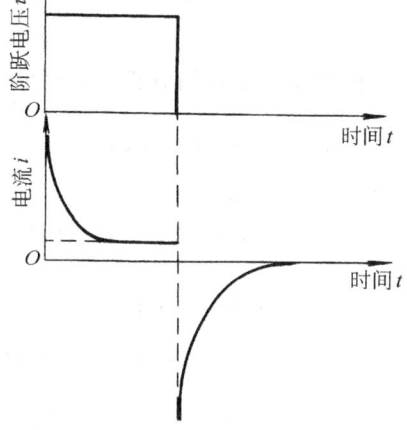

图 2-36 阶跃电压与过渡电流

式中 C_0——试样的几何电容;
G_0——稳态直流电导;
$\phi(t)$——材料的松弛函数或衰减函数,它等于施加单位电压时流经试样的电流,但不包括稳态电流。

具体测试方法有多种,应用较多的有数值傅里叶变换法、电荷法、去极化电流法等。

(二) 数值傅里叶变换法

对阶跃电压响应的过渡电流的积分不能准确地用解析法来求得,数值傅里叶积分法能较好地解决这问题,它可以准确测量 50mHz~1μHz 超低频段的介电谱。

过渡电流函数 $I(t)$ 的傅里叶变换 $i(\omega)$ 的数值解可以用下式表示

$$i(\omega) = \Delta \sum_{n=0}^{N} \exp(-\mathrm{j}\omega n\Delta) I(n\Delta) \tag{2-94}$$

式中 Δ——时间间隔;
N——项数,其大小的选取可从减小混淆误差和截断误差来考虑。

一般在低频区内发生的松弛过程,都有一个很宽的松弛时间分布,所以过渡电流的测量也应在一段很长的时间里进行,例如 10^5 s。如果在整个这一段时间范围里都取同样的时间间隔,那就可能会出现两种情况,一是时间间隔取大,则混淆误差变大,这会影响高频区测量结果的误差;二是时间间隔取小,那么采样数据量十分大,这是一般处理机的存储量所不能容纳的。而过渡电流的特点是开始时电流随时间急剧下降,随后则逐渐缓慢。因此,可以按照不同的时间范围选用不同的时

间间隔来兼顾两方面的要求。例如

$$\Delta = 1s \quad 1s \leqslant t \leqslant 10^2 s$$
$$2s \quad 10^2 s \leqslant t \leqslant 10^3 s$$
$$20s \quad 10^3 s \leqslant t \leqslant 10^4 s$$
$$200s \quad 10^4 s \leqslant t$$

这样,傅里叶变换的方程就可写成

$$i(\omega) = \sum_{n=0}^{99} \{I(n)\exp(-j\omega n) + I(n+1)\exp[-j\omega(n+1)]\}/2 +$$
$$2\sum_{n=0}^{449} \{I(100+2n)\exp[-j\omega(100+2n)] + I(100+2n+2) \times$$
$$\exp[-j\omega(100+2n+2)]\}/2 + 20\sum_{n=0}^{449} \{I(1000+20n) \times$$
$$\exp[-j\omega(1000+20n)] + I(1000+20n+20)\exp[-j\omega(1000+$$
$$20n+20)]\}/2 + 200\sum_{n=0}^{s} \{I(10000+200n)\exp[-j\omega(10000+$$
$$200n)] + I(10000+200n+200)\exp[-j\omega(10000n+$$
$$200n+200)]\}/2 \tag{2-95}$$

上式中实部和虚部分别对应为 ε' 和 ε''。在选定 Δ 和 s(选定的项数)后,可以通过专用的软件,用计算机采集不同时刻的电流,之后,由计算机直接绘制 ε' 和 ε'' 的频谱曲线。

若要求测量的频谱下限频率很低,则测量电流的时间很长(几个小时甚至更长),因此要求测量仪器要非常稳定,零点漂移很小。同时要进行重复测量,就要等试样放电完毕,那就需更多时间。采用施加方波电压代替阶跃电压,可以大大缩短测量时间。

设一方波电压为

$$u(t) = \begin{cases} 0 & t<0 \text{ 和 } t>\tau \\ u_0 & 0<t<\tau \end{cases}$$

如图 2-37 所示,它可以看作是两个阶跃电压合成。

$$u(t) = u_1(t) - u_1(t-\tau)$$

式中 $u_1(t) = 0, t<0$;
$u_1(t) = u_0, t>0$。

介质中相应的电流为

$$I(t) = I_1(t) - I_1(t-\tau) \tag{2-96}$$

式中 $I_1(t)$——相应于 $u_1(t)$ 的充电电流;
$I(t)$——相应的放电电流。

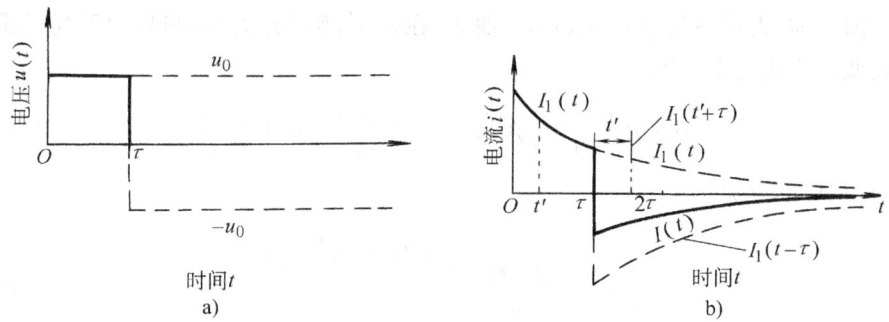

图 2-37 方波电压脉冲法原理
a) 方波电压 $u(t)$ b) 相应的电流 $i(t)$

式(2-96)作变量代换($t \to t' + \tau$)后可以写成

$$I_1(t' + \tau) = I(t' + \tau) + I_1(t') \qquad 0 < t' < \tau \qquad (2\text{-}97)$$

这个方程意味着在 $0 < t < \tau$ 的充电电流为 $I_1(t)$，下一个时间间隔 $\tau < t < 2\tau$ 的充电电流可以由 $I_1(t)$ 与 $\tau < t < 2\tau$ 间隔上测得的放电电流 $I(t + \tau)$ 的代数和来求得。同样的方法可以递推到任意时间($t' + n\tau$)的充电电流表达式

$$I_1(t) = \begin{cases} I_1(t) & 0 < t < \tau \\ \sum_{n=1}^{m} I(t' + n\tau) + I_1(t') & t > \tau \end{cases} \qquad (2\text{-}98)$$

$$t \to t' + n\tau, 0 < t' < \tau$$

当 $t \to \infty$，$I_1(t)$ 就逼近直流分量 I_0，即

$$I_0 = \lim_{t \to \infty} I_1(t) = I_1(t') + \sum_{n=1}^{\infty} I(t' + n\tau) \qquad 0 < t' < \tau \qquad (2\text{-}99)$$

从式(2-98)和式(2-99)，即可求出任意时间的放电电流

$$I(t) = I_1(t) - I_0 = -\sum_{n=m+1}^{\infty} I(t' + n\tau) \qquad (2\text{-}100)$$

通常取 $\tau = 30\text{s}$，这就可以大大缩短超低频频谱的测量时间。

(三) 电荷法

上述在阶跃电压下直接测量电流时域曲线，由于受采样速度的限制，只适于测低频段的介电频谱。若要测量较高频段的频谱，如高达 10^6 Hz 的频谱，就要用电荷法，因为电荷法测量的是电荷量，是电流对时间的积分值，在给定的时间内，其幅值的变化比 $i(t)$ 的变化要缓慢得多。实际上，我们通常可以看到 q 与时间对数的关系非常接近线性。即时间对数间隔记录的 q 趋近于一阶差分，它随间隔数的变化非常缓慢。因此，若选用一个足够小的对数底，如选取 2 为底的对数 $\log_2$，在 $\log_2 t$ 的相等间隔记录的 q 值就可提供一个宽量程的阶跃响应数据。这里选取以 2 为底的对数，也考虑到这便以应用于数字电路。

图 2-38 表示一条 $q(t)$—$\log_2(t)$ 曲线，在 $t_1/\sqrt{2}$ 和 $\sqrt{2}t_1$ 之间，可以用下列直线方程近似地描述这个函数

$$q = q\left(\frac{t_1}{\sqrt{2}}\right) + \left\{q(\sqrt{2}t_1) - q\left(\frac{t_1}{\sqrt{2}}\right)\right\}\log_2\left(\frac{\sqrt{2}t}{t_1}\right) \tag{2-101}$$

这时，相应的电流是

$$i(t) = \frac{dq(t)}{dt} = \frac{q(\sqrt{2}t_1) - q\left(\frac{t_1}{\sqrt{2}}\right)}{t\ln 2} \tag{2-102}$$

这种关系可以适用于函数的其余部分。对一个更一般的间隔 $nt_1/\sqrt{2}$ 到 $\sqrt{2}nt_1$，可以写出如下关系式

$$q = q\left(\frac{nt_1}{\sqrt{2}}\right) + \left\{q(n\sqrt{2}t_1) - q\left(\frac{nt_1}{\sqrt{2}}\right)\right\}\log_2\left(\frac{\sqrt{2}t}{nt_1}\right) \tag{2-103}$$

及

$$i(t) = \frac{\Delta q(n)}{t\ln 2} \tag{2-104}$$

式中 $\frac{nt_1}{\sqrt{2}} \leqslant t \leqslant \sqrt{2}nt_1$。

在单位阶跃电压下介质中产生的电流 $i(t)$ 和复介电常数的关系可用式(2-91)表示

$$\varepsilon^*(\omega) = \varepsilon'(\omega) - j\varepsilon''(\omega)$$
$$= \int_0^\infty i(t)e^{j\omega t}dt$$

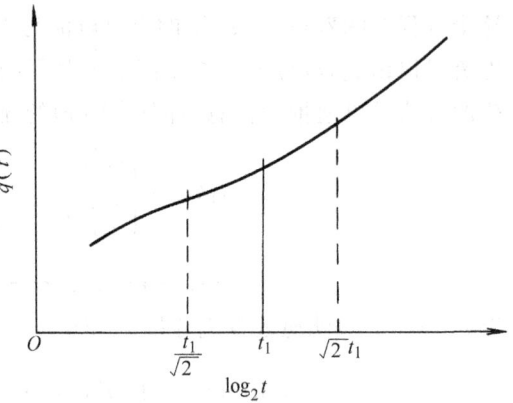

图 2-38 $q(t)$—$\log_2(t)$ 函数的近似表示

于是

$$\varepsilon^*(\omega) = \frac{1}{\ln 2}\left\{\cdots + \Delta q(n) = \int_{\frac{nt_1}{\sqrt{2}}}^{\sqrt{2}nt_1} \frac{1}{t}e^{-j\omega t}dt + \right.$$
$$\left. \Delta q(2n)\int_{\sqrt{2}nt_1}^{2\sqrt{2}nt_1} \frac{1}{t}e^{-j\omega t}dt + \cdots \right.$$

即

$$\varepsilon^*(\omega) = \frac{1}{\ln 2}\sum_{p=-\infty}^{+\infty}\Delta q(n)\int_{\frac{nt_1}{\sqrt{2}}}^{\sqrt{2}nt_1}\frac{1}{t}e^{-j\omega t}dt \tag{2-105}$$

或

$$\varepsilon^*(\omega) = \sum_{p=-\infty}^{+\infty}\Delta q(n)\{X(n) - jY(n)\} \tag{2-106}$$

式中 $X(n) = \frac{1}{\ln 2}\int_{\frac{nt_1}{\sqrt{2}}}^{\sqrt{2}nt_1}\frac{\cos\omega t}{t}dt$

$$Y(n) = \frac{1}{\ln 2} \int_{\frac{nt_1}{\sqrt{2}}}^{\sqrt{2}nt_1} \frac{\sin\omega t}{t} dt$$

于是

$$\varepsilon'(\omega) = \sum_{p=-\infty}^{+\infty} \Delta q(n) X(n) \tag{2-107}$$

和

$$\varepsilon''(\omega) = \sum_{p=-\infty}^{+\infty} \Delta q(n) Y(n) \tag{2-108}$$

式中 $n = 2^p$；

$$\Delta q = q(\sqrt{2} nt_1) - q\left(\frac{nt_1}{\sqrt{2}}\right).$$

$X(n)$ 和 $Y(n)$ 都只与乘积 $n\omega t_1$ 有关，对不同的 $n\omega t_1$，$X(n)$ 和 $Y(n)$ 的值列于表 2-1。从理论上讲，ωt_1 可以取任何值，为方便起见，令 $\omega t_1 = 1$，即 $\omega = \frac{1}{t_1}$，于是从式 (2-106) 得

$$\varepsilon'(\omega) = \cdots + 0.9996\Delta q(1/32) + 0.9980\Delta q(1/16) + \cdots + 0.0658\Delta q(32) + \cdots \tag{2-109}$$

和

$$\varepsilon''(\omega) = \cdots + 0.0319\Delta q(1/32) + 0.0638\Delta q(1/16) + \cdots - 0.0628\Delta q(32) + \cdots \tag{2-110}$$

式中 $\omega = \frac{1}{t_1}$。

表 2-1 不同 $n\omega t_1$ 值时的 $X(n)$ 和 $Y(n)$

$n\omega t_1$	$X(n)$	$Y(n)$	$n\omega t_1$	$X(n)$	$Y(n)$
1/32	0.9996	0.0319	2	−0.4136	0.8212
1/16	0.9980	0.0638	4	−0.4294	−0.5552
1/8	0.9916	0.1271	8	0.0514	0.1444
1/4	0.9665	0.2519	16	0.0873	0.0818
1/2	0.8683	0.4858	32	0.0658	−0.0628
1	0.5128	0.8345			

注：当 $n\omega t_1 \to 0$，$\begin{cases} X(n) \to 1 \\ Y(n) \to 0 \end{cases}$；当 $n\omega t_1 \to \infty$，$\begin{cases} X(n) \to 0 \\ Y(n) \to 0 \end{cases}$。

图 2-39 表示测量 $q(t)$ 的基本电路。采用大小相等、极性相反的两个阶跃电压，同时施加在两个三端电容器 C_x 和 C_a 上。C_x 是被测试样，而 C_a 是一个空气电容器，其作用是用来抵偿第一次采样之前 $q(t)$ 的响应，从而降低了积分器及随后的采样电路和数字化电路的动态范围的要求。放大器 A 除用于积分电流 $i(t)$ 外，同时还保证 C_x 和 C_a 的被保护电极电位接近零电位。

电极装置对测量结果影响很大，要精心制做，保证接触良好、响应快、没有因漏

电流、分布电容等造成显著的误差。图 2-40 是电极结构图,采用三端电极系统,可以准确地确定有效面积,而且可以忽略边缘泄漏的影响,这对长时间测量来说特别重要。该电极可夹放直径约 12cm 的试样,它们装在球形接头上,对两面稍不平行的试样,安装时可做适当调整。所有对地绝缘都用聚四氟乙烯材料,以消除不容忽视的漏电流。用短而直插的导线以减小在短时测量时接线电感带来的影响。

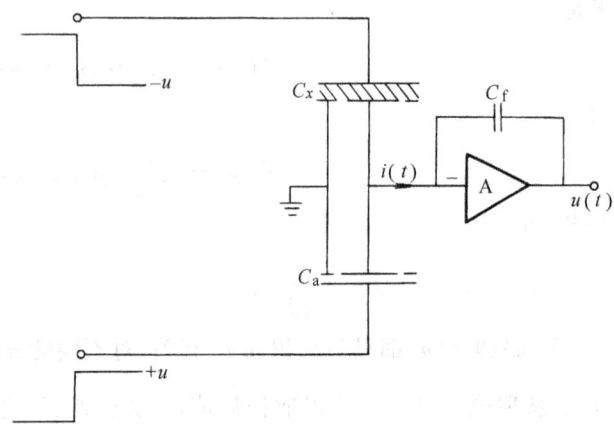

图 2-39 电荷法测量原理图

要在很短的时间间隔内采集 $q(t)$ 的数据,可在试样上施加一系列等宽度脉冲,然后在那些连续的脉冲上逐次测取 $q(t)$ 值。当然,这样做不完全与傅里叶变换所假设的那样相一致,但是实际上在脉冲序列中,如果脉冲的间隔时间比脉冲宽度大得多,那么这样做每个脉冲就得到非常接近于用单一阶跃函数时的结果。例如,在一些试验中,用周期为 1.0s、单脉冲宽度 0.125s 的脉冲序列实现对 $10^{-7} \sim 10^{-7} \times 2^{20}$ s 范围的 $q(t)$ 采样,被证明是可行的。

整个介电谱测量装置可用图 2-41 所示的框图来表示。将测量电路(图 2-39)输出的 $u(t)$ 送入采样单元,由对数钟控制采样时间,并把模拟量变的数字量,再送进计算机进行处理计算,得出 ε'、ε''。

(四) 热刺激(TSC)电流法

介质先在一定电场和温度下发生极化,之后将试品短路,可测得去极化电流 $I_g(t)$,它是随时间 (t) 变化的,一般可以表示为

$$I_g(t) = I_0 e^{-t/\tau}$$

式中 I_0——$t=0$ 时的去极化初始电流值;

τ——时间常数。

根据介质物理中的论述,当

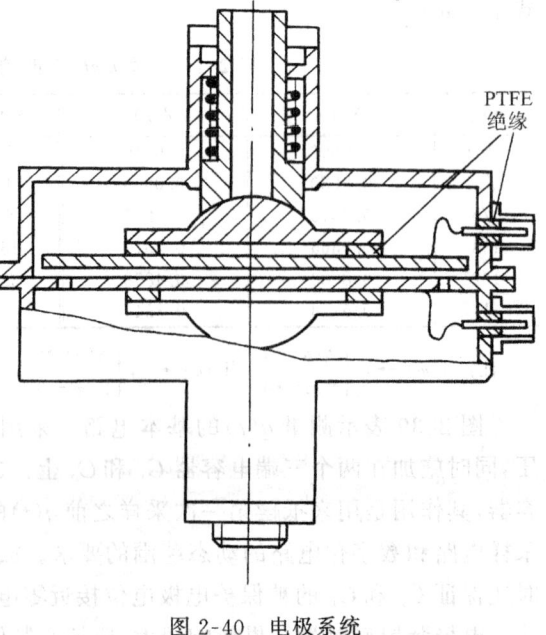

图 2-40 电极系统

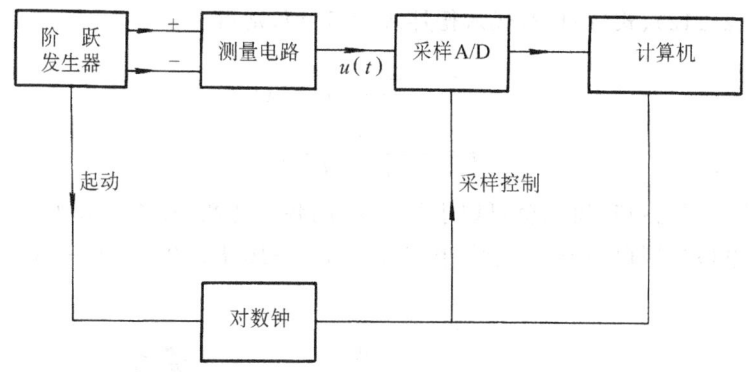

图 2-41 电荷法测量框图

$I_g(t)$ 已知时,可通过德拜方程,求得介电频谱。

德拜方程

$$\varepsilon' - \varepsilon_\infty = \frac{\varepsilon_s - \varepsilon_\infty}{1+\omega^2\tau^2} \tag{2-111}$$

$$\varepsilon'' = \frac{(\varepsilon_s - \varepsilon_\infty)\omega\tau}{1+\omega^2\tau^2}$$

式中 ε'——相对介电常数;

ε''——介质损耗指数;

ε_s——极化完全形成时,即频率下限($\omega \approx 0$)时的 ε';

ε_∞——不发生极化时,即频率上限($\omega \approx \infty$)时的 ε'';

ω——施加电压的角频率;

τ——去极化电流的时间常数。

以热刺激电流 I_T 的测量为例,当施加电压 u 时,极化完全形成,这时充电电荷为 Q_s,而完全不发生极化的充电电荷为 Q_∞,试样的几何电容为 C_0,于是

$$Q_s = \varepsilon_s C_0 U, \quad Q_\infty = \varepsilon_\infty C_0 U$$

由上式可得

$$\varepsilon_s - \varepsilon_\infty = \frac{Q_s - Q_\infty}{C_0 U} = \frac{Q_T}{C_0 U} \tag{2-112}$$

式中 Q_T——TSC 电荷。

注意到温度是恒速上升的,所以电量 Q_T 可用 I_T 和温度轴包围的面积来求得。见图 2-42,于是

$$Q_s - Q_\infty = Q_T = \frac{1}{\beta}\int_0^\infty I_T dT \tag{2-113}$$

式中 I_T——热刺激电流;

β——升温速率。

将式(2-112)、式(2-113)代入德拜式(2-111),则得

$$\varepsilon_r' - \varepsilon_\infty = \frac{Q_T}{1+\omega^2\tau^2} \frac{1}{C_0 U}$$

$$\varepsilon_r'' = \frac{Q_T \omega \tau}{1+\omega^2\tau^2} \frac{1}{C_0 U} \tag{2-114}$$

因此,只要求得松弛时间 τ,就可以求得 ε_r'、ε_r'' 的频谱特性,从图 2-43 可以看出用这种方法与电桥法测得的 $\tan\delta$ 频谱,在频率为 $10^3 \sim 10^4$ Hz 内是比较一致的。

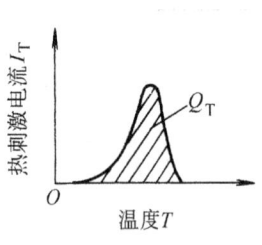
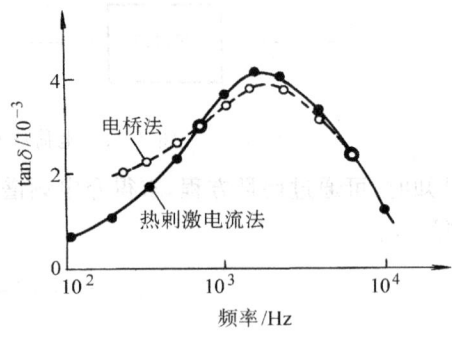

图 2-42 热刺激电流图   图 2-43 热刺激电流法测得的 $\tan\delta$ 频谱图

第三章 介电强度试验

第一节 概 述

所有绝缘材料都只能在一定的电场强度以下保持其绝缘特性,当电场强度超过一定限度时,绝缘材料便会瞬间失去绝缘特性,使整个设备破坏。因此,介电强度是最基本的绝缘特性参数。不论在电气产品的生产中,还是在使用中,都要经常做介电强度的试验。

一、定义

绝缘材料或结构,在电场作用下瞬间失去绝缘特性,造成电极间短路,称为电气击穿。

在试验中或在使用中,绝缘材料或结构发生击穿时所施加的电压,称为击穿电压;击穿点的场强称为击穿场强。

绝缘材料的介电强度是指材料能承受而不致遭到破坏的最高电场场强,对于平板试样

$$E_B = \frac{U_B}{d} \tag{3-1}$$

式中 E_B——击穿场强(MV/m 或 kV/mm);

U_B——在规定试验条件下,两电极间的击穿电压(MV 或 kV);

d——两电极间击穿部位的距离,即试样在击穿部位的厚度(m 或 mm),若试样是等厚度的,可取平均厚度。

在气体或液体中,电极之间发生放电,当放电至少有一部分是沿着固体材料表面时,称为闪络。通常试样表面闪络后,还可以恢复绝缘特性。闪络时试样上施加的电压称为闪络电压。

试样击穿或闪络时,试样上的电压突然降落,通过试样的电流突然增大,有时还会发出光或声。可以根据上述现象来观察击穿或闪络。但最终判断是否击穿,还要观察是否在试样上有贯穿的小孔、裂纹以及碳化的痕迹等。

介电强度试验分为两种类型,即击穿试验和耐电压试验。击穿试验是在一定试验条件下,升高电压直到试样发生击穿为止,测得击穿场强或击穿电压。耐电压试验是在一定试验条件下,对试样施加一定电压,经历一定时间,若在此时间内试样不发生击穿,即认为试样是合格的。显然,耐电压试验只能说明试样的介

电强度不低于该试验电压的水平，但不能说明究竟有多高。要想知道介电强度有多高，必须做击穿试验。

绝缘材料的介电强度是通过击穿试验测得的。由于试验条件与该材料在应用中实际工作条件不同，材料的介电强度不能作为选定应用中工作场强的依据，而只能作为选用材料的参考。

对于电气设备，都要做耐电压试验。施加的电压一般都略高于工作电压；经历的时间有 1min、5min 或更长的时间。这些在产品的标准上都有明确规定。

二、影响介电强度的因素

（1）电压波形　绝缘材料在直流、工频正弦以及冲击电压下的击穿机理不同，所测得的击穿场强也不同，工频交流电压下的击穿场强比直流和冲击电压下的低得多。因此，必须根据使用条件及试验目的，选择合适的电压进行试验，在特殊情况下，还要求采用其中两种不同的电压叠加进行试验。

如果直流电压中含有交流分量，工频交流电压中含有高次谐波，冲击电压的波形不同，都会影响介电强度的试验结果，这将在以下各节中详述。

（2）电压作用时间　无论是电击穿或热击穿，都需要有个发展过程。前者所需时间很短，在小于微秒级的时间内可以看出其影响，如冲击电压的波头较长，测得的击穿电压偏低。后者热的累积需要较长时间，在直流或工频电压下，随着施加电压的时间增长，击穿电压明显下降。当施加电压的时间很长时，还可能由于试样内存在局部放电或其他原因，使试样发生老化，从而降低了击穿电压。图 3-1 是聚乙烯的击穿场强与电压作用时间的关系。对于有机材料，一般是在小于几微秒和大于几秒时，击穿电压随电压作用时间增长而明显下降；在几微秒至几秒范围内，击穿电压变化不大。

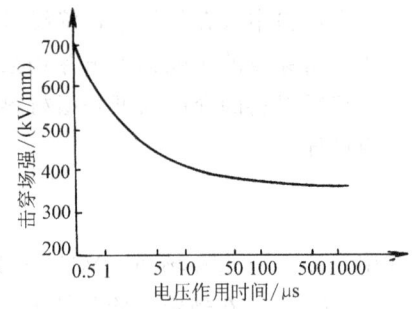

图 3-1　聚乙烯的击穿场强与电压作用时间的关系

（3）电场的均匀性及电压的极性　材料的本征击穿场强是在均匀电场下测得的。但在例行击穿试验中，试样往往处于不均匀电场中。如电极边缘的电场强度比较高，在那里就会首先出现局部放电，而后扩展到试样击穿。这样测得的击穿电压往往比本征击穿值低。

在不均匀电场下，直流和冲击电压的极性对击穿电压有明显影响，如在针尖对平板电极系统中，当针尖电极为正极性时，击穿电压要比针尖电极为负极性时低，这是由于空间电荷的效应改变了电极间介质中的电场分布，从而影响了击穿电压。

（4）试样的厚度与不均匀性　试样的厚度增加，电极边缘电场就更不均匀，试样内部的热量更不容易散发，试样内部含有缺陷的机率增大，这些都会使击穿场强下降。对于薄膜试样，厚度减小，电子碰撞电离的机率就减小，也会使击穿场强提高。图 3-2 是绝缘纸的击穿场强随纸的厚度增大而下降的曲线，对于不同的材料，在不同试验条件下测得的曲线是不同的。

工程上用的绝缘材料往往都含有各种杂质和缺陷，这些杂质和缺陷都会明显地降低试样的击穿场强。此外，材料中残留的机械应力，也会使试样的击穿场强降低。

（5）环境条件　试样周围的环境条件，如温度、湿度以及压力等，都会影响试样的击穿场强。

温度升高，通常会使击穿场强下降。图 3-3 是聚乙烯（PE）和聚丙烯（PP）两种材料的击穿场强随温度变化的曲线。在材料的玻化温度范围，击穿场强下降最明显。对于某些材料在低温区可能出现相反的温度效应，即温度升高击穿场强也升高。

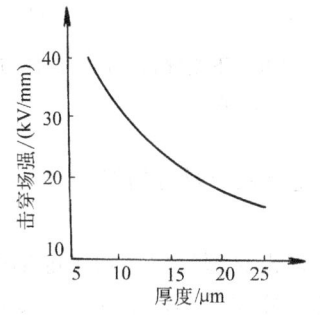 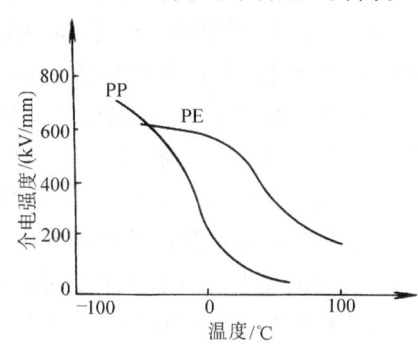

图 3-2　绝缘纸的击穿场强与厚度的关系　　图 3-3　聚乙烯（PE）和聚丙烯（PP）的击穿场强与温度的关系

湿度增大，会使击穿场强下降。绝缘材料吸湿后会增大电导和介质损耗，会改变电场分布，从而影响击穿场强。从图 3-4 可以看出，变压器油中含有微量的水分，就会使击穿电压下降很多。

气压对击穿场强的影响，主要是对气体而言。气压高，电子在碰撞过程的自由行程就短，击穿场强会升高。但在接近真空时，由于碰撞的机率减少，也会使击穿场强升高。这一规律可以用巴申曲线来阐明，图 3-5 示出巴申曲线。

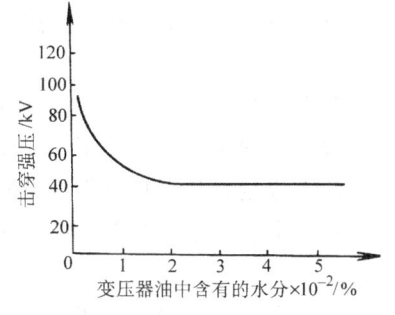 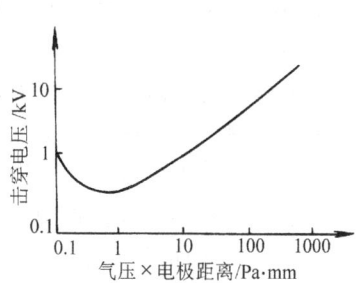

图 3-4　变压器油击穿电压与含有水分的关系　　图 3-5　巴申曲线图

对于上述各种影响因素，在试验方法标准中应有适当的规定，以便提高测试结果的可比性。

第二节 试样与电极

一、均匀电场下击穿试验用的试样与电极

材料的本征介电强度，是以均匀电场下的击穿场强来表征的。为了能使试样的击穿发生在均匀的电场中，必须把试样做成各种型材，如图3-6所示。图3-6a可用于模压材料或板材，凹腔部分全部涂上金属导体做为电极，使试样击穿发生在最薄处。在最薄处的厚度δ要不大于试样厚度的1/5，球电极的半径r要比δ大20倍。对于薄膜材料，可用图3-6b所示的电极系统，保证击穿发生在两个球电极距离最近的部位。

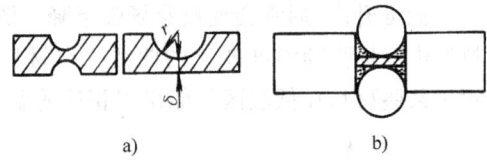

图3-6 均匀电场下击穿试验用的试样与电极
a) 板材 b) 薄膜

二、例行试验中用的试样与电极

在例行试验中，为了简单方便，不能要求试样击穿都发生在均匀电场中，通常试样的形状决定于材料原有的形状，如板、管、棒和带等，试样的厚度，一般也决定于材料本身。如果太厚，击穿电压超过试验变压器的额定电压，或表面闪络难以解决，这时可将试样削薄，但加工后试样表面应保持光洁。对于纸或薄膜材料，可以模拟实际应用，用多层叠加在一起，施加一定压力压紧。这样做还可以减少因弱点存在而造成击穿场强的分散。

试样厚度的测量，一般是在沿通过击穿点的直径上测三点取平均值，这时试样的厚度必须是均匀的。如果厚度不均匀，则应以击穿点的厚度来计算击穿场强。

试样的面积要比电极面积大，使之在击穿前不会发生闪络。为了节省材料，电极面积不能太大；为了能暴露材料中存在的弱点，电极又不能太小，一般选取电极直径为25mm或50mm。

由于工程材料的击穿场强很大程度上决定于存在的弱点，而且击穿场强还受很多因素的影响，测得的击穿场强分散性较大，因此要尽量多用一些试样。试验标准中一般规定最少要取5个试样，以5个试样的击穿场强的平均值作为试验的结果。如果其中有一个数值偏离平均值超过15%，则必须再取5个试样，最终以10个试样的平均值作为试验的结果。

试样在试验前必须经过正常化处理，处理的方法在第一章中已叙述。

电极必须具有良好的导电、导热性能，一般由铜或不锈钢制成。电极表面要

平整光滑,使之与试样表面接触良好。对于板材,可以用对称电极或不对称电极,如图 3-7 所示。对称电极边缘的电场要比不对称电极均匀些,但上下电极必须对准中心线;不对称电极使用比较方便。对于管、棒、带等不同形状的试样以及层压制品所用的电极,可参阅第一章中的图 1-7、图 1-8。

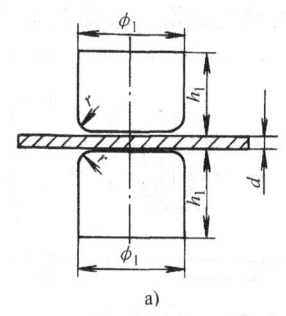 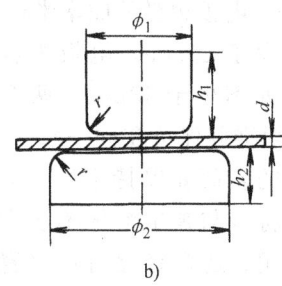

a)　　　　　　　　　　　　　b)

图 3-7　板材用的电极

a) 对称电极　b) 不对称电极

$\phi_1=25\mathrm{mm}$　$\phi_2=75\mathrm{mm}$　$h_1=25\mathrm{mm}$　$h_2=15\mathrm{mm}$　$r=3\mathrm{mm}$

在电极边缘的电力线往往要经过两种不同的介质,如试样是放置于空气中进行击穿试验,则在电极边缘空气中的电场强度 E_a 与试样中相邻点的电场强度 E_X 之比在交流电场下为

$$\frac{E_a}{E_X}=\frac{\varepsilon_{rX}\sqrt{1+\tan^2\delta_X}}{\varepsilon_{ra}\sqrt{1+\tan^2\delta_a}}$$

式中　ε_{rX}、ε_{ra}——分别为试样与空气的相对介电常数;

$\tan\delta_X$、$\tan\delta_a$——分别为试样与空气的损耗因数。

通常 $\tan\delta_a\ll 10^{-5}$,$\tan\delta_X<0.1$,因此上式可简化为

$$\frac{E_a}{E_X}=\frac{\varepsilon_{rX}}{\varepsilon_{ra}} \tag{3-2}$$

在直流电场下

$$\frac{E_a}{E_X}=\frac{\gamma_X}{\gamma_a} \tag{3-3}$$

式中　γ_X、γ_a——分别为试样和空气的电导率。

显然 $\varepsilon_{ra}<\varepsilon_{rX}$,$\gamma_a<\gamma_X$,因此 $E_a>E_X$;而空气的击穿场强又比固体材料的低,于是总是在电极边缘的空气中先出现局部放电,这种放电会腐蚀试样,会使试样的温度升高,最终导致试样在较低的电压下发生击穿。为了消除这种影响,除了电极的边缘要做成圆角之外,可将试样和电极浸入相对介电常数大、击穿场强又比较高的液体媒质中,常用的有变压器油。在试验温度较高时可以用硅油。如果采用的媒质具有很高的相对介电常数或电导,则必须注意由此而引起的测试

回路电流增大。试验变压器过载、保护电阻上电压降增大以及媒质本身严重发热等问题。

三、液体材料用的电极

液体材料击穿试验用的电极如图 3-8 所示。电极直径为 25mm，电极间距离为 2.5mm，电极边缘的曲率半径为 2mm，电极表面应光滑，液面离电极的最高点距离不少于 22mm，电极距容器的内壁最近处不少于 13mm，两个电极的轴心要对准并保持在同一水平线上，两个电极的表面要保持平行。电极容器所用的材料与被试液体不会发生相互破坏作用。通常容器可用电瓷或玻璃做成，电极可用铜或不锈钢。

电极在使用时先要清洗、烘干，再用被测液体荡涤两次。注入被测液体时，要注意不要混入杂质与水分；注入液体后要静止片刻，避免电极间留有气泡，一切准备工作都做好后才能进行试验。

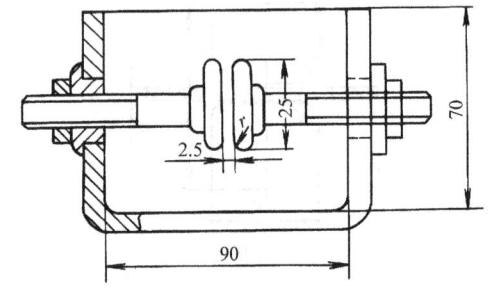

图 3-8 液体击穿试验用电极

第三节 工频电压下的介电强度试验

工频电源应用最广，材料在工频下的击穿场强比直流和冲击电压下的都低，因此对于绝缘材料，通常都是做工频下的击穿试验；绝缘材料的介电强度，一般是指在工频下的介电强度。电工设备的例行试验中，一般也是做工频耐压试验。

一、升压方式

做介电强度试验时，电压要从零按一定方式和速度上升到规定的试验电压或击穿电压。升压方式和速度有以下几种。

(1) 快速升压　电压从零上升到击穿电压所经历的时间，约为 10～20s。根据击穿场强的高低，可以选择不同的升压速度，现行标准中规定为 100V/s、200V/s、500V/s、1000V/s、2000V/s、5000V/s，最常用的是 500V/s。

(2) 20s 逐级升压　电压逐级升高，每级停留 20s，各级电压的数值可参阅表 3-1。在表 3-1 中第一级电压约为快速升压击穿值的 40% 的电压，如某材料用快速升压测得击穿电压为 5kV，则在表 3-1 中可查得 2kV 为第一级电压，在此电压下经受 20s，若试样不击穿，再升高到第二级，即 2.2kV，再停 20s，若不击穿再加高一级，直到试样击穿为止。升压过程要尽量快，升压时间计算在下一级的 20s 之内。击穿电压是取能承受 20s 的最高一级的电压值，如击穿发生在升压过程，或尚未达到 20s，就应取前一级的电压作为击穿电压。在试样击穿之前必须已加过 5 级电压。即击穿应发生在第 6 级或更高的电压等级上，否则应降低第一级电压重新再进行试验。显然，逐级加压比快速加压电压作用的时间长，所以测得的击穿电压比较低。

表 3-1　逐级升压规定的各级电压值　　　　　　（单位：kV）

0.50	0.55	0.60	0.65	0.70	0.75	0.80	0.85	0.90	0.95				
1.0	1.1	1.2	1.3	1.4	1.5	1.6	1.7	1.8	1.9				
2.0	2.2	2.4	2.6	2.8	3.0	3.2	3.4	3.6	3.8	4.0	4.2	4.4	4.6	4.8
5.0	5.5	6.0	6.5	7.0	7.5	8.0	8.5	9.0	9.5				
10	11	12	13	14	15	16	17	18	19				
20	22	24	26	28	30	32	34	36	38	40	42	44	46	48
50	55	60	65	70	75	80	85	90	95				
100	110	120	130	140	150	160	170	180	190	200				

（3）慢速升压　从快速升压的击穿电压的 40% 开始，以较慢的速度升压，使击穿发生在 120~240s 内，电压上升的速度可选取 2V/s、5V/s、10V/s、20V/s、50V/s、100V/s、200V/s、500V/s、1000V/s。

（4）60s 逐级升压　与 20s 逐级升压相似，只是每级停留的时间为 60s。

（5）极慢速升压　从快速升压击穿电压的 40% 开始，以极慢的速度升压，使击穿发生在 300~600s 内。升压速度可选取 1V/s、2V/s、5V/s、10V/s、20V/s、50V/s、100V/s、200V/s。这种方式的升压速度慢，电压作用时间更长，测得的击穿电压更低，试验结果比较可靠。

二、试验设备与装置

进行工频电压下的介电强度试验，必须有一套高压试验装置，包括高压试验变压器、调压器以及控制和保护装置等。

1. 高压试验变压器

工频高电压一般都是通过试验变压器升压获得的。试验变压器应具有足够的额定电压和容量，而且输出电压的波形没有畸变。

（1）试验变压器的电压　试验变压器的额定电压等级，要根据试样的试验电压等级来选定。对于绝缘材料的试验，一般可取 50~100kV。对于绝缘结构可能高达 1000kV 以上，但单台变压器的电压等级太高，不但经济效益不好，而且运输也困难，目前在国外，单台变压器电压等级不超过 1000kV，在国内最高做到 750kV。如果试验电压高于单台变压器的额定电压，则可采用多台变压器串接以获得更高的试验电压。

图 3-9 是两台变压器串接的原理图。第一台变压器 T_1 的高压侧绕组 n_2 的一端接地，另一端串联一绕组 n_3，这个绕组供电给第二台变压器 T_2。T_2 的低、高压绕组的公共端与 T_2 的外壳连接，处于 T_1 的高压端电位。因此，T_2 的外壳对地要有

相应的绝缘支柱。这第二台变压器的输出电压为两台变压器高压侧电压之和。

从图 3-9 可以看出，通过试样的电流 I 同时流过两台变压器的高压侧绕组，即 n_2 和 n_5。输出的视在功率为

$$S=2UI$$

式中　S——输出的视在功率（kV·A）；

　　　$2U$——输出电压（kV）；

　　　I——输出电流（A）。

第二台变压器的容量为 $S_2=UI$，而第一台变压器的容量，除了本身输出 UI 之外，还要供给第二台的视在功率 UI，因此它的容量为 $2UI$。输出的视在功率与设备的总容量之比为 $2UI/3UI=2/3$。依此类推，用三台高压端电压为 U 的变压器串接，可获得输出电压为 $3U$，而设备容量的利用率为 $3UI/(1+2+3)UI=1/2$。串接的级数增加，输出的电压增高，但设备容量的利用率降低，而且内阻抗增大，因此也不宜采用过多的级数。目前最多的是采用三级串接，如我国目前最高的工频试验电压 2250kV，就是用三台 750kV 的变压器串接获得的。

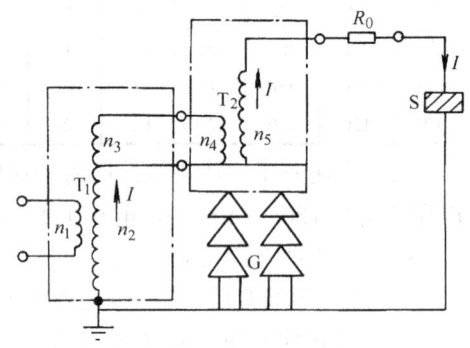

图 3-9　串接变压器原理图
T_1、T_2—变压器　G—绝缘支柱　S—试样
R—保护电阻　n_1～n_5—绕组

对于电容量较大的试样，可以通过串联谐振回路获得比试验变压器更高的电压。图 3-10 为串联谐振的原理图。对于一定电容量 C_X 的试样，可以调节电抗器的电感 L 或改变试验电压的频率，使之满足谐振条件

$$\omega L=\frac{1}{\omega C_X}$$

式中　ω——试验电压的角频率（rad/s）；

　　　C_X——试样的电容量（F）；

　　　L——电抗器的电感（H）。

当回路达到谐振时，试样两端的电压为

$$U_X=QU_0 \tag{3-4}$$

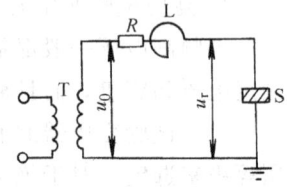

图 3-10　串联谐振回路原理图
T—试验变压器　L—电抗器
S—试样　R—调节电阻

式中　U_0——试验变压器的输出电压；

　　　Q——谐振回路的品质因数。通常 Q 值可达 20～80，这就说明试样两端的电压可比试验变压器的输出电压高 20～80 倍。试验变压器提供的电流为 U_0/R，提供的功率为 U_0^2/R。R 为谐振回路总的等效电阻，包括接入的调节电阻、电抗器和导线的电阻、电晕损耗以及介质损耗等。

在谐振回路中,电抗器上的电压与试样上的电压大小相等,相位相反。当试验电压很高时,要制做单台高压调谐电抗器是不经济的,这时可以将调谐电感接在调谐变压器的低压侧,组成一台高压调谐电抗器,并可将多台这样的电抗器串接起来,使之能够承受超高压试验电压,如图3-11所示。

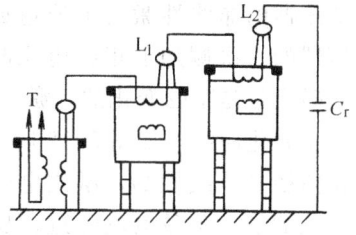

图3-11 串联谐振装置示意图
T—变压器 L_1、L_2—调谐电抗器
C_X—试样电容

用串联谐振回路,不但能提高试验电压,而且电压波形好,又比较安全。因为谐振时只对工频基波谐振,只有基波电压提高 Q 倍,其他谐波分量相对就小得多了。同时,一旦试样发生击穿,C_X 变了,回路失去了谐振,试样两端电压立即自动跌落。在表面闪络或液体击穿试验中,发生一次放电之后,电压的重建过程变得缓慢了,这有利于在一次放电后切断电源,不致于连续发生放电。

(2) 变压器的容量 绝缘材料的击穿试验和电工设备的耐压试验中,试样都是容性阻抗。试样在击穿前绝缘电阻很高,因此试验变压器的容量,可以根据试样在试验电压下通过的容性电流来计算

$$S = U^2 \omega C_X \tag{3-5}$$

式中 U——试验电压(V);

ω——角频率(rad/s);

C_X——试样电容量(F)。

绝缘材料击穿试验用的试样,电容量一般是几十到几百 pF,击穿电压一般不超过 100kV,因此选用额定电压为 100kV,容量为 10kV·A 的变压器已足够。对于电工设备做耐压试验的变压器容量要大一些,高压侧的电流为 1A 或更大。

对于电容量特别大的试样,如电力电容器、长电缆等,则必须采用电抗器与试样并联,补偿容性电流,以减小变压器的容量。

采用超低频正弦电压对大电容试样做耐压试验,可以大大降低变压器的容量。如用 0.1Hz 的超低频电压,变压器容量可以减小到 50Hz 时的 1/500,但 0.1Hz 下的介电强度 $E_{0.1}$ 要略高于 50Hz 下的介电强度 E_{50}。对于电机绝缘,$E_{0.1}/E_{50}$ 的比值根据经验约为 1.15~1.2;对于各种绝缘结构,这个比值不是一个很稳定的值,因此目前还难以用 0.1Hz 来取代 50Hz 的试验电压。用串联谐振提高电压,也可减小容量 Q 倍。

(3) 电压波形 工频电压的波形应为正弦波,正弦波的峰值与有效值之比称为波形因数。标准正弦波的波形因数为 $\sqrt{2}$。要求波形因数不超过 $\sqrt{2}$($1\pm5\%$)。

波形畸变会影响介电强度的试验结果,这是由于一方面高次谐波会降低击穿场强;另一方面试样的击穿是决定于电压的峰值,而一般测量电压的仪表都是测

有效值，如果波形畸变，则同一峰值的电压测得的有效值就不同了。

产生波形畸变的原因，除了电源本身有 3 次或 5 次等高次谐波之外，主要是变压器的非线性激磁电流造成的。当变压器的一次侧加上正弦电压时，铁心中的磁通也是正弦变化的，激磁电流 I_0 决定于磁化曲线，如图 3-12 所示。由于磁化曲线是非线性的，激磁电流就变成非正弦的了，激磁电流经过调压器产生的电压降 U_2 也是非正弦变化的。试验变压器的输入电压为

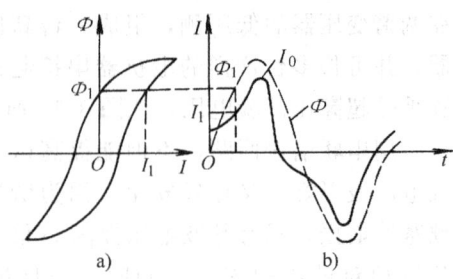

图 3-12　变压器的磁化曲线
a) 磁通 Φ 与激磁电流 I 的关系
b) 磁通及激磁电流的波形

$$U_1 = k(U_s - U_2)$$

式中　U_s——电源电压；
　　　U_2——激磁电流流经调压器产生的电压降；
　　　k——调压器的电压比。

于是 U_1 波形发生畸变。调压器的漏抗愈大，这种畸变就愈严重。

为了改善电压波形，可以在调压器和试验变压器之间接入滤波器，如图 3-13 所示。滤波器中电感 L 与电容 C 的数值根据要滤掉的谐波频率 f 来选取，但电容不宜选择太大，以免调压器过载，一般不大于 $10\mu F$，电感量按 $L=1/(2\pi f)^2 C$ 计算。

电网电压中的高次谐波，往往是以三次谐波为主，而线电压中不含三次谐波，因此将调压器一次侧接线电压，也可能改善电压波形。

2. 调压器

试验电压要求从零开始，以一定方式和速度上升。电压的调节是靠调压器来实现的，常用的调压器有自耦调压器和移圈调压器两种。

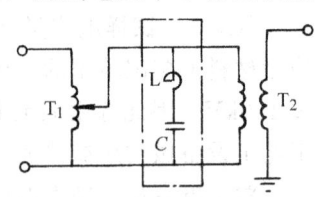

图 3-13　滤波器接线图
T_1—调压器　T_2—变压器
L—电抗器　C—电容器

(1) 自耦调压器　自耦调压器是在铁心上只绕一个线圈，线圈的两端为一次侧，接电源。一次侧与二次侧有一公共连接端头，这个端头必须接中线或接地。二次侧的另一接头是一个滑动的触点，可以沿整个线圈移动，当触点与公共端相距增大时，电压上升。这种调压器结构简单、体积小，漏抗小而且价格也便宜。但在输出电流较大时，触点在移动过程会因接触不好而出现火花。因此，一般它只适用于容量为几千伏安以下，油浸式的容量则可达几十千伏安。

(2) 移圈调压器　容量大的调压器都用移圈调压器。这种调压器是由三个线圈套在一个铁心上组成，如图 3-14 所示。线圈Ⅰ和Ⅱ匝数相等，但绕向相反。两个线圈串接，线圈两端接输入电压。输出电压由下面一个线圈的两端引出。线

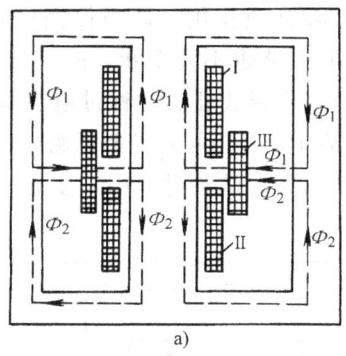
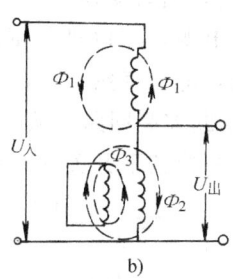

图 3-14 移圈调压器
a) 结构图　b) 原理图

圈Ⅲ是一个短路线圈,紧套在线圈Ⅰ、Ⅱ的外边,可以上下移动。

移圈调压器是靠移动短路线圈改变其他两个线圈的漏磁通,从而改变在Ⅰ、Ⅱ两个线圈上的电压分配来实现调节输出电压的。如果没有短路线圈,则线圈Ⅰ、Ⅱ产生的主磁通相互抵消,两个线圈上的电压就按各自的漏磁通 Φ_1、Φ_2 分配。当线圈Ⅲ在最低位置与线圈Ⅱ重合时,线圈Ⅱ的漏磁通完全通过线圈Ⅲ,使线圈Ⅲ感应产生的磁通 Φ_3 与 Φ_2 大小相等方向相反,正好相互抵消。于是输入的电压全部降落在线圈Ⅰ上,线圈Ⅱ上电压输出为零。当线圈Ⅲ向上移动时,$\Phi_3 < \Phi_2$,线圈Ⅱ输出电压逐渐增大。当线圈Ⅲ在中间位置时,$\Phi_1 = \Phi_2$,输出电压为输入的1/2。当线圈移到上端与线圈Ⅰ完全重合时,$\Phi_1 = 0$,输入电压全部降落在线圈Ⅱ上,输出电压达到最大值,于是只要移动线圈Ⅲ,从最低位置到最高位置,输出电压就连续地由零上升到最大值。

移圈调压器靠电磁耦合而不用机械触点,因此调压过程不会出现火花,容量可以做得很大,但它的漏抗比较大,使用中应注意波形畸变。

3. 控制线路

控制线路要满足下列要求:

1) 只有在试验人员撤离高压试验区,并关好安全门之后,才能加上电压进行试验。

2) 升压必须从零开始,以一定方式和速度上升。

3) 在试样发生击穿时,能自动切断电源。在自动控制线路中,能自动使电压下降到零。

最简单的非自动调压介电强度试验装置如图 3-15 所示。图中 S_1 是装在安全门上的限位开关,只有安全门闭合时开关才闭合。S_2 是装在调压器零位置的限位开关,只有当调压器电压调到零时才闭合。KA_2 是继电器,当它通过电流时,带动四个常开的触点闭合，其中 K_1、K_2 起自锁作用，即当控制电路接通后，K_1、K_2 闭合，这时既使 S_3、S_2 打开，控制回路也不会切断。K_3、K_4 闭合，调压器就接上电源，可以进行试验。KA_1 是过载释放器，或称过电流继电器。当试样击穿时，电流突然增大，过载释放器动作，将串接在控制回路中的常闭触点 K_5 打开，切断控制回路，从而切断电源。如果在试验过程中发生意外，要紧急切断电源，只要按下开关 S_4 即可。

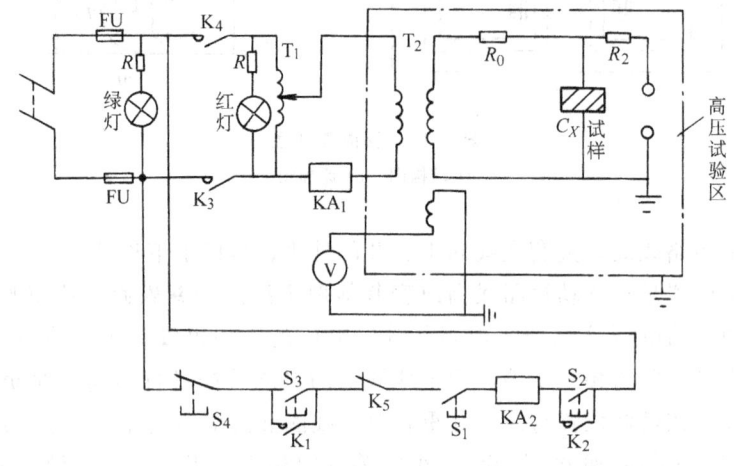

图 3-15　工频介电强度试验线路（手动式）

T_1—调压器　T_2—试验变压器　KA_1—过电流继电器　KA_2—继电器　R_0、R_2—保护电阻
S_3、S_4—按钮　S_1、S_2—限位开关　FU—保险丝

自动调压的介电强度试验线路如图 3-16 所示。调压器是由电动机 M 来带动的。S_1、S_3、S_4、KA_1、KA_2 以及其所带动的 K_1、K_3、K_4 和 K_5 四个触点的作用都和图 3-15 中的一样。KA_2 带动的 K_6 触点是保证只有一切都正常，KA_2 接通时才能升压。在升压过程，一旦试样发生击穿，K_6 就打开，电动机停止正转，电压不再上升，接着 KA_2 的常闭触头 K_{11} 闭合，电机反转，电压自动退回到零。"升毕断"和"降毕断"两个限位触点，分别装在调压器的最高电压和零电压位置上。当电压上升到变压器的额定电压时，打开"升毕断"触点，使电机停止，以保护设备，当电压下降到零时，打开"降毕断"，使电机停止转动。KA_4 的 K_9 和 KA_3 的 K_{12} 两个常闭触点是保证控制电机正反转的，并保证两组触头由 KA_3 控制的 K_{13}、K_{14}、K_{15} 和由 KA_4 控制的 K_{16}、K_{17}、K_{18} 不会同时闭合，以免电源直接短路。KA_3 的 K_2、KA_4 的 K_{10} 触点都是起自锁作用的。如果调压器开始时不在零位置，只要控制回路接通电源，电动机就反转，直到下降到零位置后才停止。若是做耐压试验，让电压上升到试验电压值时，按"停"按钮，电压就保持在那里，经过一定耐压时间后，再按"降"按钮，电压就自动下降到零为止。此线路比较可靠、方便。

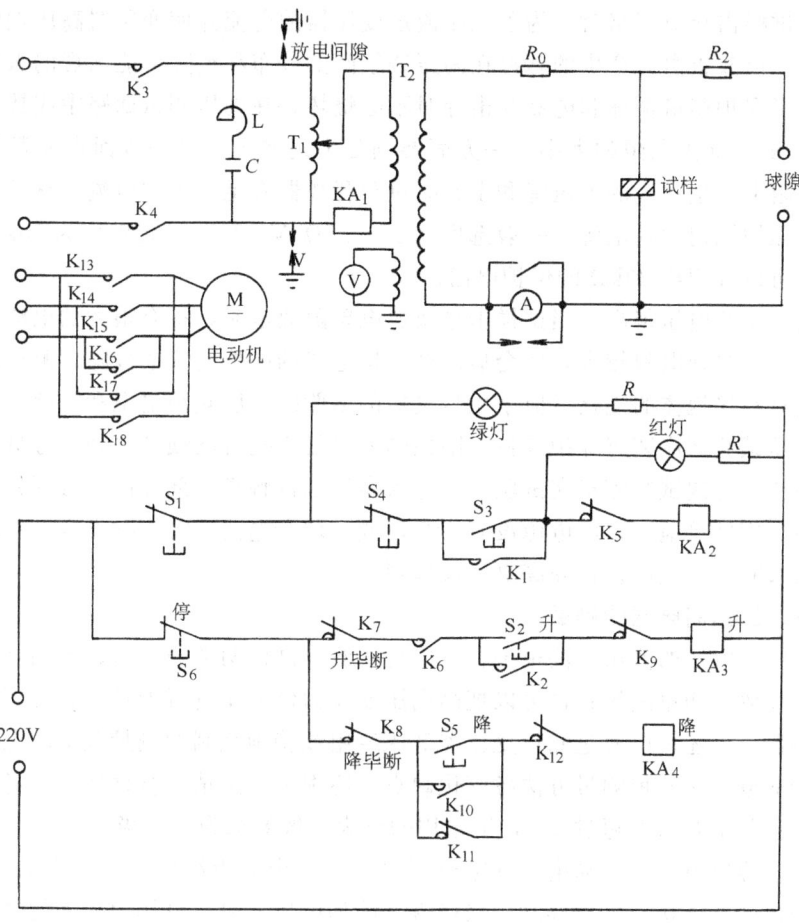

图 3-16 工频介电强度试验线路（自动的）

近年来，计算机已开始应用于介电强度试验的控制系统中来，应用单片机或微机组成的控制系统，可以通过键盘选择不同的升压方式和速度。升压、降压是由单片机或微机控制步进电动机带动调压器来完成的。当试样击穿时，由高压回路发生信号去切断电源，同时中断计算机正在执行的程序，转入高压击穿及降压程序，使调压器快速下降到零位。整个切断过程时间小于 6ms。这样，就可以实现整个试验过程的自动化。

4. 保护和接地

高电压试验中，必须非常注意人身及设备的安全。除了在控制线路中已采用过载释放器、安全门开关、调压器限位开关之外，在试验回路的低压部分有可能出现高电压的各点，都要接上放电间隙。一旦在这些地方出现高电压，放电间隙放电，强迫该点接地。

当试样击穿或闪络时，为了限制流过变压器的电流并使变压器高压端电位变化缓慢，以改善由此产生的脉冲在高压绕组间的分布和消除可能出现的振荡，同时也为了保护测量铜球和电极在击穿时不会烧坏，在高压测试回路中应接保护电阻 R_0、R_2。保护电阻的大小，一方面要满足上述要求，另一方面也要避免试验时在电阻上产生过大的电压降和击穿时过载释放器有足够大的电流，从而能够在几个电压周期内切断电源。一般选用 $0.1\sim0.5\Omega/V$，例如额定电压为 $50kV$ 的变压器，可以选用约 $20k\Omega$ 的保护电阻。

由于试验电压很高，当试样击穿或放电球隙放电时，将有很大的电流通过接地线。如果接地电阻较大，就会显著升高接地线的电位而造成危险，测试回路中各接地点与接地体的连接线应采用尽量短的多股线，以减小电阻和电感。

高压试验区应装有保护围栏，围栏的入口处应装有联锁开关和信号灯，并备有接地棒。每次试验完毕在试验人员进入高压区接触高压部件前，必须先用接地棒把高压部件接地，以免电源没有切断，或有剩余电荷危害人身安全。在进行高电压试验时，必须严格遵守高电压操作规程。

三、工频高电压的测量

工频高电压的测量方法很多，可以直接测量试样两端的电压，如用静电电压表、球隙放电测量法等；也可以把高电压变换为低电压进行测量，如分压器、电压互感器等；还可以通过测量变压器低压绕组或特别绕制的测量绕组的电压换算高压端的电压。各种测量方法各有优缺点，应根据实际情况合理选用。各种方法测量的误差都要求不超过 3%，测量用的仪表一般要求为 0.5 级。

（1）静电电压表　高电压静电电压表是由两个极板组成的，一个极板固定，另一个由弹簧连接，可以移动。当极板上施加电压 u 时，电场力所做的功使电场能量发生变化，即

$$FdL=d\left(\frac{1}{2}Cu^2\right)=\frac{1}{2}u^2d\left(\frac{\varepsilon_0\varepsilon_r A}{L}\right)$$

式中　F——电场力(N)；

C——两个极板所组成的电容(F)；

dL——极板移动的距离(m)；

A——极板的面积(m^2)；

ε_r——相对介电常数。

$$F=\frac{1}{2}u^2\frac{dC}{dL}=\frac{1}{2}u^2d\left(\frac{\varepsilon_0\varepsilon_r A}{L}\right)\bigg/dL=-\frac{1}{2}u^2\varepsilon_0\varepsilon_r A/L^2$$

$$u=L\sqrt{\frac{2F}{\varepsilon_0\varepsilon_r A}} \qquad (3-6)$$

由此可见，通过极板间受力的大小，可以测定极板间的电压，但分度是非线性的。

静电电压表的内阻很大,它决定于电极间的绝缘电阻;其电容很小,约5~50pF。在交流电压下测得的是有效值。目前最高电压等级可做到500kV。静电电压表是依靠电场力工作的,因此空间电场、电荷对它的影响很明显,在使用中应予以注意。

(2)球隙测量法 在确定条件下,球隙间空气的放电电压与球隙的距离有一定的关系,见附录E,因此可以利用球隙放电时的距离来测量电压。这里所指的确定条件,一方面是要保证球隙间电场均匀,另一方面是球隙中的空气要符合规定的标准状态。为此,球隙间的距离s和球的直径D应满足$0.05D \leqslant s \leqslant 0.5D$;周围物体与铜球间的距离不小于铜球直径的5倍,铜球的表面应光洁、干燥。球隙间的大气条件规定温度为20℃,湿度为65%,气压为1.013×10^5Pa。如果测量时大气条件与标准状态有差异,则从表中查得的放电电压值要乘以校正系数K,K值可从表3-2中查得。

表3-2 球隙击穿电压的校正系数

空气相对密度δ	0.70	0.75	0.80	0.85	0.90	1	1.05	1.10
校正系数K	0.72	0.77	0.81	0.86		1	1.05	1.09

表3-2中,空气相对密度δ可按经验式计算

$$\delta = 51.45 \times \frac{p}{273+t} \tag{3-7}$$

式中 p——大气压力(Pa);

t——温度(℃)。

测量时,最好先让球隙放电几次,当放电比较稳定后重复测三次,每次间隔时间不少于1min,取三次读数的平均值作为测量结果,要求每一测量值与平均值之差不超过3%,然后,可以在附录E表中查得相应的电压值。

我国标准GB311—64中详细说明了用球隙法测量电压的有关规定,在工频下测得的是电压的峰值。这种方法的测量结果可靠,但装置占地面积较大,测量比较麻烦,一般只用于校准其他测试仪器。

(3)互感器测量法 电压互感器是变比和角差都很精确的降压变压器,它将高电压变换为低电压进行测量。电压互感器的电压比k为已知,则在二次侧测得的电压乘以k就得到一次侧的高电压值。这种方法测量非常方便、可靠,因而在电网上普遍采用,但造价比较高。

(4)分压器法 分压器是由一个高阻抗与低阻抗串接而成的。被测的高电压绝大部分降落在高阻抗上,于是可以从低阻抗两端测得的电压,通过分压比换算得到被测的高电压。对于工频交流电压,在电压较低时,如小于100kV时,可以用最

简单的电阻分压器。图 3-17a 为电阻分压器原理图,被测电压 $u=\dfrac{R_1+R_2}{R_2}u_2=K_r u_2$,$K_r$ 为分压比。当电压很高时,电阻分压器的功率损耗大、发热严重,同时体积大、分布电容的影响严重,因此采用电容分压器更为合适。

图 3-17b 是电容分压器的原理图。被测电压施加于分压器的两端,电容器 C_1 的电容量很小,一般取 50~100pF,但要承受几乎全部试验电压。电容器 C_2 的电容量很大,电压降只有几十到上百 V,可以用静电电压表或峰值表测量 C_2 两端的电压 u_2,被测电压为

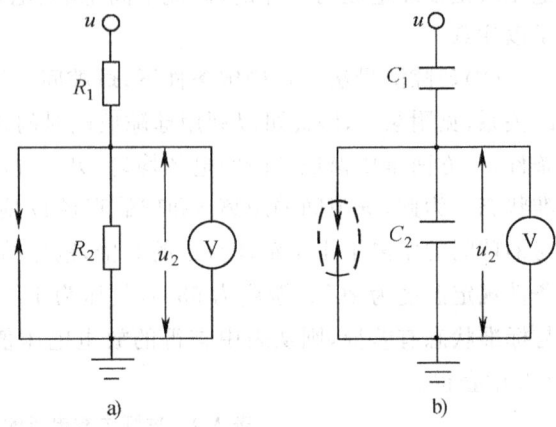

图 3-17 电容分压器原理图

$$u=\dfrac{C_1+C_2}{C_1}u_2=K_c u_2 \qquad (3\text{-}8)$$

$K_c=(C_1+C_2)/C_1$,称为电容分压比。由于各种杂散电容的影响,上述计算式计算的结果往往与实测的分压比有差别。通常应在分压器安装好后,用高精度的仪表实测 u 及 u_2,从而得到分压比 k_C。

为了防止在 C_2 上出现高电压造成危险,C_2 两端应接上放电保护间隙,而且 C_2 的一端必须牢牢接地。

(5)测量绕组法 有许多试验变压器本身带有一个测量绕组,设此绕组的匝数与高压绕组的匝数比为 k_i,则高压端的电压 u_2 就等于此绕组的电压 u_1 乘以 k_i,即 $u_2=k_i u_1$。有的试验变压器不用测量绕组,就在低压绕组测得电压 u_1,用高低压绕组的匝数比 k_i 乘以 u_1 来指示高压端的电压 u_2。但由于 u_2、u_1 的比值不完全决定于匝数比,所以这种方法的准确度要比用测量绕组的低。

用绕组法测得的是试验变压器高压端的开路电压 u,当试验回路接上试样时,试样两端的电压 u_x 不一定等于 u。从图 3-18 中可以看出,整个试验回路包括试样电容 C_x、保护电阻 R_0 以及变压器的内阻抗 R_i、L_i。在这个回路中

$$\dot{u}=\dot{u}_x+\dot{u}_L+\dot{u}_r$$

式中 $\dot{u}_x$、$\dot{u}_L$、$\dot{u}_r$——分别为 C_x、L 以及 R_0+R_i 上的电压。

这些电压降之和用相量表示如图 3-18b、c 所示。从图中可以看出,当 $\dot{u}_L$ 较大、$\dot{u}_r$ 较小时,可能出现 $\dot{u}<\dot{u}_x$,即测量值小于实际试样上承受的电压值。当 $\dot{u}_L$ 很小、$\dot{u}_r$ 较大时,可能出现测量值偏大。这种误差将随试样电容量的改

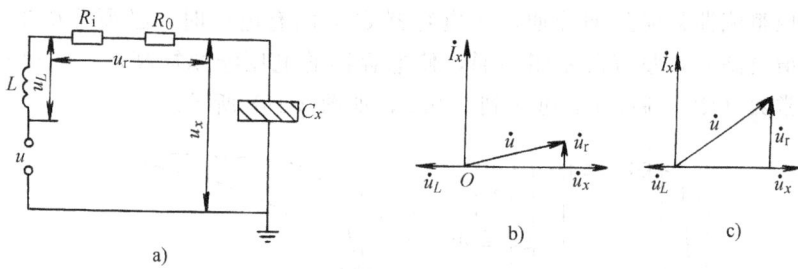

图 3-18 测试回路的电压分布图
a) 测试回路　b) $\dot{u} < \dot{u}_x$　c) $\dot{u} > \dot{u}_x$

变而变化。因此，对于电容量相近的试样，可用一个精确的静电电压表或球隙，做一校正曲线，以后测量时，就可用此校正曲线来校准测量结果。

第四节　直流电压下的介电强度试验

在生产和科学研究中，有不少电气设备是在直流电压下运行的，对于这些设备，当然要做直流电压下的介电强度试验。另外还有一些设备虽然不属于直流电气设备，但由于其电容量很大，如电力电容器、大电机、长电缆等，工频试验变压器的容量不能满足要求，又没有补偿电抗器时，就不得不采用直流来代替交流的介电强度试验，但由于直流和工频交流下的击穿机理不同，施加的试验电压应有差别。这要参阅有关产品的试验标准确定。

一、直流高电压试验装置

进行直流电压下的介电强度试验时，升压方式和速度与工频交流电压下的规定相同。直流高电压可以通过各种方法获得。在介电强度试验中，一般采用高压整流，即先通过变压器升高工频电压，然后通过高压整流器变为直流高压。所有控制线路与保护装置都与工频电压下所用的相同。

1. 高压整流

介电强度试验用的高压电源应能满足以下要求：

1) 电压等级应满足试验电压的要求。

2) 设备容量应能输出 10~20mA 电流。

3) 电压脉动系数

$$S = \frac{U_2 - U_1}{2U_a} \leqslant 3\%$$

式中符号见图 3-19c。图 3-19a 是最简单的半波整流电路图。从试验变压器 T 输出工频高压，经高压整流器 VC 整流，在滤波电容器 C 上就得到直流高压 U_C。

由于高压整流器只能正向导通，当电容器 C 上已有电压时，必须等待工频电压的瞬时值更高时，整流器才能导通，使电容器的电压继续提高，大约要经过 15 倍时间常数（RC）后，U_C 可达到 $0.9u_m$，如图 3-19b 所示。

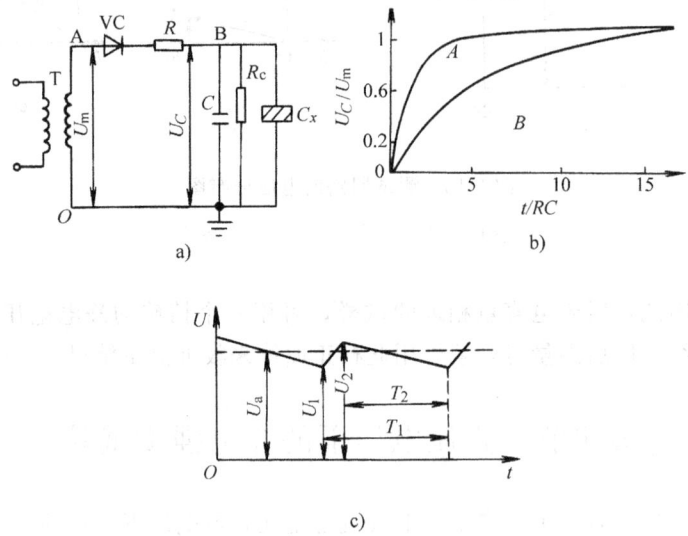

图 3-19 半波整流电路
a) 整流线路　b) U_C 的上升过程　c) U_C 的脉动

另外，滤波电容器 C 并联有泄漏电阻 R_c，整流器件的反向电阻也不是无穷大，因此在整流器没有导通的时间内，电容器 C 上的电荷会泄漏掉一些，U_C 要下降到 U_1，到下一个周期整流器导通时，U_C 又上升到最大值 U_2，见图 3-19c。通常是以平均值 $U_a = (U_1 + U_2)/2$ 代表直流电压值。用脉动系数 S 来表征这种电压的脉动程度，即

$$S = \frac{U_2 - U_1}{2U_a} = \frac{\Delta Q/C}{2U_a} = \frac{I_c T_2}{2U_a C} = \frac{U_a T_2/R_c}{2U_a C} = \frac{T_2}{2R_c C}$$

式中　ΔQ——电容器 C 泄漏的电荷；

　　　T_2——泄漏的时间；

　　　I_c——平均泄漏电流。

由此可见，用全波和桥式整流或提高交流电压的频率以缩短 T_2 以及增大 R_c 和 C，都可以改善脉动系数。

图 3-20a 是全波整流线路，图 3-20b 是桥式整流线路。这两种整流电路，不但电压的脉动系数小，而且通过整流器的电流只有输出电流的一半。全波整流要用两个整流器，而且要求变压器有中心抽头。桥式整流要用四个整流器，但每个整流器承受的反向峰值电压只有半波和全波整流的一半。

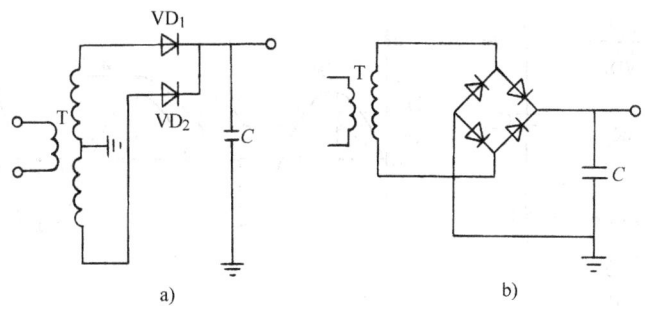

图 3-20 整流电路图
a) 全波整流 b) 桥式整流

近年来,最普遍采用的高压整流器,是用硅二极管串接起来的硅堆。目前我国生产的硅堆的反向峰值电压可达几百千伏,平均电流可达上百毫安。如果需要更高的电压,可以将若干个硅堆串接起来,如图 3-21 所示。为了使每一个硅堆承受的电压均等,要在硅堆上并接一个由 R_A、C_A 组成的均压阻抗。限流电阻 R_B 可以分散串接在各硅堆之间,也可以集

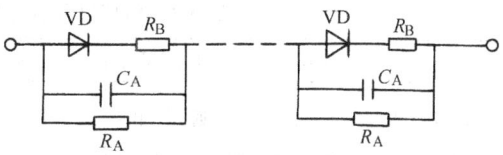

图 3-21 硅堆串原理图

中一个电阻与硅堆串相接,其阻值应在试样发生击穿或闪络时,使通过硅堆的电流小于允许的最大瞬时电流值。硅堆在 0.5s 内允许的瞬时电流,可比额定工作电流大 10 倍。在半波和全波整流电路中,反向峰值电压约为 $2u_m$,桥式整流中约为 u_m。

2. 倍压整流

上述几种高压整流线路所能获得的最高直流电压,只能是接近试验变压器输出电压的峰值 u_m。要获得比 u_m 更高的直流电压,就要采用倍压整流电路。图 3-22a 是倍压整流的线路;图 3-22b 是在倍压过程中该线路各点上电位的变化。表 3-3 分析图 3-22b 所示的倍压过程各点电位的变化。

表 3-3 中,在 $t_4 \sim t_5$ 时间内,VD_1 导通,C_1 上原有的电荷 $C_1 u_m$ 与 C_2 上原有电荷 $C_2 u_m/2$ 重新分配。若 $C_1 = C_2 = C$,则每个电容器上的电荷为 $\left(C u_m + \frac{1}{2} C u_m\right)/2$,因此 C_1、C_2 上的电压变为 $3u_m/4$;然后,在 $t_5 \sim t_6$ 时间内,$u_{30} > 0$,电源对 C_1 反向充电,C_2 正向充电,使 C_1 上的电压 u_{13} 降低 $u_m/2$,使 C_2 上的电压又增加 $u_m/2$,即达到 $5u_m/4$。同理,在 $t_9 \sim t_{10}$ 时间内,C_1、C_2 上原有电荷重新分配,使 C_1、C_2 上的电压为 $\left(u_m + \frac{5}{4} u_m\right)/2$,再加上电源在正半周对

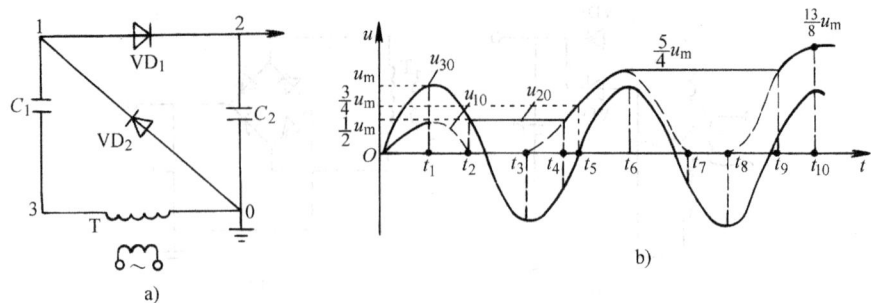

图 3-22 倍压整流线路及工作原理图
a) 倍压整流线路 b) 倍压过程

C_1、C_2 充电，使 C_1 的电压降为 $5u_m/8$，C_2 的电压增加到 $13u_m/8$。这样经过若干周期后，C_2 上的电压 u_{20} 就可接近 $2u_m$，约为试验变压器的最高电压峰值的 2 倍。

表 3-3 倍压过程各点电位变化的分析表

t	u_{30}	VD_1	VD_2	u_{13}	u_{10}	u_{20}
$0 \sim t_1$	$0 \sim u_m$	通	止	$0 \sim -\frac{1}{2}u_m$	$0 \sim +\frac{1}{2}u_m$	$0 \sim +\frac{1}{2}u_m$
$t_1 \sim t_2$	$u_m \sim +\frac{u_m}{2}$	止	止	$-\frac{1}{2}u_m$	$+\frac{1}{2}u_m \sim 0$	$+\frac{1}{2}u_m$
$t_2 \sim t_3$	$+\frac{1}{2}u_m \sim -u_m$	止	通	$-\frac{1}{2}u_m \sim +u_m$	0	$+\frac{1}{2}u_m$
$t_3 \sim t_4$	$-u_m \sim -\frac{u_m}{2}$	止	止	$+u_m$	$0 \sim +\frac{u_m}{2}$	$+\frac{1}{2}u_m$
$t_4 \sim t_5$	$-\frac{u_m}{2} \sim 0$	通	止	$+u_m \sim +\frac{3}{4}u_m$	$+\frac{1}{2}u_m \sim +\frac{3}{4}u_m$	$+\frac{1}{2}u_m \sim +\frac{3}{4}u_m$
$t_5 \sim t_6$	$0 \sim +u_m$	通	止	$+\frac{3}{4}u_m - \frac{1}{2}u_m = +\frac{1}{4}u_m$	$\left(1+\frac{1}{4}\right)u_m = +\frac{5}{4}u_m$	$+\left(\frac{3}{4}+\frac{1}{2}\right)u_m = +\frac{5}{4}u_m$
$t_6 \sim t_7$	$+u_m \sim -\frac{u_m}{4}$	止	止	$+\frac{1}{4}u_m$	$+\frac{5}{4}u_m \sim 0$	$+\frac{5}{4}u_m$
$t_7 \sim t_8$	$-\frac{u_m}{4} \sim -u_m$	止	通	$+\frac{u_m}{4} \sim +u_m$	0	$+\frac{5}{4}u_m$
$t_8 \sim t_9$	$-u_m \sim +\frac{u_m}{4}$	止	止	$+u_m$	$0 \sim +\frac{5}{4}u_m$	$+\frac{5}{4}u_m$
$t_9 \sim t_{10}$	$+\frac{u_m}{4} \sim +u_m$	通	止	$+u_m \sim \frac{5}{8}u_m$	$+\frac{5}{4}u_m \sim +\frac{13}{8}u_m$	$+\frac{5}{4}u_m \sim +\frac{13}{8}u_m$

若要更高的直流电压，可以把几级倍压电路串接在一起，如图 3-23 所示。每一级都能获得约 $2u_m$ 的直流电压。若有 n 级串联，则可得约 $2nu_m$ 的直流电压，但级数愈多，内阻抗愈大，实际输出电压比 $2nu_m$ 小得愈多，同时脉动系数也愈大。因此，级数不宜太多，一般不超过 5 级。采用不对称多级串接，结构简单、造价低。采用对称多级串接如图 3-23b 所示，输出电流可增大一倍，并且能够减小脉动系数。

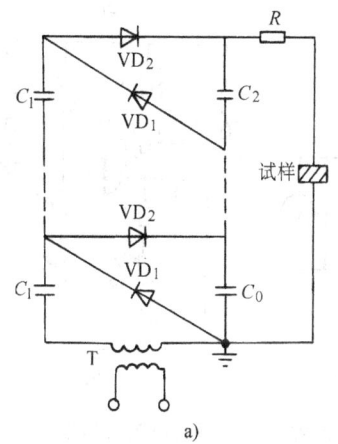 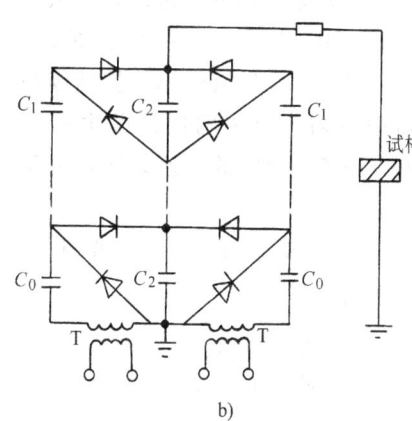

图 3-23　多级倍压电路图
a) 对称式　b) 不对称式

二、直流高电压的测量

直流高电压的测量，有一些与工频交流相同，如可以用静电伏特计和球隙直接测量试样两端的电压。虽然静电伏特计测得的是有效值，球隙测得的是峰值，但只要直流电压的脉冲系数不大，它们与直流下的平均值都基本上相同。此外，还有些方法可用于直流电压的测量。不论哪一种测量方法，测量的误差都要求不大于 3%。

1. 高电阻与毫安表串接法

用一个精确的高电阻与一个毫安表串接，被测电压 U 施加在它的两端，如图 3-24 所示。由于毫安表的内阻远小于高电阻 R，因此毫安表通过的电流 $I=U/R$。R 为已知电阻，于是被测电压 U 就可以通过毫安表测得的电流 I 来显示。为了安全起见，在毫安表两端要并接一个放电器，当出现高电压时，放电器放电，把毫安表短路并强制接地。

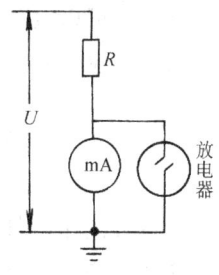

图 3-24　高电阻与毫安表串接法

2. 电阻分压器

当被测电压很高时，要采用电阻分压器，最简单的电阻分压器是用一个高电阻与一个低电阻串接组成，设高电阻为 R_1，低电阻为 R_2，施加在分压器两端的电压为 U，在低压电阻两端测得的电压为 U_2，则

$$U=\frac{R_1+R_2}{R_2}U_2=k_r U_2$$

式中 k_r——电阻分压比，$k_r=(R_1+R_2)/R_2$。

为了提高分压器的精确度，可采用双臂桥式电阻分压器，如图 3-25 所示。图中 R_A、R_B 是电阻值较小、精确度很高的辅助电阻，经过两次调节电桥平衡，可以用 R_A、R_B 的比值来测定分压比。

第一次将 R_A、R_B 短路，调节 R_C 使电桥平衡，这时

$$\frac{R_1}{R_2}=\frac{R_1'}{R_2'+R_C}$$

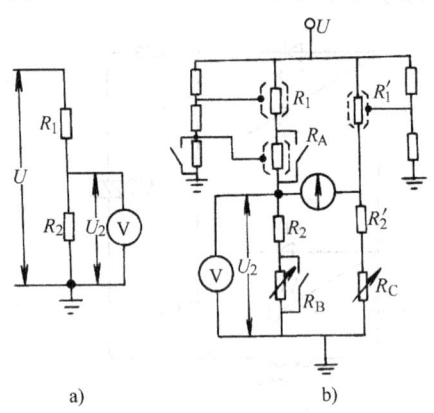

图 3-25 双臂桥式电阻分压器
a) 原理图　b) 双臂桥式线路

第二次将 R_A、R_B 接入电桥回路，调节 R_B，使电桥重新达到平衡，这时

$$\frac{R_1+R_A}{R_2+R_B}=\frac{R_1'}{R_2'+R_C}=\frac{R_1}{R_2}$$

所以

$$\frac{R_1}{R_2}=\frac{R_A}{R_B}$$

$$k_r=\frac{R_1+R_2}{R_2}=\frac{R_A+R_B}{R_B}$$

这种分压器的分压比的误差不超过 1%。将高压臂的电阻浸在油中，可以改善散热并提高起始放电电压。在高压臂电阻周围加上一个屏蔽层，并给屏蔽层以一定的电位。可以改善高压臂电阻附近的电场分布。这也是提高高压臂中局部放电起始放电电压的有效措施。

第五节　冲击电压下的介电强度试验

各种高压电气设备在运行中，难免要遭受大气过电压和操作过电压，为了检验这些设备承受这种过电压的能力，需要进行冲击电压下的介电强度试验。

一、冲击电压的波形及发生器

冲击电压下的介电强度试验中，采用的冲击电压波形是模拟实际运行中出现

概率最大的冲击电压波形,这是根据大量实测统计的结果规定出的各种标准波形。常用的有两种,一是模拟雷电冲击波,即大气过电压的冲击波;一是模拟操作过电压的冲击波,包括事故短路、开关动作等产生的冲击波。大气过电压全波如图 3-26a 所示,波头 T_f 为 $1.2\pm30\%\mu s$,波尾 T_t 为 $50\pm2\%\mu s$,可表示为 $1.2/50\mu s$。波头的定义是:通过冲击波峰值的 0.3 和 0.9 两点 A 与 C 连一直线,与横坐标交于 O 点,与通过峰值的平行线交于 D 点,则 OD' 即为波头的时间 T_f。波尾是冲击波下降到峰值的一半时,H 点所对应的横坐标上 H' 与 O 点间的时间间隔 T_t。冲击波峰值的偏差不超过 $\pm3\%$,峰值上产生的过冲击振荡幅值要小于峰值的 5%。这种雷电冲击全波应用最广,绝缘材料的冲击电压击穿试验也采用此标准波。

模拟操作过电压的冲击全波电压,如图 3-26b 所示。波头是电压从零开始上升到峰值的时间;波尾是电压从零开始到下降达峰值一半时的时间间隔。标准操作波的波头 $T_f=250\pm20\%\mu s$,波尾 $T_t=2500\pm20\%\mu s$,通常以 $250/2500\mu s$ 表示。峰值允许偏差为 $\pm3\%$。在特殊情况下,T_f 可以在 $100\sim500\mu s$ 间取值。

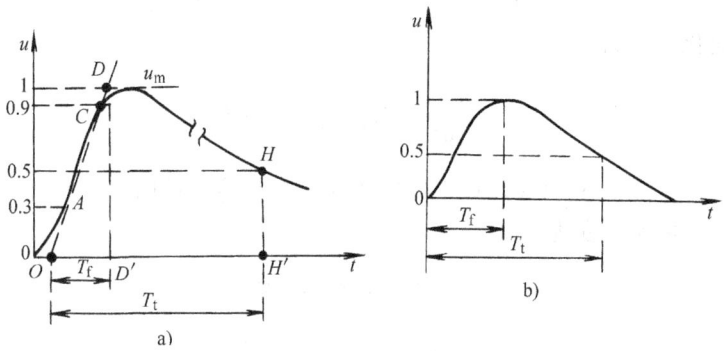

图 3-26 冲击电压波形
a) 雷电波全波 b) 操作波

除了上述两种冲击全波之外,还有应用于不同场合下的截波,截波的波形可以参阅 GB311.3。

$1.2/50\mu s$ 的全波冲击电压,是通过冲击电压发生器产生的,它的工作原理是:用多个电容器并联充电,而后串联放电产生脉冲高电压,这个脉冲高电压对负载电容 C_a 充电形成冲击电压的波头,同时 C_a、C_i 上的电荷又经负载电阻 R_t 放电而形成波尾。如图 3-27 所示,试验变压器 T 将工频电压升高,经整流器整流,在电容器 C_i 上得到电压 u_i,当 u_i 足够高时,使球隙 G 放电,这时 C_a 两端电压的变化

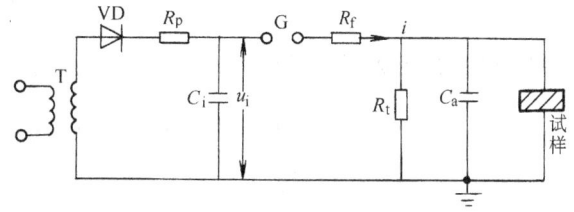

图 3-27 冲击电压发生器的原理图

可以分析如下

$$u_i(t) = iR_f + u_a(t) \tag{3-9}$$

$$i = -C_i \frac{du_i}{dt} = \frac{u_a}{R_t} + C_a \frac{du_a}{dt} \tag{3-10}$$

式中各符号见图 3-27。将式(3-10)代入式(3-9),再微分得

$$\frac{du_i}{dt} = R_f \left(\frac{du_a}{R_t dt} + C_a \frac{d^2 u_a}{dt^2} \right) + \frac{du_a}{dt} \tag{3-11}$$

比较式(3-10)与式(3-11)可得

$$R_f C_a \frac{d^2 u_a}{dt^2} + \left(\frac{R_f}{R_t} + \frac{C_a}{C_i} + 1 \right) \frac{du_a}{dt} + \frac{u_a}{C_i R_t} = 0$$

即

$$R_t R_f C_i C_a \frac{d^2 u_a}{dt^2} + (R_f C_i + R_t C_a + R_t C_i) \frac{du_a}{dt} + u_a = 0$$

上式可以简化表示为

$$K_1 \frac{d^2 u_a}{dt^2} + K_2 \frac{du_a}{dt} + u_a = 0 \tag{3-12}$$

式中 $\quad K_1 = R_t R_f C_i C_a, \quad K_2 = R_f C_i + R_t C_a + R_t C_i$

解式(3-12)的特征方程为

$$K_1 \gamma^2 + K_2 \gamma + 1 = 0$$

$$\gamma_{1,2} = \frac{-K_2 \pm \sqrt{K_2^2 - 4K_1}}{2K_1}$$

实际线路的参数满足

$$K_2^2 > 4K_1$$

所以 γ 为实数而且都是负数,其通解为

$$u_a = A e^{\gamma_1 t} + B e^{\gamma_2 t} \tag{3-13}$$

$$\frac{du_a}{dt} = -A\gamma_1 e^{\gamma_1 t} - B\gamma_2 e^{\gamma_2 t} \tag{3-14}$$

上式中,A、B 系数可以根据边界条件确定,边界条件是

$$t = 0 \text{ 时} \quad u_a = 0; \quad i = \frac{u_i}{R_f} = C_a \frac{du_a}{dt}$$

代入式(3-13)和(3-14)得

$$A = -B$$

$$\frac{u_\mathrm{i}}{R_\mathrm{f}}=C_\mathrm{a}(-A\gamma_1-B\gamma_2)=AC_\mathrm{a}(\gamma_2-\gamma_1)$$

所以
$$A=-B=\frac{u_\mathrm{i}}{C_\mathrm{a}R_\mathrm{f}(\gamma_2-\gamma_1)}$$

设 $\gamma_1=-\dfrac{1}{T_1}$，$\gamma_2=-\dfrac{1}{T_2}$，代入式(3-13)得

$$u_\mathrm{a}=\frac{u_\mathrm{i}T_1T_2}{C_\mathrm{a}R_\mathrm{f}(T_1-T_2)}(\mathrm{e}^{-\frac{t}{T_1}}-\mathrm{e}^{-\frac{t}{T_2}}) \tag{3-15}$$

从式(3-15)可以看出，u_a 可以看成是两个指数衰减波叠加而成，如图 3-28 所示。现求波头的时间 T_f 如下。

设 $u_\mathrm{a}=0.3u_\mathrm{m}$ 时，$t=t_a$；$u_\mathrm{a}=0.9u_\mathrm{m}$ 时，$t=t_b$，根据线路的实际参数，$T_1\gg T_2$，t_a、t_b 都很小，所以 $\mathrm{e}^{-t_a/T_1}\approx 1$，$\mathrm{e}^{-t_b/T_1}\approx 1$

$$\begin{cases}0.3u_\mathrm{m}\approx u_\mathrm{m}(1-\mathrm{e}^{-t_a/T_2})\\ 0.9u_\mathrm{m}\approx u_\mathrm{m}(1-\mathrm{e}^{-t_b/T_2})\end{cases}$$

或者
$$\begin{cases}0.7u_\mathrm{m}=u_\mathrm{m}\mathrm{e}^{-t_a/T_2} & (3\text{-}16)\\ 0.1u_\mathrm{m}=u_\mathrm{m}\mathrm{e}^{-t_b/T_2} & (3\text{-}17)\end{cases}$$

式(3-16)除以式(3-17)得

$$t_b-t_a=T_2\ln 7=1.95T_2\approx 1.95C_\mathrm{a}R_\mathrm{f}$$

式中 T_2——C_a 充电过程的时间常数，$T_2=-1/\gamma_2\approx C_\mathrm{a}R_\mathrm{f}$。

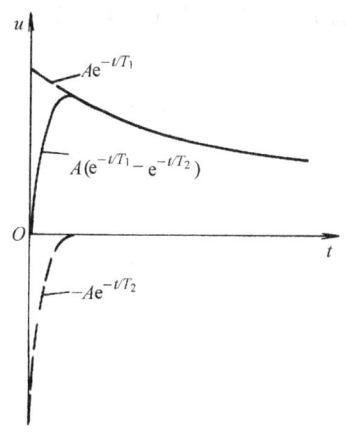

图 3-28 冲击电压形成图

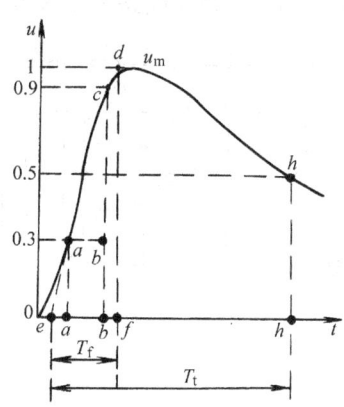

图 3-29 计算波头波尾的示意图

从图 3-29 可以看出 △abc 与 △def 相似，即

$$\frac{t_\mathrm{f}-t_e}{t_b-t_a}=\frac{1}{0.9-0.3}$$

所以,波头 $T_f = t_f - t_e \approx 1.95 C_a R_f / 0.6 = 3.25 C_a R_f$。

同理可以求出波尾 T_t:当 $u_a = u_m/2$ 时,$t = t_h$,波尾的衰减基本上决定于 T_1,可以略去 T_2 一项,所以

$$\frac{1}{2} u_m = u_m e^{-t_h/T_1}$$

所以,波尾 $T_t = t_h - t_e \approx t_h = T_1 \ln 2 = T_1 0.693 \approx 0.7 C_i R_t$

式中 T_1——C_a 放电的时间常数,$T_1 = 1/\gamma_1 \approx C_i R_t$。

由于线路中杂散参数的影响和上述计算式本身的近似性,实测的波头、波尾往往与计算值有明显差别,因此在设计中可以应用上述式子估算波头、波尾,在冲击发生器装置完成后,还要用脉冲示波器观察波形,并通过 R_f、R_t 调整波头、波尾,使之满足 $1.2/50\mu s$ 的标准波要求。

冲击电压的介电强度试验中,冲击电压幅值往往要求很高,用上述简单线路,不论是变压器、整流器还是电容器都难以满足要求。为了解决这个问题,可以采用多台电容器并联充电,然后通过球隙放电把多台电容器串联起来,产生很高的冲击电压。如图 3-30 所示,T 为试验变压器;VD 为整流器;C_i' 为充放电电容器;G 为放电球隙;R_p 为限流电阻;R 为阻塞电阻,阻止放电过程电容器上电荷的泄漏;R_f 是波头电阻;R_t、C_a 分别为负载电阻和电容。在点火球隙没有放电之前,所有球隙都是开路的。这时上面一排电容器是在电源正半周时充电,下面一排电容器在负半周充电。经过若干周期之后,每个电容器上的电压 u_C 都接近变压器输出的工频电压的峰值 u_m',即在线路上 1、3、5 各点的电压为 u_C;2、4、6 各点的电压为 $-u_C$。

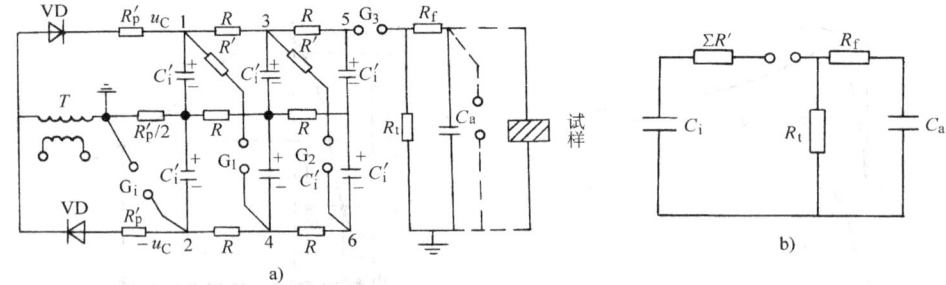

图 3-30 多级冲击电压发生器线路

一旦点火球隙放电,点 2 强迫接地,点 1 电位抬高为 $2u_C$,点 1 与点 4 之间的电压 u_{14} 变为 $3u_C$,于是球隙 G_1 放电。G_1 一放电,点 4 的电位强制为 $2u_C$,点 3 的电位抬高到 $4u_C$,3、6 两点之间的电压为 $5u_C$,于是 G_2 放电。G_2 一放电,点 6 的电位强制为 $4u_C$,于是点 5 电位抬高到 $6u_C$。这时,6 个电容器通过 G_1、G_2 球隙短路串联起来,相当于图 3-27 中的 C_i,电压 $u_i = 6u_C$。当球隙 G_3 放电时,C_a 两端的电压就是冲击电压的峰值,约为 $6u_C$ 的全波冲击电压。冲击电压

的幅值是靠调节各球隙的距离来实现的，每一对球隙中，总有一个是固定的，而另一个是连接在一条连动杆上，调节时各球隙同时拉开，各球隙的距离保持一定的比例，以保证先后放电的次序。最高电压可以接近于 nu'_m，n 是放电时串联的电容器个数；u'_m 是变压器输出的工频高压峰值。

为了使叠加在冲击电压峰值上的振荡幅值小于 $5\%u_m$，R_f 不能太小，应满足

$$R_f \geqslant 1.4 \sqrt{\frac{L(C_i+C_a)}{C_i C_a}}$$

式中　L——回路的电感。

在多级冲击电压发生器中，R'_f 是波头电阻的一部分，同时又是阻尼电阻，用以抑制在各级小回路中产生振荡。等效电路图如图 3-30b 所示，$C_i = C'_i/n$。

冲击电压发生器的效率 η 是以输出的冲击电压峰值 u_m 与 C_i 上的最高电压 u_i 之比来表示的。从图 3-27 可以看出，设冲击电压达到峰值时，C_i 上的电压为 u_{im}，则

$$u_m = u_{im} \frac{R_t}{R_f + R_t}$$

假定在 C_a 上电压上升到 u_m 这段极短的时间内，C_i、C_a 上的电荷总和不变，则

$$C_i u_i = u_{im} C_i + u_m C_a = u_{im}\left(C_i + C_a \frac{R_t}{R_f + R_t}\right)$$

因为 $R_t \gg R_f$，上式可简化为

$$C_i u_i = u_{im}(C_i + C_a) = u_m \left(\frac{R_f + R_t}{R_t}\right)(C_i + C_a)$$

因此效率为

$$\eta = \frac{u_m}{u_i} = \frac{C_i}{C_i + C_a} \frac{R_t}{R_t + R_f}$$

上式中各参数的选择，首先要满足冲击电压波形的要求，减小 C_a，R_f 就要增大，而且 C_a 太小，分布电容、试样电容对波形的影响增大。因此，C_a 一般选择在几百 pF 范围内，C_i 约大于 $10 C_a$，R_t 也是约大于 $10 R_f$，这样，效率就接近于 80%。为了进一步提高效率，可以采用高效率冲击发生器。

图 3-31 是高效率冲击发生器的线路图，其特点是把波头电阻和波尾电阻都分散接到各级中去，如图 3-31a 所示。其工作原理与上述一般冲击电压发生器的相同。不同的只是 R_f 和 R_t 都分散接到各级小回路中，取消了图 3-30a 中的 R'_t 球隙 G_3 及部分充电电阻 R，于是其等效电路简化为如图 3-31b 所示的电路。图中，$R_f = nR'_f$；$R_t = n(R'_t + R'_f)$；n 为主电容器的个数。与图 3-30b 相比，少了 $\Sigma R'$，于是对 C_a 充电产生的冲击电压的峰值 u_m 就很接近于 C_i 上的最高电压 u_i，这就提高了

这种发生器的效率。但由于 R'_t 会使主电容器上的电荷在球隙放电过程中泄漏掉一些,可能造成放电动作不稳定。因此,要采用双球隙放电或多级点火等措施来解决这问题。

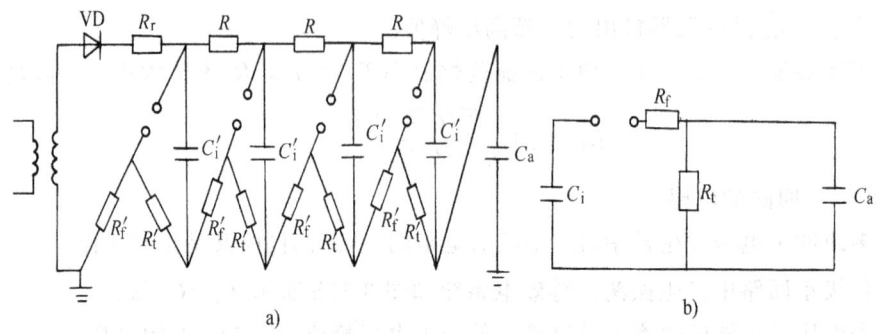

图 3-31 高效率冲击电压发生器线路
a) 线路图 b) 原理图

上述冲击电压发生器也可用以产生各种截波,只要在负载电容 C_a 两端并联一点火球隙,调节点火的时间,就可使冲击电压波在不同部位截断而形成不同的截波。

操作电压波可以用上述冲击电压发生器产生,也可以用变压器产生。在采用冲击电压发生器时,由于波头增长,发生器的效率要降低,因此必须用图 3-31 所示的高效率线路,但由于 R_f、R_t

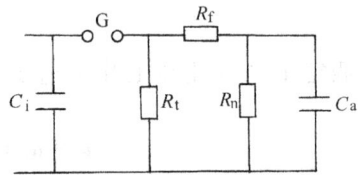

图 3-32 操作波发生器的原理图

都增大,R 的影响就不能忽略,简化的原理图应改为图 3-32 所示,图中 $R_n = nR$。C_a 两端输出的电压为

$$u_a = \frac{u_C T_1 T_2}{C_a R_f (T_1 - T_2)} [e^{-t/T_1} - e^{-t/T_2}]$$

式中

$$\frac{1}{T_1}, \frac{1}{T_2} = \frac{C_i R_t (R_f + R_n) + C_a R_n (R_f + R_t)}{2 C_i C_a R_f R_t R_n}$$

$$\pm \frac{\{[C_i R_t (R_f + R_n) + C_a R_n (R_f + R_t)]^2 - 4 C_i C_a R_f R_t R_n (R_f + R_t + R_n)\}^{\frac{1}{2}}}{2 C_i C_a R_f R_t R_n}$$

可以根据上式计算操作波的波头电阻 R_f、波尾电阻 R_t 以及充电电阻 R_n。

利用变压器产生操作波的原理及线路见图 3-33,在变压器的低压绕组一侧,接一脉冲电压发生器。当球隙 G 放电后,已充电的主电容 C_i 通过波头电阻 R_f、一次侧和二次侧绕组的漏感 L_1、L_2 向二次侧的等效电容 C_a 充电。当 C_a 充到最大值后,C_i、C_a 同时通过变压器的励磁电感 L_3 放电,于是在二次侧就可得到操作冲击电压。这种方法在现场对变压器进行操作波耐压试验是比较方便的。

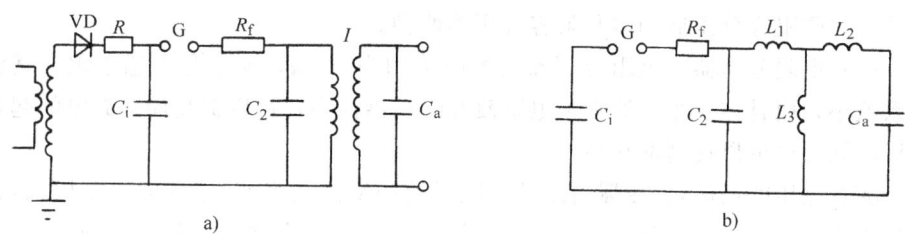

图 3-33 操作波发生器
a）线路图 b）原理图

二、冲击电压的测量

试验标准要求（1.2/50）μs 标准全波和波尾截断波和（1/5）μs 短波的幅值测量误差不超过 3%；1μs 以内波头截断波的幅值测量误差不超过 5%；波头及波尾的时间测量误差不超过 ±10%。

目前广泛采用的冲击电压的测量方法有两种，一种是球隙 50% 放电法，这只能测量冲击电压的峰值；另一种是分压器加上脉冲示波器或峰值表。用峰值表也只能测量峰值，而用示波器则不但可以测量各种冲击电压的峰值，而且可以测量瞬时值及观察波形。

1. 球隙测量法

球隙测量法与测量工频电压时相似，所不同的是冲击电压作用在球隙上的时间很短，球隙放电电压有较明显的分散性，因此要用 50% 放电法来测量。这里的 50% 是指球隙放电的次数占施加于球隙上的冲击电压次数的 50%。测量是这样进行的：固定被测的冲击电压不变，并连续施加到测量球隙上，逐渐调小测量球隙的距离，直到发生器产生 10 次冲击电压时，球隙上出现 4～6 次放电。记下这时球隙的距离，就可在附录 E 中查得冲击电压的峰值。

为了减小测量结果的分散性，在测量之前先让球隙放电 2～3 次，当测量的电压较低（≤50kV）或放电球的直径小于 12.5cm 时，要用紫外线或其他射线照射球的间隙，使该处空间中有一定数量的有效电子，以保证放电稳定。同时球隙连续放电时，各次放电的间隔时间也会影响放电电压值，一般规定两次冲击电压测量的间隔时间为 1min。球隙放电测量法比较简单、可靠，但操作麻烦，而且不能观察波形。

2. 分压器

在近代高压试验室中，很多都是用高压脉冲示波器来测量冲击电压，但示波器的显像板上能够承受的电压也仅是 1～2kV，所以要测更高的冲击电压，必须用分压器，从很高的待测电压中分出一定比例的低电压进行测量。冲击电压分压器有电阻分压器和电容分压器两种基本形式。为了改善分压器的性能，近年来又发展了并联阻容分压器和串联阻容分压器两种。

(1) 电阻分压器 电阻分压器的电阻值约为 $10^4\Omega$，要求是无感电阻，其温度系数小，而且体积小。通常把电阻浸在变压器油中，可以提高局部放电的起始电压，同时也可以提高散热性能。

随着电压的增高，分压器高压臂电阻对地的杂散电容 C_g 造成的误差增大，为了减小这种误差，要在高压端加一个圆形的屏蔽环或锥形的屏蔽罩。屏蔽环、屏蔽罩与分压器的本体之间存在杂散电容 C_e，于是通过 C_e 流进分压器的电流可以部分补偿通过 C_g 流出分压器的电流，使得分压器上电压的分布比较均匀，并使通过高低压两臂的电流相等。这种装有屏蔽环或罩的电阻分压器称为屏蔽电阻分压器，如图 3-34 所示。从图中尺寸可以看出，为达到分压器上电位分布基本均匀的目的，锥形屏蔽罩的直径可比圆环形的减小一半。

分压器装置在高压试验区，而示波器安放在测量室内，这两者之间的距离有几米到几十米，通常用高频同轴电缆把分压器和示波器连接起来。这种电缆的损耗很小，可以忽略。它的波阻抗 $Z\approx\sqrt{\dfrac{L}{C}}$；波在其中传播的速度 $v\approx 1/\sqrt{LC}$；衰减系数 $\alpha=R_r/2Z$。上述各式中，L、C 分别为电缆单位长度的电感和电容；R_r 为长电缆导体包括芯子及外皮层的电阻。设在电缆的首端输入电压为 $u_0(t)$，经过 x 距离后输出电压为

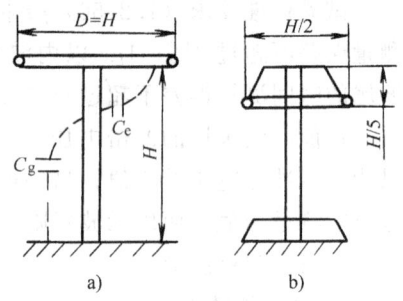

图 3-34 电阻分压器
a) 带有屏蔽环 b) 带有屏蔽锥

$$u_x = e^{-\alpha x} u_0\left(t - \frac{x}{v}\right) = e^{-\alpha x} u_0\left(t - \sqrt{LC}x\right)$$

由此可见，冲击波在电缆中传播 x 距离后，不但幅值衰减 $e^{-\alpha x}$ 倍，而且时间也延迟了 $\sqrt{LC}x$。通常延迟时间约在 $10^{-1}\mu s$ 数量级左右。

虽然电缆不是很长，但由于被测的冲击电压波形很陡，波长很短，相对来看电缆还是应看做一根长线。如果电缆终端的阻抗不匹配，则波在终端就会出现反射。波在电缆两端来回反射，就形成了振荡。为了避免出现这种情况，就要在电缆的终端接一匹配电阻 $R_C = Z$，如图 3-35 所示。这时分压器的分压比为

$$k_r = \dfrac{R_1 + \dfrac{R_2 Z}{R_2 + Z}}{\dfrac{R_2 Z}{R_2 + Z}} = \dfrac{R_1 R_2 + R_1 Z + R_2 Z}{R_2 Z}$$

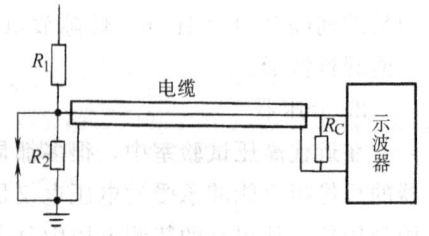

图 3-35 电阻分压器接线图

(2) 电容分压器 电容分压器消耗的能量极少，没有因发热带来的麻烦，它还可以用来调节冲击电压的波形，但由于其电容量 C 比电阻分压器的杂散电容要大得多，高压引线容易引起振荡，所以必须在高压引线末端接入阻尼电阻 R_D，高压引线造成的响应时间常数为 $T=R_DC$。此时间常数比带有屏蔽的电阻分压器大得多，因此，对于测量很陡的截波，电容分压器的响应特性，不如屏蔽电阻分压器。电容分压器比较适于测量雷电全波和操作波。

电容分压器的高压臂可以是单个高压电容器，称为集中式电容分压器；也可以是由多个电容器串接组成，称为分布式电容分压器。前者最好采用高压电极靠近底座的标准电容器，以避免用过长的电缆连接低压臂的电容器而造成的误差；后者要用残余电感很小并能承受短路放电的脉冲电容器。低压臂的电容量较大，而且通过的电流变化很快，在低压臂测量系统的回路中将会出现不可忽略的感应电动势，为了消除这一误差，除了测试回路的面积要尽可能缩小之外，把低压臂电容器做成同轴式的，或用铝箔电极伸延到介质外边而不用引线片的卷制元件做成的电容器，以尽可能地减小低压臂的残余电感。

从分压器连接到示波器的电缆，同样也要在终端接匹配阻抗，但不能像电阻分压器那样在末端接 R_C，因为一般 R_C 只有几十欧，C_2 上的电荷通过 R_C 会很快泄漏掉。因此，要将 R_C 串接在电缆的始端，末端让它产生全反射，如图 3-36a 所示。$R_C=Z$，冲击电压经电阻 R_C 降低一半，到达终端反射增高一倍，因此示波器上测得的电压即为低压臂上的电压，这时分压比为

$$\frac{u_1}{u_2}=\frac{C_1+C_2}{C_1}$$

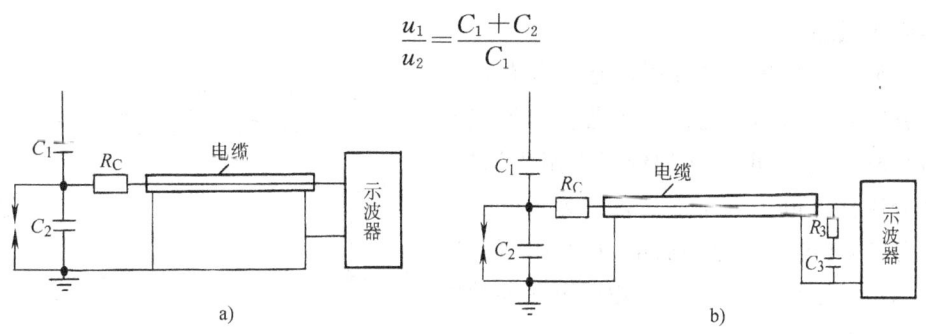

图 3-36 电容分压器接线图
a) 末端无匹配阻抗 b) 末端有匹配阻抗

由于电缆始端阻抗也不匹配，终端反射波到达始端时也产生反射，这一反射波再达终端时，叠加在第一次到达的电压波上，使幅值平缓上升，如图 3-37 所示。这样经过几次来回反射，每隔 2τ（τ 是波在电缆长度上传输经历的时间，$\tau=l/v$，l 为电缆长度；v 为行波速度）输出电压就会出现起伏，一般经过 5τ 之后就基本稳定了。稳定之后，电缆阻抗就可以看做一个电容 C_a 的容抗，这时分压比变为

$$\frac{u_1}{u_2} = \frac{C_1 + C_2 + C_a}{C_1}$$

通常 $C_2 \gg C_a$，由此造成的误差不大。为了提高准确度，可在电缆末端接上 R_3C_3，如图 3-36b 所示。$R_3 = Z$，$C_3 + C_a = C_1 + C_2$。这样，在初始时刻电缆呈现的阻抗是波阻抗，由于 C_3 阻抗小，可略之，电缆两端都有匹配阻抗，故分压比为

$$\frac{u_1}{u_2} = 2\left(\frac{C_1 + C_2}{C_1}\right)$$

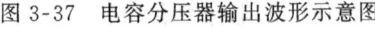

到稳态后，电缆呈现的阻抗为容抗，分压比为

$$\frac{u_1}{u_2} = \frac{C_1 + C_2 + C_a + C_3}{C_1} = 2\left(\frac{C_1 + C_2}{C_1}\right)$$

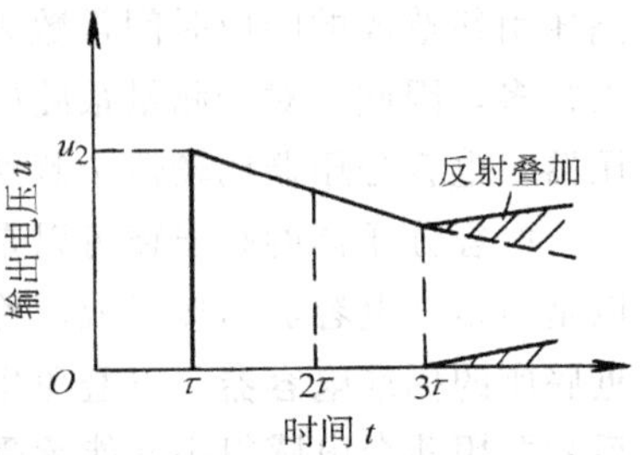

图 3-37 电容分压器输出波形示意图

由此可见，初始和稳态的分压比就保持一样了。

(3) 阻容分压器 为了克服电阻分压器和电容分压器各自的缺点，近年来发展了电阻和电容混合的阻容分压器，阻容分压器又可分为串联和并联两种类型。

1) 并联阻容分压器。对于电阻分压器，采用了屏蔽罩之后，可以改善分压器上的电压分布。为了使分压器上的电压分布更为均匀，要在高压臂纵向并接电容，这些纵向电容和对地电容在一起使分压器上的电压分布均匀。在高压臂的低端，对地电容比高端大，因此在高端接的纵向电容应比低端大。

另一种并联阻容分压器是以分布式电容分压器为基础。这种分压器在测量直流电压时，由于各电容器的绝缘电阻不均匀，使分压器上电压分布不均匀。为了改善电压分布，在电容器旁并联电阻，其阻值要比绝缘电阻小得多，但比一般电阻分压器的电阻大，大约为 $10^8 \sim 10^9 \Omega$。

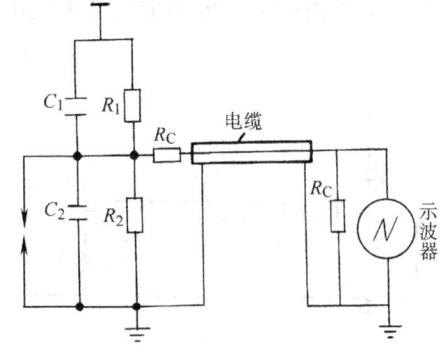

图 3-38 并联阻容分压器线路图

图 3-38 为并联阻容分压器的等效线路图，当用它来测量一个波尾较长的冲击波时，波头部分电压变化很快，分压比决定于 $(C_1 + C_2)/C_1$；波尾部分电压变化缓慢，分压比决定于 $(R_1 + R_2)/R_2$。为了对不同的电压分压比都保持不变，要求

$$\frac{C_1 + C_2}{C_1} = \frac{R_1 + R_2}{R_2}$$

为了消除电缆的终端反射，在电缆的始端和末端都接上匹配电阻 $R_3 = R_4 =$

Z。在示波器上测得的电压 u_2' 为低压臂上电压的一半,因此分压比为

$$\frac{u_1}{u_2'}=2\frac{C_1+C_2}{C_1}$$

2)串联阻容分压器。在分布式电容分压器中,除了高压引线的电感之外,还有电容器本身存在的残余电感及电容器之间的接线电感,这些电感与分压器的电容及对地电容组成的回路必然会产生振荡,这种振荡的频率较低。另一种振荡是高压引线及分压器内部的波反射引起的振荡,这种振荡的频率较高。为了消除这些振荡,可以用一个阻尼电阻集中接在高压引线的末端,但其效果不如把阻尼电阻分散接到高压臂的各电容器之间。没有串接电阻时,电容分压器本身的波阻抗约为 200Ω,而高压引线的波阻抗约为 300Ω。因此可以用串接电阻来调节分压器本身的波阻抗,使之与高压引线的波阻抗匹配。同时串接在分压器内部的电阻,对分压器内部的波过程有衰减作用。由此可见,这种串联阻容分压器对消除振荡更有效。

要消除低频振荡的临界阻尼电阻 $R=2\sqrt{\frac{L}{C_1}}$,在实际阻容分压器中,通常为了减少响应时间而宁可稍带振荡,阻尼电阻可以在 $(0.25\sim1.5)\sqrt{\frac{L}{C_1}}$ 范围内取值,其中 L 为整个测量回路的电感值;C_1 为分压器高压臂的电容值。

在串联阻容分压器中,对变化很快的高频电压,分压比决定于 $(R_1+R_2)/R_2$;对变化很缓慢的低频电压,分压比决定于 $(C_1+C_2)/C_1$。只要满足 $(R_1+R_2)/R_2=(C_1+C_2)/C_1$ 时,不论对变化快还是慢的电压,分压比都保持不变。在低压臂测量回路中,电缆的阻抗匹配与电容分压器相同。分压器的接线如图 3-39 所示。这时示波器上测得的电压为 u_2'。

$$\frac{u_1}{u_2'}=2\frac{C_1+C_2}{C_1}$$

(4)分压器测量系统的性能及校验方法 分压器测量系统的性能主要体现在分压比正确及响应特性好。分压器的分压比误差在 ±1% 以内,而且要求稳

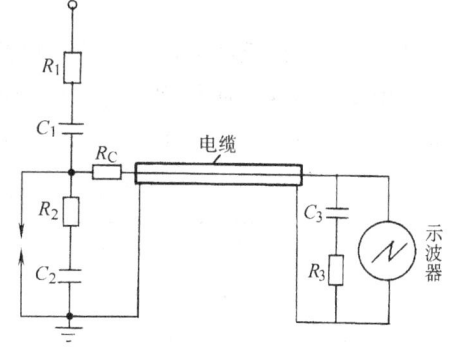

图 3-39 串联阻容分压器线路图

定。测定分压比的方法有两种,一种是测量分压系统部件的阻抗,来计算出分压比。通常是用精密的电桥来测量电阻或电容,要求测量电阻的误差不超过 ±0.2%;测量电容的误差不超过 ±0.5%。另一种是在输入端加上 1kHz 以下的电压,直接测量输入和输出电压之比。电压峰值的测量误差不超过 ±0.5%。

分压器的响应特性有两种,一种称为频率响应,另一种称为方波响应。前者是在分压器的输入端施加幅值一定、频率可调的正弦波电压,在输出端测量不同频率的输出电压幅值,再根据这个幅频特性来评价分压器的响应特性。后者是在输入端施加一个方波电压,从示波器上测得输出的电压波形,这种波形有时很复杂,基本上可以分为两种类型,一种是指数衰减型,另一种是振荡衰减型,如图3-40所示。响应波形的起始部分常常有点迟延,上升很慢而且很模糊,很难确定真实的起始零点。实际上常在响应上升最陡的部分做一切线,以它与时间轴的交点作为起始点 $0'$。由 $0'$ 做垂直线上伸与方波幅值的水平线相交,这一直线与响应曲线之间的面积,定义为响应时间(纵坐标数值已归一化而无单位,因此面积可表示时间)。对于振荡衰减型响应波形,规定单位幅值线下面的面积为正,上面的面积为负,响应时间取其代数和,即

$$T = T_1 - T_2 + T_3 - T_4 + \cdots$$

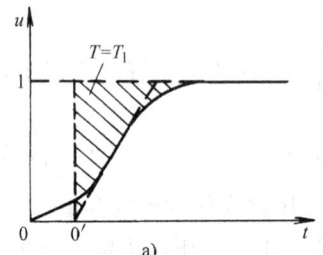
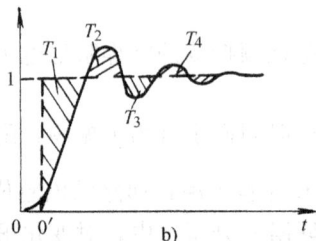

图 3-40 分压器的响应
a) 指数衰减型 b) 振荡衰减型

这时,T 就不能反映分压器系统响应的优劣。为此,把响应曲线与单位幅值线第一次相交以前这块面积称为部分响应时间 T_1,对指数衰减型响应,$T=T_1$。分压器系统测量不同的冲击波时,对方波响应的要求列于表3-4中。

表 3-4 方波响应时间的规定值

被测冲击波形	响应时间 T	部分响应时间 T_1
(1.2/50) μs 全波、波尾截波	$T \leqslant 0.2\mu s$	$T_1 \leqslant 0.2\mu s$
(1.2/5) μs 短波、波头截波	$T \leqslant 0.05\mu s$	$T_1 \leqslant 0.25\mu s$

3. 示波器和峰值表

测量冲击电压用的高压脉冲模拟示波器,要求能测变化迅速的一次过程,普通示波器是测量周期性重复出现的信号,示波管的荧光屏上同一点受到许多电子的连续轰击,即使单个电子的能量不大,也可出现足够亮度的光点。高压脉冲示

波器是测量一次过程,为了获得足够亮度的光点,必须使单个电子具有较大的能量,这就需要较高的加速电压,通常要比普通示波器的约高 10 倍(约 20kV),但高能量的电子束如长期作用在荧光屏上,会烧坏荧光屏。因此,在不加被测信号时,电子射线是被闭锁的,只有当被测信号到达的瞬间它才能射到荧光屏上,被测信号消失后又将自动闭锁。这个功能是靠光点释放(或称增辉)装置来完成的。它是装在示波管阴极前面的一个控制栅极,改变这个栅极的电位,可以改变电子射线的强度。当这栅极的电位负到一定程度时,电子射线就截止,这就是闭锁状态;当一个适当的正脉冲施加到这个栅极上时,电子射线就被释放出来,这个脉冲消失后,又恢复自锁状态。

为了能够测得一个完整的冲击电压波形,在电子射线到达荧光屏前,就要开始水平方向的扫描,接着被测信号到达垂直方向的偏转板上。这三个步骤要在极短的时间内(μs 级)顺序完成。因此,在测试系统中必须有满足这一要求的同步装置。图 3-41 是这种装置的线路图。从图中可以看到,当电压 u_C 足够高时,球隙 G 放电,产生一个脉冲电压,经 R_A、R_B 分压后,分别送去触发示波器的增辉(光点释放)及扫描装置。同时经过 $R_d C_d$ 时延后,加到冲击电压发生器的点火球隙 G_i 上。于是发生器

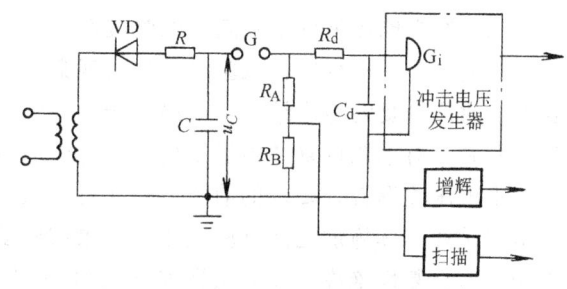

图 3-41 同步装置线路图

产生的被测冲击电压,经过分压器及电缆的时延,到达示波器的垂直偏转板。只要调节好 $R_d C_d$,就可以实现上述的时序同步的要求。

近代数字示波器发展很快,采样每秒可达 1G 以上,用以测量冲击电压,既方便又准确,不需上述同步装置,从分压器低压端直接取样即可。

采用峰值表来测量冲击电压的峰值是比较经济和方便的。图 3-42a 是配合电阻分压器用的峰值表线路,当冲击电压是正极性时,二极管 VD_1 导通,通过电阻 R_4 对电容 C_m 充电,直到 C_m 两端的电压达到分压器低压臂 R_2 两端的电压;然后 C_m 对 C_u 放电,C_u 两端的电压逐渐上升到一定值,这一数值在线路参数一定时,就可代表被测电压的峰值。当冲击电压是负极性时,二极管 VD_2 导通,其他过程与正极性冲击电压一样。图 3-42b 是配合电容分压器用的峰值表线路,当被测电压为正脉冲时,VD_1 导通,对 C_4 充电,达到 C_2 上的最高电压;然后被测电压衰减,C_4 对 C_u 放电,C_u 上的电压可以代表被测电压。当被测电压是负脉冲时,VD_2 导通,对 C_3 充电,当被测电压衰减后,C_3 对 C_u 放电,C_u 上的电压极性与测正脉冲时相同。

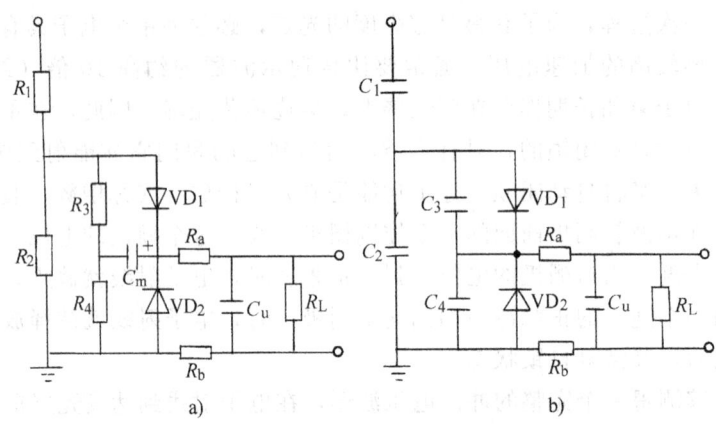

图 3-42 峰值表线路
a）配合电阻分压器用的　b）配合电容分压器用的

三、冲击电压下介电强度的试验程序

对电工产品进行冲击试验时，先要观察冲击电压的波形是否符合标准波形的要求，对能自复的绝缘结构，如绝缘子、套管的表面放电，可先施加试验电压的80%左右；对不能自复的绝缘结构，只能施加更低的电压，如50%或70%左右。在冲击电压波形符合要求的前提下，才可对试样进行试验。对非自复绝缘，一般规定对试样连续施加三次试验电压，如果试样都不发生放电，则可认为试样是合格的。对自复性绝缘，要对试样连续施加15次试验电压，如果破坏性放电不超过2次，就可认为产品合格。

对于绝缘材料的冲击击穿试验，是用标准全波。试验时要逐级升高冲击电压，第一次施加的电压幅值约为试样击穿电压的70%，以后每级增加第一级电压的10%左右，直到发生击穿。每次施加电压的时间间隔不少于30s，试样在击穿时，至少要经受3次冲击电压，即击穿要发生在第三次冲击或以后，否则就应降低第一级电压幅值，重新进行试验。

绝缘材料在冲击电压下的介电强度是以冲击电压的峰值 u_B 与绝缘材料的平均厚度 d 之比来表示的（单位为 kV/mm），即

$$E_B = \frac{u_B}{d}$$

因此，击穿必须发生在全波的峰值或波尾，而不能发生在波头。若发生在波头，就要降低电压继续进行试验。

第六节　叠加电压下的介电强度试验

电工设备在使用中，有时要承受两种甚至两种以上的电压，如直流电压上叠

加交流电压或冲击电压、交流电压上叠加冲击电压等。为了考验电工设备承受这些叠加电压的能力，或研究在这些叠加电压下绝缘的介电特性，就需要进行叠加电压下的介电强度试验。

一、直流与工频电压叠加

图 3-43 是在直流电压上叠加交流电压的线路图，图中 R_1、R_c 为限流电阻；C_1 为滤波电容；C_c 为隔离直流电压的电容；R_a 与微安表串联，用以测量直流高压；C_2 与电压表串联测量交流高压。这样，交直流电压就可以同时加到试样上。

二、直流与冲击电压叠加

图 3-44 是直流与冲击电压叠加的线路图。图中 R_1 是限流电阻；C_c 为隔离直流的电容；R_a 与微安表串联用以测量直流；C_1、C_2、R_1、R_2 组成的并联阻容分压器用以测量冲击电压。这样，在试样上就可以同时叠加上直流和冲击电压。

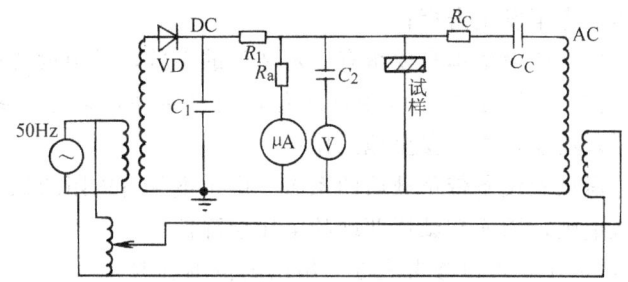

图 3-43 交直流电压叠加线路

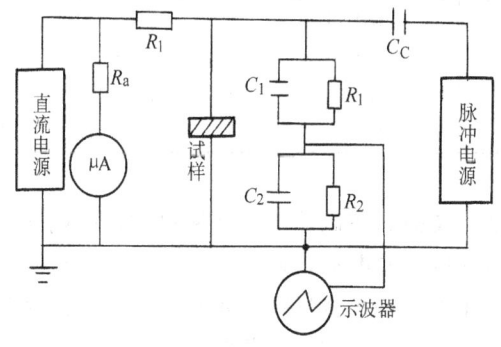

图 3-44 直流与冲击电压叠加的线路

第七节 高电压试验室

一个良好的高电压试验室，必须满足下述要求：高压设备的类型和参数能满足试验标准规定的要求，高压设备的布置要合理，各设备之间和对地都必须有足够的绝缘距离；要有良好的接地和屏蔽；试验室的电源、控制、通风、照明以及试样运输等都应在满足试验要求的前提下，做到方便安全、可靠和节约。

一、高压设备的选择和布置

高压设备的类型及参数是根据试验任务来选定的，通常要求能提供工频高压、冲击电压以及直流高电压。高压设备的电压等级要比被测试样的最高试验电压高。

$$u_e = K_1 K_2 K_3 u_t$$

式中　u_e——试验装置的额定电压；

　　　u_t——试样的试验电压；

　　　K_1——考虑试样的绝缘裕度的系数，在正常情况以及在试验电压下，试样是不会发生放电的，要研究试样的绝缘裕度有多少，则必须加高电压，直至发生击穿；

　　　K_2——考虑试验设备本身要留有一定裕度的系数，避免设备在临界状态下工作，特别是在环境条件恶化，或设备使用多年、绝缘有些老化时，还能正常、安全地工作；

　　　K_3——考虑试验设备带负载后的系数，由于本身有内阻或试验线路上有限流电阻，因而在试样两端的电压会降低。

K_1、K_2 和 K_3 的大小，可以参考表 3-5 给出的范围选取。

表 3-5　K_1、K_2、K_3 的取值范围

试 验 设 备	K_1	K_2	K_3
工频试验变压器	1.0～1.4	1.1～1.3	1.0
直流高压发生器	1.2～1.5	1.1～1.2	1.0～1.25
雷电冲击电压发生器	1.3～1.5	1.1～1.3	1.2～1.4
操作冲击电压发生器	1.3～1.5	1.1～1.3	1.2～1.8

试验设备的容量，要根据在试验电压下通过试样的电容电流和泄漏电流的大小来选定，工频试验变压器的电流，通常在 $10^{-1}\sim10^0$ A 数量级范围内；直流高压发生器的电流通常在 $10^1\sim10^2$ mA 数量级内。对于电容量特大的试样，如电力电容器、长电缆等，应采取如本章第三节中已论述的补偿措施，以降低对试验变压器容量的要求。

高压设备的布置要从使用方便、占地面积小以及相互干扰小等因素综合考虑。一般是把工频高压试验装置放在一侧，冲击电压发生器和直流高压试验装置放在另一侧，分压器、球隙和试样等放在中间位置，控制测量室也在中间位置，但要与高压试验区隔离，以保证安全和防止干扰。

各高电压设备对其他物体和对地之间都应有足够的距离，以防止发生放电或

局部放电,同时也为了保证测量的准确度。

空气间隙的放电电压与电压的类型、电极的形状以及大气的条件等有关。图 3-45a、b 和 c 分别为交流、直流和冲击电压下,空气间隙的放电电压与间隙距离的关系图。考虑到可能出现的恶劣工作条件,实际采用的距离最小应为放电距离的 1.5 倍。

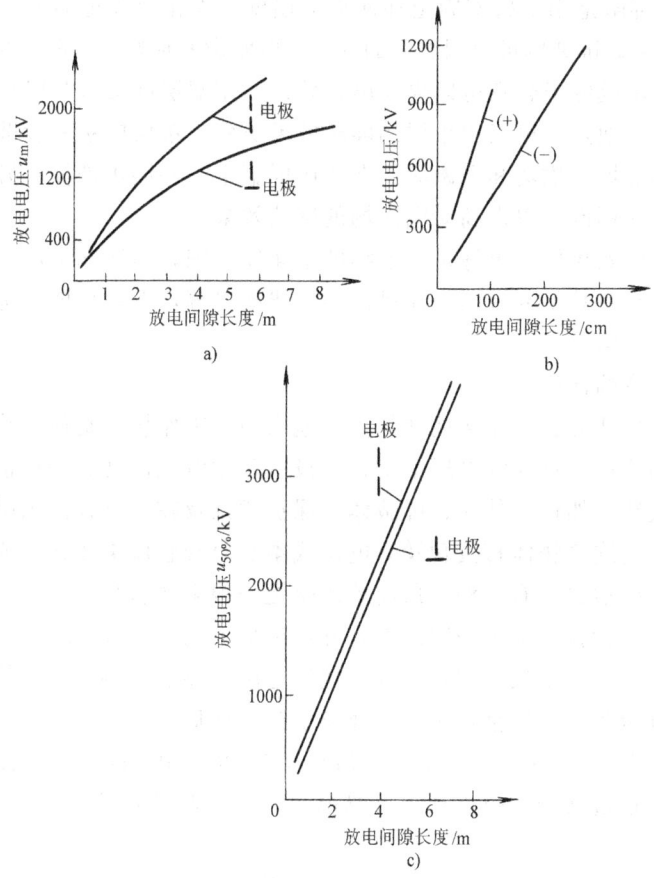

图 3-45 放电电压与放电间隙长度的关系
a) 交流电压下 b) 直流电压下 c) 冲击电压下

二、试验室的屏蔽

试验室的屏蔽可以分为静电屏蔽、磁屏蔽以及电磁屏蔽三种,屏蔽的目的分别为隔离屏蔽室内外的静电场、磁场和电磁场,不让内部的静电场、磁场和电磁场扩散到外部空间,干扰附近的试验和生产,也防止外部的静电场、磁场和电磁场潜入高压试验室,影响试验正常进行。

静电场的屏蔽,可以用导体将空间封闭起来,并将导体接地。磁场屏蔽可以用磁导率高的磁性材料将空间封闭,使磁力线不会穿透过去。电磁场屏蔽最好采用导电导磁性能都好的材料将空间封闭,电磁场使导体产生涡流,涡流产生的电磁场与原来的电磁场方向正好相反,因此可以抵消原来的电磁场。高压试验室的屏蔽一般要求能够同时屏蔽电场、磁场和电磁场。

最简单的屏蔽是用金属网固定在四周的墙壁、天花板和地面上。屏蔽网与接地网要焊接起来,屏蔽网可以用镀锌的铁丝,网眼愈密愈好,一般不大于 $30mm^2$。

用金属板做成的屏蔽室可以提高屏蔽效果,用双层屏蔽(两层相隔约 10cm,只有一个公共接地点)可以比单层的屏蔽效果更好。单层屏蔽一般都用铁板,可以同时屏蔽静电场、磁场和电磁场。在双层屏蔽中,一层用铁板,另一层用电导率更高的铝板或铜网,以提高对电磁场的屏蔽效果。

要使屏蔽的效果好,最好是用连续的金属体包围,但实际上都只能是焊接起来的,而且屏蔽室总是要有门、通风窗和引线端口等,在设计屏蔽室时应尽可能减小因此造成的影响。

三、试验室的接地

试验室的接地分为工作接地和保护接地两种,工作接地是使电路中各点电位固定,使各部位绝缘承受的电压不变,并没有浮动电位出现。保护接地是将不带电的金属体接地,如仪器外壳、屏蔽体、保护栏以及在高场强区内闲置的金属物体等接地,以免这些物体直接触及高电位或本身出现感应电压而造成危险。

试验室的接地方式有多种,最简单的是把一根金属管打入地下几米深;另一种是将几根金属管打入地下一定深度,并在地面下约 1m 深处用金属条把几根管子焊在一起,构成一个接地网,以降低接地电阻;还有一种是把一块金属板埋在地下一定深度做为接地电极,再用金属条引到地面做为接地端。

接地电阻要尽量小,一般要求不超过 1Ω,接地线的电阻、电感要尽量小,以免高频电流通过接地线时出现不可忽视的电压。采用扁铜皮做接地线可以减小电阻和电感。

测量接地电阻的方法很多,图 3-46 是常用的电压电流法测量线路图。图中 1 是接地体;2 是测量时打入地下的电压电极;3 是打入地下的电流电极,以上三者都要在一条直线上,L_{12} 约为 L_{13} 的 50%。例如输电系统中接地电阻的测量,L_{12} 可取 20m,L_{13} 可取 40m,电压电极和电流电极的深度可取为 400mm。测量时将电压电极沿接地体和电流电极的直线移动三次,每次移动距离约为 L_{13} 的 5%,三次测得的接地电阻值的差值小于 5% 时,即可取三次的平均值作为该接地体的接地电阻值,$R=U/I$。

接地电阻值与接地体的体积、表面状态、埋入的深度、土壤的性质及所含的水分等许多因素有关,需要经常检查测量。

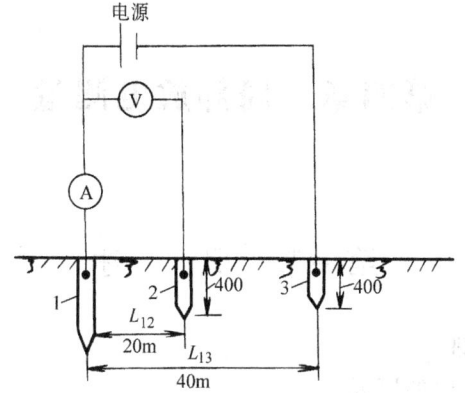

图 3-46 测量接地电阻的线路图

第四章 局部放电测量

第一节 概　　述

一、局部放电机理

(一) 产生局部放电的原因

在电气设备的绝缘系统中,各部位的电场强度往往是不相等的,当局部区域的电场强度达到该区域介质的击穿场强时,该区域就会出现放电,但这放电并没有贯穿施加电压的两导体之间,即整个绝缘系统并没有击穿,仍然保持绝缘性能,这种现象称为局部放电。发生在绝缘体内的称为内部局部放电;发生在绝缘体表面的称为表面局部放电;发生在导体边缘而周围都是气体的,可称之为电晕。

造成电场不均匀的因素很多。①电气设备的电极系统不对称,如针对板、圆柱体等。在电机线棒离开铁心的部位、变压器的高压出线端,电缆的末端等部位电场比较集中,不采取特殊的措施就容易在这些部位首先产生放电;②介质不均匀,如各种复合介质:气体—固体组合、液体—固体组合、不同固体组合等。在交变电场下,介质中的电场强度是反比于介电常数的,因此介电常数小的介质中的电场强度就高于介电常数大的;③绝缘体中含有气泡或其他杂质。气体的相对介电常数接近于1,各种固体、液体介质的相对介电常数都要比它大1倍以上,而固体、液体介质的击穿场强一般要比气体介质的大几倍到几十倍,因此绝缘体中有气泡存在是产生局部放电的最普遍原因。绝缘体内的气泡可能是产品制造过程残留下的,也可能是在产品运行中由于热胀冷缩在不同材料的界面上出现了裂缝,或者因绝缘材料老化而分解出气体。此外,在高场强中若有电位悬浮的金属体存在,也会在其边缘感应出很高的场强;在电气设备的各连接处,如果接触不好,也会在距离很微小的两个接点间产生高场强;这些都可能造成局部放电。

局部放电会逐渐腐蚀、损坏绝缘材料,使放电区域不断扩大,最终导致整个绝缘体击穿。因此,必需把局部放电限制在一定水平之下。高电压电工设备都把局部放电的测量列为检查产品质量的重要指标,产品不但出厂时要做局部放电试验,而且在投入运行之后还要经常进行测量。

(二) 局部放电的信息

局部放电是一种复杂的物理过程,有电、声、光、热等效应,还会产生各种生成物。从电性方面分析,产生放电时,在放电处有电荷交换、有电磁波辐射、有能量损耗。最引人注目的是反映到试品施加电压的两端,有微弱的脉冲电压出现。这个脉冲信号可以通过一个简单的模型和等效电路来说明,如图 4-1 所示。图 4-1a 是模拟一个含有一个小气泡的绝缘体,图中 c 是绝缘体中的小气泡;b 是与气泡串联的部分介质;a 是其他部分介质。从电路的观点来分析,可以用图 4-1b 所示等效电路来表示,图中 C_c、R_c 并联代表气泡 c 的阻抗;C_b、R_b 并联代表 b 部分的阻抗;C_a、R_a 并联代表 a 部分的阻抗。由于一次放电时间很短($10^{-9} \sim 10^{-7}$ s),在分析放电过程中这种高频信号的传递时,可以把电阻都忽略,只考虑由 C_c、C_b、C_a 组成的等效回路。

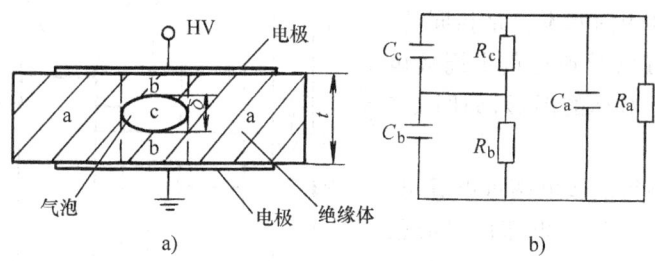

图 4-1 局部放电的等效分析图
a) 简单模型 b) 等效电路

1. 介质内部的局部放电

如图 4-1a 所示,当工频高压施加于这个绝缘体的两端时,如果气泡上承受的电压没有达到气泡的击穿电压,则气泡上的电压 u_c 就随外加电压的变化而变化。若外加电压足够高,则当 u_c 上升到气泡的击穿电压 u_{CB} 时,气泡发生放电,放电过程使大量中性气体分子电离,变成正离子和电子或负离子,形成了大量的空间电荷,这些空间电荷,在外加电场作用下迁移到气泡壁上,形成了与外加电场方向相反的内部电压 $-\Delta u_c$,如图 4-2 所示,这时气泡上的剩余电压 u_r 应是两者的叠加结果

$$u_r = u_{CB} - \Delta u_c < u_{CB} \tag{4-1}$$

即气泡上的实际电压小于气泡的击穿电压,于是气泡的放电暂停,气泡上的电压又随外加电压的上升而上升,直到重新到达 u_{CB} 时,又出现第二次放电。第二次放电过程产生的空间电荷,同样又建立起反向电压 Δu_c,假定第一次放电累积的电荷都没有泄漏掉,这时气泡中反向电压为 $-2\Delta u_c$;又使气泡上实际的电压下降到 u_r,于是放电又暂停。之后气泡上的电压又随外加电压上升而上升,当它达到 u_{CB} 时又产生放电。这样在外加电压达到峰值之前,若放电 n 次,则放电产生的空间电荷所建立的内部电压为 $-n\Delta u_c$。在外加电压过峰值后,u_c 开始下降,当气泡上的电压达到 $-u_{CB}$ 时,即

$$-n\Delta u_c + u_c = -u_{CB} \tag{4-2}$$

时,气泡又发生放电,但这时放电产生的空间电荷的移动方向,决定于内部空间电

荷所建立的电场方向,于是中和掉一部分原来累积的电荷,使内部电压减少了一个 Δu_c。气隙上的电压降达到 $-u_r$,放电又暂停。之后气隙上的电压又随外加电压下降向负值升高,直到重新达到 $-u_{CB}$ 时,放电又重新发生。假定每次放电产生的 Δu_c 都一样,并且 $u_{CB}=|-u_{CB}|$,则当外加电压(瞬时值)过零时放电产生的空间电荷都消失,于是在外加电压的下半周期,重新开始一个新的放电周期。通常介质内部气泡的放电,在正负两个半周内基本上是相同的,在示波屏上可以看到正负半周放电脉冲基本上是对称的图形,如图 4-3 所示。

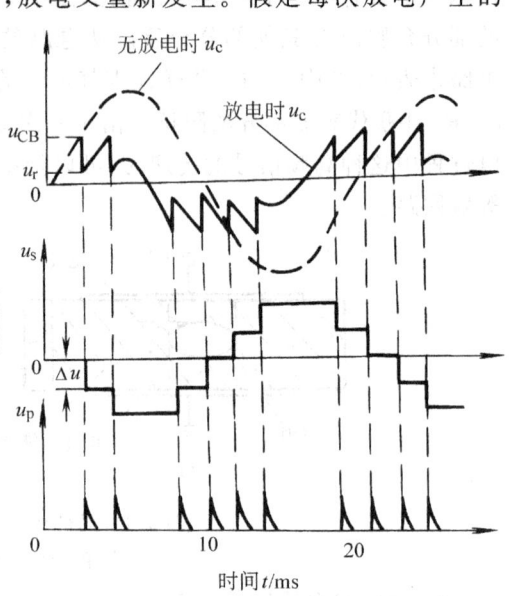

从实际测得的放电图可以看出,放电没有出现在试验电压的过峰值的一段相位上,这与上述放电过程的解释是相符的,但每次放电的大小,即脉冲的高度并不相等,而且放电多是出现在试验电压幅值绝对值的上升部分的相位上,只有在放电很剧烈时,才会扩展到电压绝对值下降部分

图 4-2 放电过程示意图
u_c—气泡上的电压 u_s—放电产生的反向电压 u_p—放电产生的脉冲信号

的相位上,这可能是由于实际试品中往往存在多个气泡同时放电,或者是只有一个大气泡,但每次放电不是整个气泡表面上都放电,而只是其中的一部分,显然每次放电的电荷不一定相同,何况还可能在反向放电时,不一定会中和掉原来累积的电荷,而是正负电荷都累积在气泡壁的附近,由此产生沿气泡壁的表面放电。另外气泡壁的表面电阻也不是无限大,放电时气泡中又会产生窄小的导电通道,这都使得一部分放电产生的空间电荷泄漏掉,累积的反向电压要比 $n\Delta u$ 小得多,如果

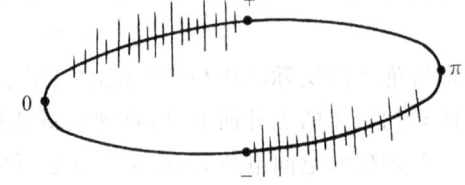

图 4-3 介质内部气泡的放电图形

$|-n\Delta u|<|-u_{CB}|$,则在电压的下降部分的相位上就不会出现放电。这些实际情况就使得实际的放电图形与理论上分析的不完全一样。

2. 表面局部放电

绝缘体表面的局部放电过程与内部放电过程是基本相似的,如图 4-4 所示。只要把电极与介质表面之间发生放电的区域所构成的电容记为 C_c,与此放电区域串联部分介质的电容记为 C_b,其它部分介质的电容记为 C_a,则上述的等效电路及放电过程同样适用于表面局部放电。不同的是现在的气隙只有一边是介质,而另一边是导体,放电产生的电荷只能累积在介质的一边,因此累积的电荷少了,更不容易在外加电压绝对值的下降相位上出现放电。另外,如果电极系统是不对称的,放电只发生在其中一个电极的边缘,则出现的放电图形是不对称的。当放电的电极是接高压、不放电的电极是接地时,在施加电压的负半周是放电量少,放电次数多;而正半周是放电量大,而次数少,如图 4-4b 所示。这是因为导体在负极性时容易发射电子,同时正离子撞击阴极产生二次电子发射,使得电极周围气体的起始放电电压低,因而放电次数多而放电量小。如果将放电的电极接地,不放电的电极接高压,则放电的图形也反过来,即正半周放电脉冲是小而多,负半周放电脉冲是大而少。若电极是对称的,即两个电极边缘场强是一样的,那么放电的图形也是对称的,即正负两半周的放电基本上相同。

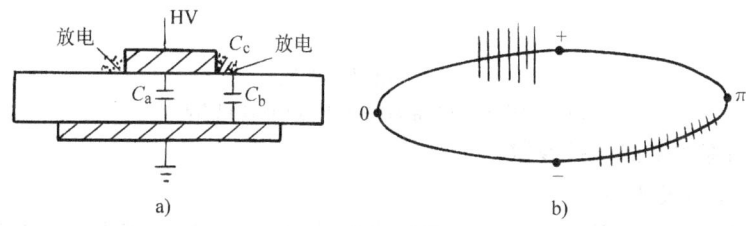

图 4-4 表面局部放电图
a) 放电模型 b) 放电图形

3. 电晕放电

电晕放电是发生在导体周围全是气体的情况下,气体中的分子是自由移动的,放电产生的带电质点也不会固定在空间的某一位置上,因此放电过程与上述固体或液体绝缘中含有气泡的放电过程不同。以针对板的电极系统为例,如图 4-5a 所示,在针尖附近场强最高,当外加电压上升到该处的场强达到气体的击穿场强时,在针尖附近就发生放电,由于在负极性时容易发射电子,同时正离子撞击阴极发生二次电子发射,使得放电总是在针尖为负极性时先出现,这时正离子很快移向针尖电极而复合,电子在移向平板电极过程中,附着于中性分子而成为负离子,负离子迁移的速度较慢,众多的负离子在电极之间,使得针尖附近的电场强度降低,于是放电暂停。之后,随着负离子移向平板电极,或外加电压上升,针尖附近的电场又升高到气体的击穿场强,于是又出现第二次放电。这样,电晕的放电脉冲就出现在外加电压负半周的 90°相位的附近,几乎是对称于 90°,出现的放电脉冲几乎是等幅值、等间隔的,如图 4-5b 所示。随着电压的提高,放电大小几乎不变,而次数增加。当电压足够高时,在正半周也会出现少量幅值大的放电。正负半周波形是极不对称的,如图 4-5c 所示。

以上三种放电是电工和电子设备中最基本的放电。此外,在电工设备中也可能出现导体联接不好而产生的接触不良的放电,以及金属体没有电的联接,成为一个浮动电位体而产生的感应放电等。

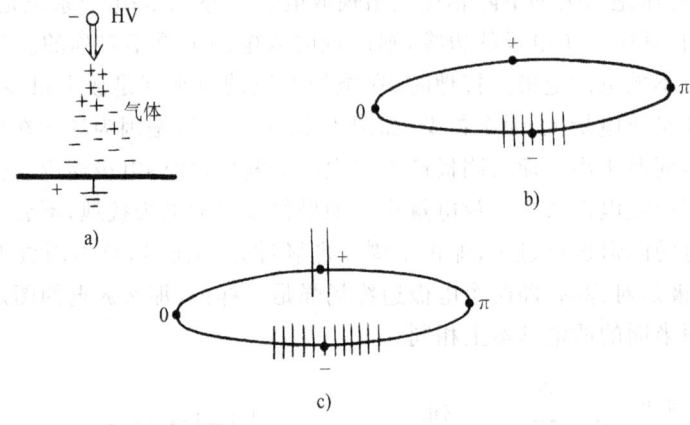

图 4-5 电晕放电图
a) 放电模型　b) 起始放电时　c) 电压很高时

二、局部放电的表征参数

(一) 基本表征参数

用以描述每一次放电的特征参数称之为基本表征参数。基本表征参数有视在放电电荷(放电量)、放电能量以及出现放电的相位(时间)。

1. 视在放电电荷(q)

在绝缘体中发生局部放电时,绝缘体上施加电压的两端出现的脉动电荷称为视在放电电荷。视在放电电荷的大小是这样测定的:将模拟实际放电的已知瞬变电荷注入试品的两端(施加电压的两端),在此两端出现的脉冲电压与局部放电时产生的脉冲电压相同,则注入的电荷量即为视在放电电荷量。单位用皮库(pC)表示,在一个试品中可能出现大小不同的视在放电电荷,通常以稳定出现的最大的视在放电电荷作为该试品的放电量。

视在放电电荷 q 与放电处(如气泡内)实际放电电荷 q_c 之间的关系,可以通过等效电路图 4-1b 推出。当气泡中产生放电时,气泡上的电压变化为 Δu_c,这时气泡两端电荷的变化即实际放电电荷

$$q_c = \Delta U_c \left(C_c + \frac{C_a C_b}{C_a + C_b} \right)$$

式中各符号见图 4-1b,通常 $C_a \gg C_b$

所以
$$q_c = \Delta u_c (C_c + C_b) \tag{4-3}$$

由于一次放电过程时间很短,远小于电源回路的时间常数,即电源来不及补充电荷,因而 C_a、C_b 上的电荷要重新分配,使 C_a 两端电压变化为 ΔU_a,C_b 上的电压变化为 ΔU_b,显然

$$\Delta U_c = \Delta U_a + \Delta U_b = \Delta U_a \frac{C_a + C_b}{C_b} \approx \Delta U_a \frac{C_a}{C_b}$$

试品两端瞬变的电荷即视在放电电荷

$$q_a = \Delta U_a \left(C_a + \frac{C_c C_b}{C_c + C_b} \right) \approx \Delta U_a C_a \approx \Delta U_c C_b \tag{4-4}$$

代入式(4-3)得

$$q_a = \frac{C_b}{C_b + C_c} q_c \tag{4-5}$$

由此可见,视在放电电荷总比实际放电电荷小。在实际产品测量中,有时放电电荷只有实际放电电荷的几分之一甚至几十分之一。

2. 放电能量(W)

气泡中每一次放电发生的电荷交换所消耗的能量称为放电能量,通常以微焦耳(μJ)为单位。气泡放电时,气泡上的电压由 u_{CB} 下降到 u_r,相应的能量变化

$$W = \frac{1}{2} \left(C_c + \frac{C_a C_b}{C_a + C_b} \right) (u_{CB}^2 - u_r^2)$$

$$\approx \frac{1}{2} (C_c + C_b) u_{CB} \Delta u_c \tag{4-6}$$

设外加电压上升到幅值为 u_{im} 时,出现放电,将 $u_{CB} = \frac{u_{im} C_b}{C_b + C_c}$ 代入上式,可得

$$W = \frac{1}{2} (C_c + C_b) \frac{u_{im}}{C_b + C_c} C_b \Delta u_c$$

$$\approx \frac{1}{2} u_{im} q_a = \frac{\sqrt{2} U_i}{2} q_a = 0.7 U_i q_a \tag{4-7}$$

式中 U_i——外加电压的有效值。

在起始放电电压下,每次放电所消耗的能量,可用外加电压的幅值或有效值与视在放电电荷的乘积来表示。当施加电压高于起始放电电压时,在半个周期内可能出现多次放电。这时各次放电能量可用视在放电电荷与该次放电时外加电压的瞬时值的乘积来表示。

3. 放电相位(φ)

各次放电都发生在外加电压作用之下,每次放电所在的外加电压的相位,即为该次放电的相位。在工频正弦电压下,放电相位与放电时刻的电压瞬时值密切相关。前后连续放电的相位之差,可代表前后两次放电的时间间隔。

(二)累计表征参数

在一定测量时间内累计的表征参数。

1. 放电重复频率(放电次数)

在测量时间内,每秒钟出现放电次数的平均值称为放电重复率,单位为次/s,实际上受到测试系统灵敏度和分辨能力的限制,测得的放电次数只能是视在放

电荷大于一定值、放电间隔时间足够大时的放电脉冲数。

从图 4-2 可以看出,放电重复率可以大致估算如下:

$$N = 4f\left(\frac{u_\mathrm{m}-u_\mathrm{r}}{u_\mathrm{CB}-u_\mathrm{r}}\right) \tag{4-8}$$

式中　f——外加电压的频率(Hz)。其他符号如图 4-2 所示。

2. 平均放电电流

设在测量时间 T 内出现放电 m 次,各次相应的视在放电电荷为 q_1、q_2、…、q_m,则平均放电电流

$$I = \sum_{i=1}^{m}|q_i|/T \tag{4-9}$$

这个参数综合反映了放电量及放电次数。

3. 放电功率

设在测量时间 T 内,出现 m 次放电,每次放电对应的视在放电电荷和外加电压瞬时值的乘积分别为 q_1u_{t1}、q_2u_{t2}、…、q_mu_{tm},则放电功率

$$P = \sum_{i=1}^{m}u_{ti}q_i/T \tag{4-10}$$

这个参数综合表征了放电量、放电次数以及放电时外加电压瞬时值,它与其他表征参数相比,包含有更多的局部放电信息。

(三) 放电起始和熄灭电压

1. 起始放电电压

当外加电压逐渐上升,达到能观察到出现局部放电时的最低电压,即为起始放电电压,并以有效值 u_i 来表示。为了避免测试系统灵敏度的差异造成测试结果的不可对比,实际上各种产品都规定了一个放电量的水平,当出现的放电达到或一出现就超过这个水平时,外加电压的有效值就作为放电起始电压值。

几种典型绝缘结构的放电起始电压,可以大致估算如下:平板电容器中,固体介质内含有偏平小气泡时,如图 1-3 所示,起始放电电压为

$$U_\mathrm{i} = \frac{E_\mathrm{CB}}{\varepsilon_\mathrm{r}}[d+(\varepsilon_\mathrm{r}-1)\delta] \tag{4-11}$$

式中　E_CB——气隙的击穿场强(kV/mm);

　　　ε_r——固体介质的相对介电常数;

　　　d——介质的厚度(mm);

　　　δ——气泡的厚度(mm)。

在平板电容器中,若固体介质内含有球形气泡时,起始放电电压

$$u_\mathrm{i} = E_\mathrm{CB}\left[\delta+\frac{d(2\varepsilon_\mathrm{r}+1)}{3\varepsilon_\mathrm{r}}\right] \tag{4-12}$$

对于圆柱体绝缘结构,含有与圆柱形导体同一圆轴的弧形的薄层气泡时,如图 4-6

所示,起始放电电压

$$U_i = E_{CB} r \left[\frac{1}{\varepsilon_r} \ln\left(1 + \frac{r_2}{r_1}\right) + \left(1 - \frac{1}{\varepsilon_r}\right) \ln\left(1 + \frac{\delta}{r}\right) \right] \quad (4\text{-}13)$$

式中各符号见图 4-6。

2. 熄灭电压

当外加电压逐渐降低到观察不到局部放电时,外加电压的最高值就是放电熄灭电压,以有效值 U_e 来表示。在实际测量中,为了避免因测试系统的灵敏度不同而造成不可对比,一般也是规定一个放电量水平,当放电不大于这一水平时,外加电压的最高值为熄灭电压 U_e。

对于油纸绝缘,往往是 $U_i > U_e$,而对于固体绝缘结构,U_i 与 U_e 相差不大。固体绝缘内部的放电还可能出现 $U_i < U_e$。

上述各种局部放电的表征参数,都是要用专门的测试仪器,并采用特定的分度方法进行测定的,只有在仪器特性和测量方法都一样的条件下,测得的结果才是可比的。

三、影响局部放电特性的诸因素

局部放电的各表征参数与很多因素有关,除了介质特性和气泡状态之外,还与施加电压的幅值、波形、作用的时间,以及环境条件等有关。

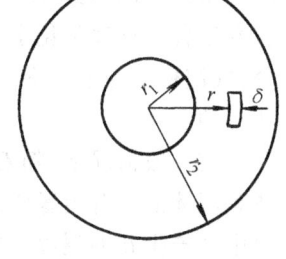

图 4-6 圆柱形绝缘结构中的气隙模型

(一)电压的幅值

随着电压升高,放电量和放电次数一般都趋向于增加,这是由于:

(1) 在电工产品中,往往存在多个气泡,随着电压升高,更多更大的气泡开始放电。在有液体的组合绝缘中,电压愈高,放电愈剧烈,产生的气泡愈多,放电量和放电次数都增大。

(2) 即使是单个气泡,在较低电压下,只是气泡中很小的部分面积出现放电,随着电压升高,放电的面积增大,而且有更多的部位出现放电,于是放电量和放电次数都增加。

(3) 在表面放电中,随着电压升高,放电沿表面扩展,即放电的面积增大,放电的部位增多。

从式(4-8)中可以明显看出,当外加电压幅值 u_m 增大,或气泡的击穿电压 u_{CB} 减小时,都会明显增加放电次数。

由于气体经电离后击穿电压要降低,本来在某一电压下没有局部放电的试品,一旦在更高的电压下发生放电,即使再将电压降到原来的水平,放电还可能继续出现。对于含有液体的绝缘系统,如果液体的吸气性能不好,在较高的电压下放电所产生的气体,也会使放电熄灭电压降低。因此在局部放电测量中,在进行第二次重复试验时,必须让试品有足够的"休息"时间。

（二）电压的波形和频率

当工频交流电压中含有高次谐波时,会使正弦波的顶部变为尖顶或平顶,这决定于含 n 次谐波及其与基波的相位差。当正弦波畸变为尖顶波时,其幅值增大,于是放电起始电压降低,放电量和放电次数都有明显增加。若畸变为平顶波,只有当高次谐波分量较大时,如对于三次谐波而言要大于 20% 时,由于峰值被拉宽,放电次数有较明显增加,放电量略有增加,起始电压略有升高。

提高电压频率,将明显增大放电重复率,但只要测试系统有足够的分辨能力,对于测得的放电量不会有明显影响。

（三）电压作用时间

气体放电有一定的随机性,电压作用的时间长,如升压的速度慢或用逐级升压法升压,测得的起始放电电压要偏低。在电压的长期作用下,局部放电会使绝缘材料发生各种物理和化学效应,如试品中气泡的含量、气泡中气体的压力、气体的成分、气泡壁上的电导率、介电常数等都可能发生变化,这些变化都将导致局部放电状态的变化。

在一般情况下,随着电压作用时间的增加,局部放电会变得更加剧烈。如在液体和固体的组合绝缘中,如果液体的吸气性不是很好,气泡会愈来愈多。在固体材料中会产生新的裂纹,产生低分子分解物和增塑剂挥发物,这些都会形成新的气泡。在放电部位出现树枝状的放电,也会加剧局部放电。在绝缘体表面放电中,由于放电的范围扩大也会使放电加剧。

在有些情况下,随着电压作用时间的增加,在一定时间内放电反而衰减,甚至观察不到。出现这种"自衰"现象的原因可能有以下几点：

（1）在封闭气隙中,由于放电放出的气体增加,使气泡中的气压增高,这时气泡的击穿电压可能提高,放电就熄灭了。另一种情况是放电产生的气体少于放电时消耗掉的气隙中的氧气,这样气隙中的气压可能降低,当气压低到一定程度之后,放电从脉冲型转变为非脉冲型,于是在脉冲型的检测仪器上,就观察不到这种放电。

（2）气隙壁上介质的特性发生变化,如许多有机材料,在局部放电长时间作用下,材料被炭化,可能把放电气泡短路或者使放电点电场均匀化,从而使放电暂时变弱。随着时间加长,被腐蚀炭化点的周围,由于电场集中又可能出现新的放电,使放电出现起伏。

（3）有些放电源可能消失,如在导体边上的小毛刺在放电过程可能会被烧掉。有些联接点接触不好产生放电,时间长了可能烧结在一起,就不会再放电了。

（四）环境条件

环境的温度、湿度、气压都会对局部放电产生影响。

（1）温度升高,气泡中的压力增大,液体的吸气性能改善,这将有利于减弱局部放电。另一方面温度高会加速高聚物分解,挥发低分子物质,这又可能加剧局部放电的发展。

(2) 湿度对表面放电有很大影响。在极不均匀的电场中,由于湿度大,增大了电导和介电常数,改善了那里的电场分布,从而改善了那里的局部放电。但对某些憎水性材料,在湿度较大时,表面会形成水珠,在水珠附近的电场集中而形成新的放电点。对于层压制品和纤维材料,在湿度大时,吸进的水分汽化,也会加剧局部放电。

(3) 大气压力会明显影响外部的局部放电,在高原地区气压低,起始放电电压降低,因此,局部放电问题就显得更严重。许多充以 N_2 气或 SF_6 等气体为绝缘的电工设备,如果气压降低就容易发生局部放电而导致击穿。

从上述各种因素的影响中,可以看出两种本质上的区别,一种只是在不同的条件下,测量的结果发生了变化;另一种却是使试品本身放电特性发生了变化。前者在试验方法上应给以规定,使试验结果的可比性提高;后者还应考虑通过试验后产品性能可能发生变化,在设计试验时应注意试品可能承受的能力。由于影响因素很多,再加上气体放电本身是有随机性的,因此,测量结果的分散性往往是比较大的。

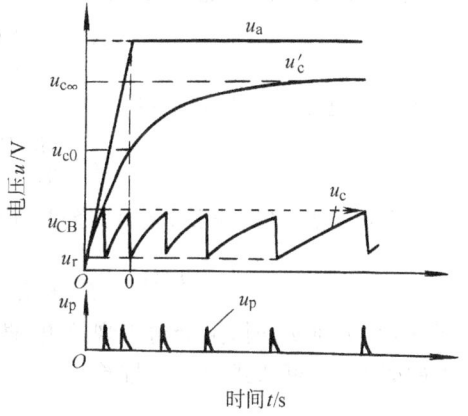

图 4-7 直流电压下的局部放电过程
u_a—外加电压　u'_c—无放电时气泡上的电压
u_c—有放电时气泡上的电压　u_p—放电脉冲

四、直流与冲击电压下的局部放电特点

(一) 直流电压下的局部放电特点

在直流电压下,局部放电的过程与交流电压下的不同。以绝缘体内部的局部放电为例,同样可以采用图 4-1 所示的等效电路来分析。

当试品施加直流电压时,在升压的过程中,试品上的电压变化比较快,这时气泡与介质中的电压分配和交流电压下的一样,是按电容分配的。当外加电压升到一个稳定的直流电压时,气隙上的电压并没有达到稳定值,而是开始由电容分配过渡到按电阻分配的过滤过程,最后才稳定在按电阻分配的分压状态,如图 4-7 所示。气隙上电压随时间的变化可以表示为

$$u'_c(t) = \frac{u_a R_c}{R_b + R_c} + u_a \left(\frac{C_b}{C_b + C_c} - \frac{R_c}{R_b + R_c} \right) \exp\left[-\frac{(R_b + R_c)t}{R_b R_c (C_b + C_c)} \right]$$

式中　u_a——外加电压(V);

　　t——施加电压的时间(s)。

R_b、R_c、C_b、C_c 见等效电路图 4-1,从上式中可以看出,在开始升压时 $t=0$,这时

$$u'_c(0)=u_a\frac{C_b}{C_b+C_c}$$

当稳定时,$t=\infty$,这时

$$u'_c(\infty)=u_a\frac{R_c}{R_b+R_c}$$

通常 $R_c/(R_b+R_c)$ 比 $C_b/(C_b+C_c)$ 大,$u'_c(t)$ 随时间上升。

若 $u_aC_b/(C_b+C_c)$ 比气泡的击穿电压 u_{CB} 大得多,则在升压的过程就可能出现多次放电,这时放电的机理与交流电压下的一样。假定在外加电压上升到稳定值时,气泡上已发生了几次放电,放电产生的空间电荷所建立的内部反向电压为 $n(u_{CB}-u_r)$,这时,气泡上的实际电压

$$u_c(t)=\frac{u_aC_b}{C_b+C_c}-n(u_{CB}-u_r)$$

气泡上的电压就按时间常数

$$\tau=\frac{R_bR_c}{R_b+R_c}(C_b+C_c)$$

向稳态值 $u_aR_c/(R_b+R_c)$ 上升,经过 t 时间后,气隙上的电压由 u_r 上升到

$$u_c(t)=\frac{u_aR_c}{R_b+R_c}-\left(\frac{u_aR_c}{R_b+R_c}-u_r\right)e^{\frac{-t}{\tau}} \tag{4-14}$$

当 $u_c(t)$ 达到 u_{CB} 时,又会再出现放电,两次放电的时间间隔,即 $u_c(t)$ 上升到 u_{CB} 所需的时间 t_B,可从式(4-14)推算出

$$t_B=-\tau\ln\left[\left(\frac{u_aR_c}{R_b+R_c}-u_{CB}\right)\right]\Big/\left[\left(\frac{u_aR_c}{R_b+R_c}\right)-u_r\right]$$

通常 $\frac{u_aR_c}{R_b+R_c}\gg u_r$,$u_{CB}$ 用外加电压来表示,即 $u_{CB}=\frac{u_iR_c}{R_b+R_c}$,则上式可简化为

$$t_B=-\tau\ln\left(1-\frac{u_i}{u_a}\right)=-\tau\left[\frac{u_i}{u_a}+\left(\frac{u_i}{u_a}\right)^2+\cdots\right] \tag{4-15}$$

当 $u_i\ll u_a$ 时

$$t_B\approx\tau\frac{u_i}{u_a}$$

放电重复率 N,即一秒钟内放电的次数为

$$N=\frac{1}{t_B}\approx\frac{u_a}{\tau u_i} \tag{4-16}$$

在直流电压下,放电重复率是评价局部放电的最重要的参数,因为在直流电压下,局部放电有可能自熄。假定放电产生的电荷不会泄漏掉,当放电 n' 次后,若

$$\frac{u_aR_c}{R_b+R_c}-n'(u_{CB}-u_r)<u_{CB}$$

则局部放电就不会再出现,这时虽然有很大的放电量,但只放 n' 次就停止了,这对绝缘不会产生很大的危害。如果是 u_a 很高,电荷又容易泄漏,则放电就会持久、重复出现,重复率愈高,对绝缘的危害愈大。因此在直流电压下放电重复率是人们最关心的一个参数。

放电重复率与许多因素有关,从式(4-16)中可以看出:施加的电压 u_a 增高,气泡的起始放电电压降低,都会使放电重复率升高。这点与交流电压下的情况相同,不同的是它还与时间常数 τ 有关,τ 增大,放电重复率减小,所有影响 τ 的因素都会影响重复率,如温度升高、电压升高都会使电导率增加,使 τ 变小。

前面所述的在交流电压下对起始放电电压和放电熄灭电压的定义,在直流电压下已不适用。因为在直流电压下出现一次放电后,可能要隔很长时间才会出现第二次放电,因此有些国家规定:在一分钟内能出现二次放电时的外加电压有效值做为起始放电电压。至于放电熄灭电压,在直流电压下是没有意义的,即使外加电压降到零,由于气泡中累积的放电电荷所建立的电场,也还可能发生放电。

在直流电压下,局部放电的危害要比在交流电压下小,但在电压很高(如 500kV 以上)、温度较高的情况下,也还是不能忽视的。

(二)冲击电压下的局部放电

在高电压电力系统中,许多电工设备如变压器、电缆、电容器等等,都可能遭受大气过电压和操作过电压的作用,这些过电压都是幅值很高、时间很短的冲击电压。大气过电压的上升时间约为 $1 \sim 10 \mu s$,衰减时间约为几十到几百 μs。操作过电压的上升时间约为几百 μs,衰减时间约为几 ms。在这些冲击电压作用下,也会产生局部放电而损害绝缘系统。有些电气设备是工作在冲击电压下,如脉冲变压器、脉冲电容器、粒子加速器等,因此,在冲击电压下的局部放电问题也开始引起人们的关注。

在冲击电压下,绝缘体中气隙的放电过程也可以用图 4-1 所示的等效电路来分析,这时气泡和介质中的电场分布决定于介电常数。气泡中的场强与介质的介电常数、气泡中气体的介电常数和气泡的形状、大小有关。

当试品施加 $(1.2/50)\mu s$ 的标准全波冲击电压时,气泡上的电压将随外加电压的上升而上升。一旦电压上升到气泡的击穿电压 u_{CB} 时,气隙放电,放电产生的电荷所建立的反向电压使放电暂停。由于气体发生击穿有赖于气体中存在自由电子,在一个小气泡中,在冲击电压作用的极短时间内,出现自由电子的机会是很少的,因此,在这一冲击电压下,气泡第一次的击穿电压是很高的,这时整个气泡产生剧烈的放电,由此产生的大量空间电荷,建立起很高的反向电压,如图 4-8 所示。之后,气泡上的电压随外加电压的下降向负极性上升,直到内部反向电压与外加电压之差达到反向的击穿电压 $-u'_{CB}$ 时,气泡又发生放电。$|-u'_{CB}| \ll u_{CB}$,在外加电压的波尾,有可能出现好几次放电。由此可见,在一次冲击电压作用下有可能发生多

次放电。其中第一次放电比其后几次的放电大得多,称之为主放电。它不但与气泡的形状、尺寸、气压等因素有关,也与施加电压的波形、幅值有关。冲击电压上升愈快,主放电的起始放电电压愈高,放电量也愈大。

在衰减振荡的冲击电压作用下,同样,第一个放电(主放电)比其后的各次放电大,之后,由于外加电压反向并与主放电产生的反向电场叠加,产生了多次反向放电,这与交流电压下的情况相似,直到气泡中实际电压达不到气泡的击穿电压为止,如图 4-9 所示。

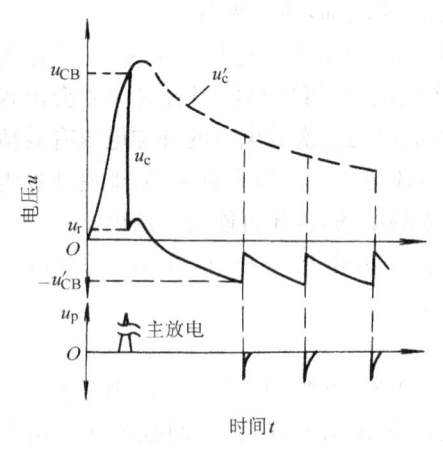

图 4-8 冲击电压下的局部放电过程

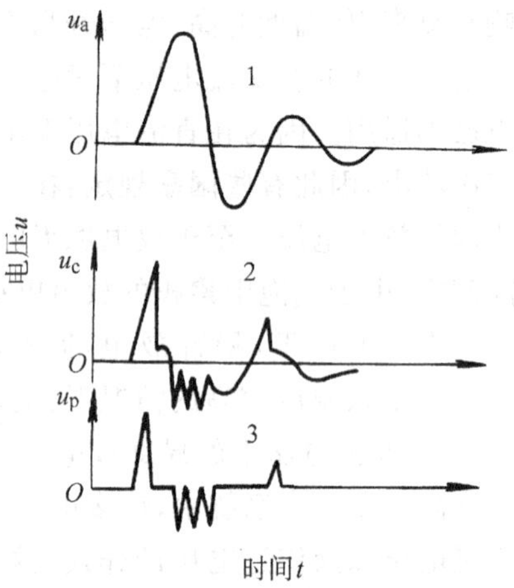

图 4-9 振荡冲击电压下的放电过程图
1—外加的振荡冲击电压 u_a 2—气泡上的
电压 u_c 3—产生的放电脉冲 u_p

在电力系统中运行的电气设备,经常是在交流电压下又承受叠加上的冲击电压,这有可能使得原来没有局部放电的设备,在冲击电压的激发下,发生连续的局部放电。为了简化分析这两种电压叠加下的局部放电过程,假定在冲击电压作用下,气泡中发生一次主放电后,气泡中建立了反向电压 u_R 与交流的瞬时值叠加如图 4-9 所示,在这一过程中,工频电压的存在不影响上述冲击电压的放电机理;另一方面,冲击电压下的放电也不影响工频交流电压;同时正负极性的气泡击穿电压是相同的。根据这些假定可以推断:在冲击电压叠加下,可能出现以下三种情况:

(1) 仍然不发生放电。
(2) 只发生一次放电。
(3) 发生连续放电。

出现哪一种情况决定于冲击电压和工频电压的幅值,以及冲击电压叠加在工频电压上的相位,图 4-10a 是一个冲击电压 u_R 叠加在工频电压正半周的零相位附近,叠加后的电压瞬时值达到了气隙的击穿电压,于是发生一次放电,气泡上的电压降到 u_r,之后,气隙上的电压随外加工频电压而变化。如果达到负半周的峰值时,气隙上的实际电压达不到气隙的击穿电压,以后就不会再发生放电了。如果冲击电压是作用在第一象限(0~90°)中靠近峰值的相位上,则虽然电压的幅值与图 a 情况相同,却有可能在工频电压的负半周再次出现放电,如图 4-10b 所示。这样就会在以后工频电压各周期中连续发生放电。这种情况对绝缘造成的危害就严重多了。鉴于这种情况,有些电工产品在出厂试验中规定,在冲击电压试验之后,接着就测工频电压下的局部放电性能,以考验冲击电压对局部放电的激发作用。当然,若试验设备条件

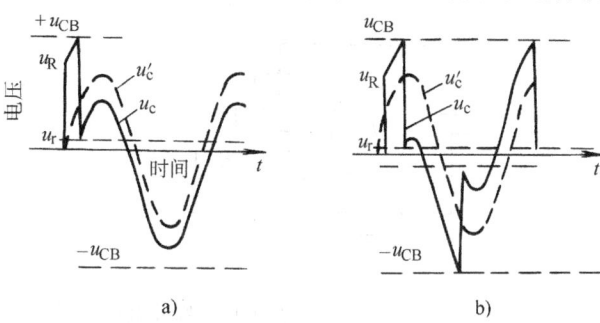

图 4-10 工频电压上叠加冲击电压时局部放电的过程
a) 只发生一次放电 b) 连续发生放电

允许,直接做工频电压下叠加冲击电压的试验,就更加符合实际情况。

在冲击电压下,局部放电的起始电压是以 50% 起始放电时的冲击电压来表示的,即出现局部放电的次数占施加冲击电压次数的 50% 时,这时外加冲击电压的幅值作为起始放电电压。

第二节 电 测 法

电测法是根据局部放电产生的各种电现象来测量局部放电的。如根据放电时在放电处会产生电荷交换,于是在一个与之相连的回路中就会产生脉冲电流,通过测量此脉冲电流来测量局部放电的方法称为脉冲电流法(ERA 法);根据放电时会产生电磁波辐射,通过不同方法来接收此电磁波,并用准峰值电压表测得的电压幅值来检测局部放电的方法称为无线电干扰电压法(RIV 法);根据放电时会有电能损耗,通过各种电桥测得的损耗因数的增量 $\Delta\tan\delta$ 或一个周期(工频周期)内损耗的能量来测量局部放电的方法称为电桥法。脉冲电流法可以根据局部放电的等效电路来校定视在放电电荷,而且测量的灵敏度高,是目前应用最广,也是 IEC 和我国有关标准推荐采用的方法。

一、ERA 法的测量原理

本章第一节已阐述了在绝缘体的某一区域发生局部放电时,绝缘体的两端(即试品施加电压的两端)就会有瞬变(脉冲)电荷 q(视在放电电荷)出现,用一个耦合电容器 C_K 和检测阻抗 Z 与试品连接成一个回路,如图 4-11 所示。回路连接的方式有两种,一种是直测法,如图 4-11a 所示;另一种是平衡法(或称桥式),如图 4-11b 所示。后者是把检测阻抗分为 Z_a、Z_b 两部分,并在其中点接地。不论是哪一

种方式,在检测阻抗两端采集到的 u_d 总是与试品的视在放电电荷 q 存在一定的关系。

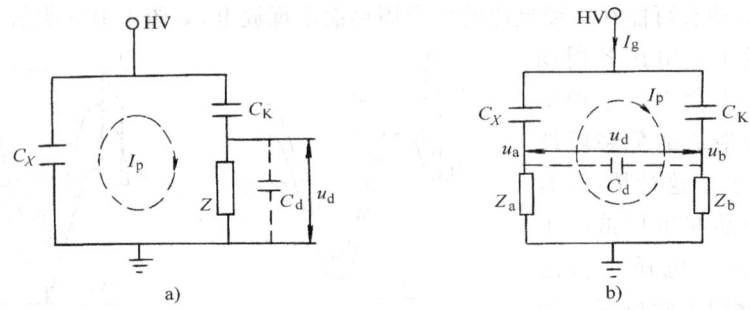

图 4-11 脉冲电流法测量原理图
a) 直测法 b) 平衡法

从图 4-11 可以看出:当试品 C_X 两端出现瞬变电荷 q 时,在试品两端会出现相应的脉冲电压

$$\Delta u_X = \frac{q}{C_X + \dfrac{C_K C_d}{C_K + C_d}}$$

Δu_X 所含的主要频率分量是很高的,所以在检测阻抗上分配到的脉冲电压 u_d 可以简化为按 C_K 与 C_d 分压来计算

$$u_d = \Delta u_X \frac{C_K}{C_K + C_d} = \frac{q}{C_d + \left(1 + \dfrac{C_d}{C_K}\right) C_X} = \frac{q}{C_V} \tag{4-17}$$

式中 $C_V = C_d + \left(1 + \dfrac{C_d}{C_K}\right) C_X$,各量符号见图 4-11。由此可见,当测试回路中 C_X、C_K、C_d 确定时,C_V 为常数,u_d 正比于 q。通过一定的校正方法,就可用测得的 u_d 分度为视在放电电荷 q。

不论是直测法还是平衡法,式(4-17)都是适用的。直测法比平衡法简单,而且灵敏度较高(C_d 较小),而平衡法有较高的抗干扰性能,从图 4-11b 可以看出:对于试品放电产生的脉冲电流在检测阻抗 Z_b、Z_a 上分别产生 u_b 和 $-u_a$,而输出的电压

$$u_d = u_b - (-u_a) = u_b + u_a$$

而对于从高压端进来的干扰电流 I_g 分别流过 Z_a、Z_b,产生的电压分别为 u'_a、u'_b,于是输出的干扰电压为

$$u'_d = u'_b - u'_a$$

由此可见,对于高压端进来的干扰,用平衡回路有一定的压抑作用。

二、ERA 法的测试线路与装置

实际测试线路除了上述的放电脉冲电流回路之外,还要有检测仪器、高压电

源、以及为去除干扰而采用的隔离变压器、滤波器等。一般采用的测试线路如图 4-12 所示,图中各装置的作用和要求分述如下。

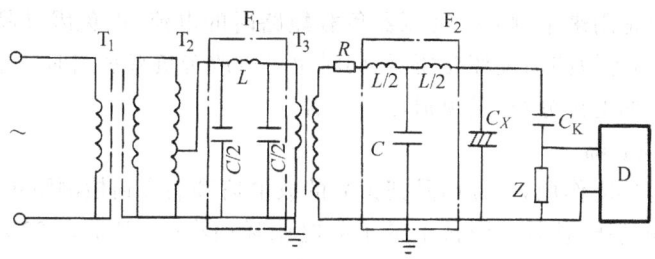

图 4-12 脉冲电流法的测试线路
T_1—隔离变压器 T_2—调压器 T_3—高压试验变压器 F_1—低压滤波器 F_2—高压滤波器 C_X—试品 C_K—耦合电容器 Z—检测阻抗 D—检测仪 R—保护电阻

1. 隔离变压器

这种变压器在一次和二次两个绕组之间附加两层金属屏蔽层,靠近一次绕组的就和一次绕组的末端相连接;靠近二次绕组的就和二次绕组末端相连接。这就把两个绕组隔离,使从电源进来的高频干扰不会通过原有的一次和二次绕组间的电容直接传送到二次绕组,从电源地线来的干扰也不会传入测试回路。两个绕组的匝数比一般是 1∶1,有时为了同时起降压作用,即把进线高压(如 6kV、10kV)变为测试系统用的低电压(如 220V、380V),也可设计其他适当的变比。

2. 调压器

在局部放电测量中,对不同的试品要施加不同的电压,同时在高压试验中,为了避免出现操作过电压,一般都要求从较低电压下开始逐步升高电压。因此需要调压器,使电压能从零开始上升到规定值。

3. 试验变压器

局部放电测量都是在试品承受高电压下进行的,试验变压器就是能把低电压升为高电压的升压变压器,它与一般试验变压器不同的是本身不应发生局部放电,或放电量小于被测试品允许放电量的一半。

4. 滤波器

低压滤波器接在低压侧,高压滤波器接在高压侧。两者都是低通滤波器,通频带截止频率一般取 5kHz 以下,因为测量局部放电信号的频率一般取 10kHz 以上。前者是用来滤掉从电源进来的高频干扰及调压器产生的高次谐波,后者除了进一步阻塞电源进来的高频干扰之外,还可以阻塞试验变压器本身产生的局部放电信号,同时也能阻塞试品的局部放电信号通向试验变压器的入口电容,以免被测信号旁路而降低测量的灵敏度。这种滤波器最常用的是由电感 L 及电容 C 组成的滤波器,通频带截止频率可以按下式估算当然,滤波器本身不应出现局部放电。

5. 保护电阻

保护电阻是用来限制万一变压器负载短路时的电流,以免因试品击穿或耦合电容器、滤波器等短路而烧坏变压器,同时也可以改善负载短路时产生的过电压在变压器绕组上的电位分布,避免损坏变压器。

6. 耦合电容器

耦合电容器的作用,一方面是把试品的放电信号耦合到检测阻抗上来;另一方面是承受工频高压,使检测阻抗上的工频电压降很小(一般是在 30V 以下),以保证人身及仪器安全。由于放电脉冲信号频率很高,对于这种信号,耦合电容器的阻抗 Z_K 比检测阻抗 Z_d 小很多,因此绝大部分信号被检测阻抗拾取;而对于工频电压,$Z_K \gg Z_d$ 所以绝大部分工频电压降落在 C_K 上。耦合电容器本身不应出现局部放电。

7. 检测阻抗

检测阻抗是采样元件,即当脉冲电流通过时,在检测阻抗两端就会出现脉冲电压 u_d,将此电压输入检测仪就可测出局部放电的视在放电电荷、放电重复率等基本表征参数;同时检测阻抗与耦合电容器又可组成工频电压分压器,从检测阻抗拾取工频电压,通过滤波装置,可把工频信号分离出来,通过检测仪可以测得工频高压值,并与 u_d 一起处理,可测出放电能量及发生放电时的电压相位。

检测阻抗有两种类型,一种是由电阻 R_d 与电容 C_d(此电容包括检测阻抗中的电容及从耦合电容器连接到检测阻抗所用的屏蔽线的电容)。这种检测阻抗输出的脉冲电压的波形是指数衰减的,它的频谱较宽,即含有各种(从低频到高频)频率分量,如图 4-13 所示,适用于频带较宽的测试系统,它有较高的灵敏度和分辨能力,但抗干扰能力较差。

另一种是由电感 L、电容 C 及电阻 R 组成的 LCR 型检测阻抗。其中电容也包括连接 C_K 和 Z_d 的屏蔽线的电容,电阻也包括电感线圈的等效电阻。这种检测阻抗输出的冲击电压波形是指数衰减的振荡波形。它的频谱较窄,集中在谐振频率附近,如图 4-14 所示,适用于频带较窄的测试系统,它配合选频放大器,可以避开窄频带的干扰,适合用于干扰大的场合。

8. 检测仪器

这里阐述的是基本的检测仪器,不包括计算机等辅助测试装置。检测仪的主要作用有以下三方面:

(1) 滤波 检测仪器按选用的频带来分,可分为低频、宽频、选频。目前最常用的是低频检测仪,频带选在放电脉冲频谱中频率分量最丰富,而外来干扰较少的频带范围,一般选用 20~400kHz。宽频检测仪频带上限达 10^8Hz,甚至达 10^9Hz 数量级。选用宽频的目的一方面是为了能较真实地测得放电的波形(因为一次放

电的时间可达 $10^{-7} \sim 10^{-9}$s);另一方面是为了消除较低频率的干扰,如选取频带为 50~500MHz,就可避开绝大部分干扰。选频检测仪的频带较窄,大多取 10~30kHz, 也有少数取得宽一些,如 100kHz 左右。频带窄有利于抗干扰,频带宽有利于提高灵敏度及分辨能力。选频检测仪一般都设计为谐振型的,中心频率 f_0(见图 4-14c),最好是可调的,从几十 kHz 到几 MHz。若是固定的,一般是选 100kHz 附近。

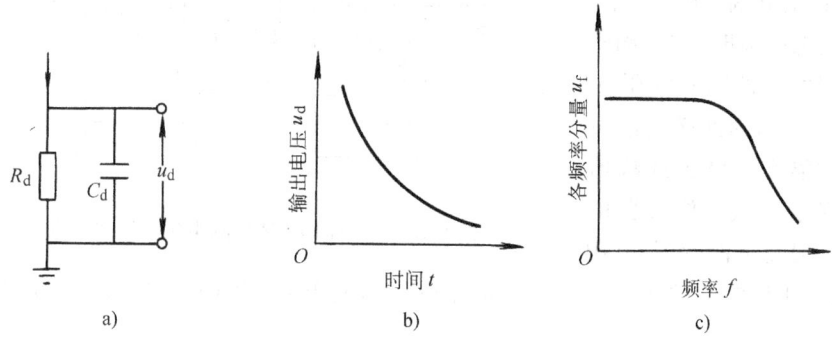

图 4-13 RC 型检测阻抗
a) RC 阻抗 b) 输出电压波形 c) 频谱

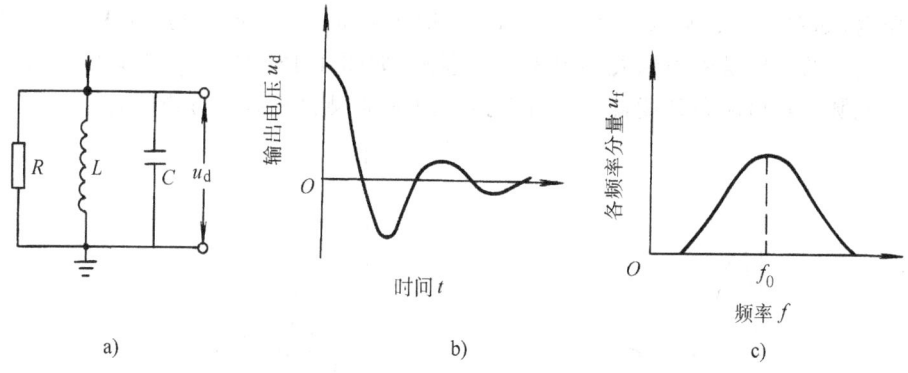

图 4-14 LCR 型检测阻抗
a) LCR 阻抗 b) 输出电压波形 c) 频谱

不论是那一种检测仪,都必须把工频分量彻底滤掉,因为从检测阻抗拾取的局部放电的脉冲信号很微弱,而工频电压往往要比它大千倍以上,所以必须滤掉工频分量,放大器才能正常工作。

实际用的 LCR 检测阻抗常设计成一个双绕组的升压变压器,如图 4-15 所示。输出侧绕组匝数比输入侧多,可以提高测量灵敏度。输入侧绕组中点 X_o 接地,可接成平衡法测试回路;用直测法测量时,只要把 X_b 与 X_o 连接,C_q 是仪器校正时用的分度电容、校正脉冲从 X_q 端注入。VS_1、VS_2 是快速稳压管,限定输入电压在安全工作范围之内。

(2) 放大 局部放电的信号是很微弱的,特别是大电容量的试品。如电容为 $1\mu F$ 的试品,出现 $5pC$ 视在放电电荷时,在检测阻抗两端可能拾取的电压 u_d 约为 μV 级,因此必需经过放大才能在示波器或峰值表上显示读数。放大器的增益一般要求能达到 $60dB$

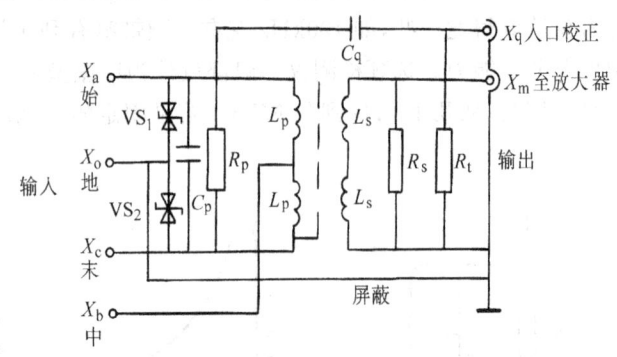

图 4-15 常用的 LCR 检测阻抗实际线路图

以上(对于所测的脉冲信号),而本机噪声要不大于 μV 级(对长电缆、电容器等试品)。

放大器的频带应与检测阻抗匹配。频带宽可以保证放电信号的波形不变,而频带窄就会使放电信号发生畸变。不但放电脉冲信号的波头、波尾被拉长,幅值降低,而且还会出现振荡。对于 RC 检测阻抗,采集的信号经放大后,有可能出现过冲振荡;如图 4-16a 所示(α 响应)对 LCR 检测阻抗,采集的信号经放大后可能出现振荡波的幅值是由小到大再由大到小衰减,如图 4-16b 所示(β 响应)。这样一个放电脉冲就可能会延续较长时间,就会大大降低测试系统的分辨能力。

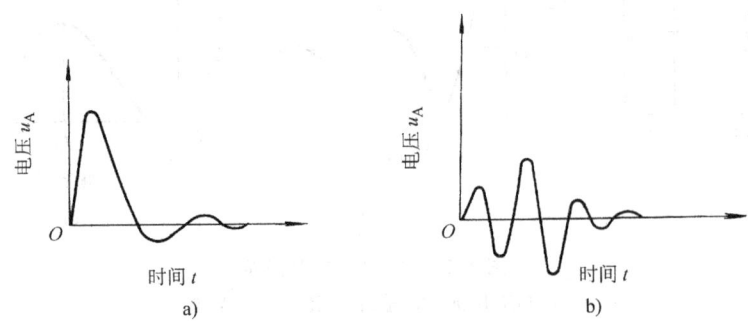

图 4-16 窄带放大后的波形畸变
a) α 响应 b) β 响应

(3) 显示 用于显示局部放电信号的仪器有两类,一类是示波器,一类是峰值表。

用示波器不但可以观察、读取放电脉冲信号的大小,而且可以观察脉冲的波形,以及放电脉冲出现的相位。这有利于判别所观察的脉冲信号是放电信号还是干扰;同时也有利于识别是那种类型的放电。用宽频测试系统(频带不小于

100MHz),配用同样带宽的脉冲数字滤波器(采样频率1GHz以上),可以测到每一次局部放电的整个脉冲波形。

用快速响应的峰值电压表可以测得放电脉冲的峰值,经过校正,这个脉冲幅值可以直接分度为放电量q_d。峰值表的量程刻度有线性和对数两种,前者比较稳定,后者动态范围大、量程广。

为了能识别、剔除出现在固定相位上的干扰脉冲,在信号进入峰值表之前先经过门开关电路,这个门开关可以分别在工频一周期的正负半周内的任一相位上,关闭或打开一个宽度可调的相位窗口,以阻止或开通脉冲信号进入峰值表的输入端。这个门开关同时也控制示波器的时基扫描的亮度,明亮的相位区间表示是开通的,即在这一相位区间内的脉冲可进入峰值表,于是可以根据经验判断,避开干扰脉冲,只让放电脉冲进入峰值表。

在设计和选用局部放电测试的线路和装置时,应考虑以下三点基本要求:

(1) 灵敏度 测试系统的灵敏度是在一定的试品电容量下,能够测到的最小视在放电电荷q_{min}来表征的。一般要求它要小于试品标准中规定的允许视在放电电荷q_{max}的一半,即 $q_{min} \leqslant \frac{1}{2} q_{max}$。

(2) 分辨率 测试系统的分辨能力是以连续两个放电脉冲因叠加而造成的误差不超过该脉冲幅值的10%时,两个脉冲的间隔时间(亦称分辨时间)来表示的。IEC标准规定为$10\mu s$。

3. 抗干扰能力 测试系统的抗干扰能力是以干扰的衰减或压抑比(采取抗干扰措施前后干扰大小的比值)来表示。一般把试品放电信号之外的所有的脉冲和高次谐波都视为干扰噪声。要求信噪比大于2。

三、ERA法测量放电量的校正

上述测量系统所显示的脉冲幅值是代表多少放电量(视在放电电荷q),还需要对测量系统进行分度校正,才能定量。

1. 校正方法

把试品与整个测量系统连接好之后,用已知的模拟放电产生的瞬变电荷q_0注入到试品的两端(施加高电压的两端),把测量系统的灵敏度调到合适的状态(在示波器上能看到约20mm高度的脉冲幅值),记下这时显示器上响应的读数为α_0(格),则可得分度系数

$$K = q_0 / \alpha_0 \tag{4-18}$$

之后,将校正脉冲发生器拆除(因为一般校正脉冲发生器承受不了高电压),保持测试系统的测量灵敏度不变,对试品施加规定的试验电压,这时若试品有局部放电,则在显示器上又出现响应的读数α_X(格),于是试品的放电量为

$$q_X = K\alpha_X \tag{4-19}$$

已知的瞬变电荷 q_0 是由一个校正脉发生器产生一个脉冲电压,并通过一个分度电容 C_0 耦合到试品的两端,在满足

$$C_0 < \frac{1}{10}\left(C_X + \frac{C_K C_d}{C_K + C_d}\right)$$

时
$$q_0 = C_0 u_0 \tag{4-20}$$

式中　　u_0——校正脉冲电压的幅值(V);

C_0——分度电容(pF)。

u_0 与 C_0 都是已知值,因此 q_0 也是已知的。

小气隙的一次放电时间一般为 $10^{-9} \sim 10^{-7}$ s。为了模拟放电脉冲,同时又要避免产生峰值过冲振荡,有关标准规定校正脉冲电压的前沿不大于 60ns,脉冲波持续时间(脉冲衰减到幅值的10%时所需要的时间)不小于 $100\mu s$。同时为了模拟在试品中产生的局部放电的瞬变电荷,校正脉冲电压经分度电容后应接在试品的两端,即 q_0 是出现在试品 C_X 两端的电荷。

2. 应注意的问题

校正是否正确,直接影响测量的结果是否正确。因此分析掌握那些对校正结果有影响的因素是很必要的。

(1) 校正脉冲发生器　校正脉冲发生器除了要求能产生上述的(60/100)ns 脉冲电压之外,还要求本身内阻 R_0 及脉冲电压的重复频率 f_0 不能太高。校正脉冲电压 u_0 经分度电容 C_0 后施加到试品的两端,因此在试品两端实际施加的脉冲电压上升时间,不只是决定于 u_0 的上升时间 τ_0,而且与时间常数 $C_0 R_0$ 有关。当 $C_0 R_0$ 接近 τ_0 时,会使脉冲的前沿变长,这个脉冲前沿和检测阻抗的放电时间常数可比或更长时,会使测得的分度系数偏小。一般要求 $C_0 R_0 < \frac{1}{10}\tau_0$ 通常 C_0 最大取 100pF,$\tau_0 \leqslant 60$ns,所以校正脉冲发生器的内阻一般不应大于 100Ω。

校正脉冲发生器产生的校正脉冲的重复频率太高,会产生叠加效应,测试系统的分辨率要求是不大于 $100\mu s$,同时校正脉冲本身的宽度可达 $100\mu s$,因此两个连续脉冲间隔时间应不小于 $200\mu s$,即脉冲的重复频率应小于 5kHz。

(2) 分布电容的影响　从分度电容接到试品的连接线有分布电容 C_e,此电容是与试品并联的,即在校正时,相当于试品的电容为 $C_X' = C_X + C_e$,而在试品施加高压测量局部放电时,要把校正脉冲装置取掉,这时 C_e 就不存在了。从式(4-17)可知,C_X 变大,测量系统的灵敏度变小,即测得的 α_0 偏小,分度系数就偏大了。在有关测量标准中规定分度电容要尽量与试品的高压端靠近,就是为了尽量减小 C_e。由校正脉冲输出端到分度电容器接线的分布电容,要与分度电容 C_0 串联后才与试品并联,由于 C_0 很小(一般为 $20 \sim 100$pF),所以影响不大。

试验变压器中高压绕组有分布电容,各部分引线也都有分布电容。在进行测

试系统校正时,要把全部接线接好。在校正之后,全部装置都固定不变(接线位置也不变),保证在校正时和施加电压测量时,这些分布电容都不变,才能保证测试系统的测量灵敏度不变。

(3) 校正脉冲从检测阻抗两端注入　为了能在对试品施加高电压进行局部放电测量时,监视测量系统的灵敏度是否有变化,最好能同时显示校正脉冲的大小。但这样做就要求分度电容 C_0 能承受高电压,这就要增加设备的投资。为了节省费用,可以把校正脉冲装置接到检测阻抗两端,假定这时显示的读数为 α_d,同样的电荷 q_0 从试样两端注入显示的读数为 α_0,则 α_d 与 α_0 相差 N 倍,即 $\alpha_0 = N\alpha_d$。试品的视在放电电荷出现在试品的两端,因此,分度系数应按下式计算

$$K = \frac{q_0}{\alpha_0} = \frac{q_0}{N\alpha_d}$$

倍数 N 可以通过用同一校正脉冲装置分别接到试品两端和检测阻抗两端,分别读取 α_0 及 α_d,于是可求得 $N = \alpha_0/\alpha_d$。

(4) 对于具有分布参数特性的产品,如变压器、长电缆等,由于局部放电脉冲信号由放电处沿着变压器绕组或电缆传播到测量端会产生很大的衰减。同时,当终端连接的阻抗不匹配时,还会产生波反射。所以必需采用特殊的校正定量的方法,才能较准确地测到实际的放电量。以长电缆为例:若长电缆终端接有匹配阻抗,则只需考虑衰减问题。当校正脉冲从近端(接测试仪器的一端)注入时,测得的读数为 α_1,从远端注入时测得的读数为 α_2,则

$$\alpha_1 = Kq_0 \qquad \alpha_2 = Kq_0 e^{-\gamma l}$$

式中　γ——衰减系数;

　　　l——电缆的长度。

如果放电发生在离测量端 x 处,放电量为 q_x,则在近端测得响应为 h_{x1},远端测得响应为 h_{x2}。

$$h_{x1} = Kq_x e^{-\gamma x}, \quad h_{x2} = Kq_x e^{-\gamma(l-x)}$$

$$h_{x1} h_{x2} = K^2 q_x^2 e^{-\gamma l} = q_x^2 \frac{\alpha_1 \alpha_2}{q_0^2}$$

$$q_x = \frac{q_0}{\sqrt{\alpha_1 \alpha_2}} \sqrt{h_{x1} h_{x2}} = K_c \sqrt{h_{x1} h_{x2}} \qquad (4-21)$$

式中　$K_c = \frac{q_0}{\sqrt{\alpha_1 \alpha_2}}$。

如果在产品检验中允许测得的放电量可以偏大而不可以偏小(对产品要求更严、更安全),则可以简化为只要从远端注入 q_0,读取响应值为 α_2,分度系数为

$$K_2 = q_0/\alpha_2$$

试品施加电压产生局部放电时,读取响应值为 α_x,则试品的放电量为

$$q_x = K_2 \alpha_x$$

若长电缆的终端阻抗不匹配,因有反射波的叠加效应,可能出现 $\alpha_2 > \alpha_1$。取

$$K_1 = q_0/\alpha_1$$
$$q_x = K_1 h_m F$$

式中 h_m——试品施加电压出现局部放电时,在电缆的两端测得的两个读数中较大的一个读数;

F——修正系数,当 $\alpha_1 \leq \alpha_2$ 时 $F=1$;当 $\alpha_1 > \alpha_2$,$F = \sqrt{\alpha_1/\alpha_2}$,这时

$$q_x = K_1 h_m F = \frac{q_0}{\alpha_1}\sqrt{\frac{\alpha_1}{\alpha_2}} h_m = \frac{q_0}{\sqrt{\alpha_1 \alpha_2}} h_m = K_c h_m \tag{4-22}$$

即分度系数 K_c 与只考虑衰减效应时一样(因 $\alpha_1 > \alpha_2$ 说明是衰减效应为主,反射效应其次),不同的是取 h_m 而不是 $\sqrt{h_{x1} h_{x2}}$。这说明也考虑了反射效应。

变压器的校正定量采用多端测量方法,这在下节讨论局部放电定位技术时再详述。

四、其他电测法

(一)无线电干扰电压法(RIV 法)

局部放电最早引起人们关注的并不是由于它对绝缘系统的损害,而是它产生的电磁波对无线电通信的干扰,如高压变电站附近的无线电通信设备,因受高电压设备、高压架空导线的局部放电发出的电磁干扰而不能正常工作,因此就用无线电干扰测量仪(RIV 表)来测量这种无线电干扰电压,这就是 RIV 法。

RIV 表是一种窄带选频谐振式电压测量仪器,频带 Δf 一般取 $5 \sim 10 \text{kHz}$,中心频率 f_0 一般选为 1MHz,也有 f_0 是可调的。它显示的读数以 μV 来表示,或设 0dB=1μV,再用 dB 来表示。它是准峰值表,即测得的脉冲幅值是略小于放电产生的脉冲峰值,而且与放电的重复率(N)、RIV 表的充电时间常数 τ_1 及放电时间常数 τ_2 有关。测得的峰值 u'_m 与真实的峰值 u_m 之比为

$$F = \frac{u'_m}{u_m} = \frac{N}{2\Delta f}\left(\frac{\tau_2}{\tau_1}\right)\left(1 + \frac{n}{2\Delta f}\frac{\tau_2}{\tau_1}\right) \tag{4-23}$$

局部放电产生的电磁波可以通过不同的方式耦合、采集、输入到 RIV 表中。基本的方式有两种,一种是与脉冲电流法中的直测法测试回路一样,如图 4-11a 所示,不同的只是用 RIV 表做为检测仪;另一种是用各种天线采集由空间传播来的局部放电产生的电磁波,如在电站中可以用一天线移动检测,找出是在什么地方(那个设备)产生局部放电。

由于 RIV 法不能对视在放电电荷进行定量,在我国有关标准中没有推荐使用,但国外有些工厂,由于历史上都是采用这种方法,所以至今还在使用。

(二) 电桥法

局部放电伴随有能量损耗,可以用各种电桥来测量所损耗的能量,测量的方法有两种,一种是测量介质损耗因数的增量 $\Delta \tan\delta$;另一种是测量电压一周期中损耗的能量及视在放电电荷的总和。

1. 测量 $\Delta\tan\delta$

早期人们已发现用电桥测量介质损耗因数($\tan\delta$)时,随着试验电压增加到某一电压 u_i 以上,$\tan\delta$ 就开始明显增加,如图 4-17 所示,这个增量就是由于局部放电产生的附加的损耗。u_i 就可视为起始放电电压,在规定的试验电压 u_s 下,$\tan\delta$ 的增值 $\Delta\tan\delta$ 就可以用以表征局部放电的大小。但这种方法灵敏度很低,很少专门用来测量局部放电。

2. 测量一周期中损耗能量及视在放电电荷总量

用特殊的电容电桥和示波器组成的测试装置,如图 4-18 所示,可以测量在一个周期内(施加于试品上的正弦电压的一个周期),局部放电的能量 W_s 和视在放电电荷的总和 q_s。在图中,试品 C_x 和耦合电容器 C_1 组成电桥的高压桥臂;C_2、R_2 及 C_3、R_3 组成低压桥臂;C_0 是旁路电容器,它的电容量较大 ($C_0 \gg C_2, C_3$),为试品局部放电的脉冲信号提供低阻抗通道,以提高测量灵敏度;C_5、C_6 组成分压器,采集试验电压,加到示波器的 X 轴。局部放电信号由电桥的对角线输出,经差动放大后,接到示波器的 Y 轴上,Y 轴上的读数正比于视在放电电荷。

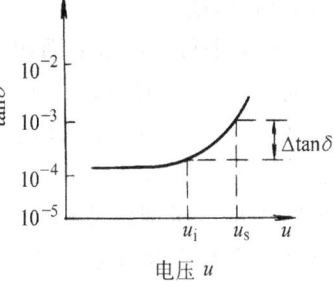

图 4-17 $\tan\delta$ 与电压的关系

测量时先把试验电压 u 调到低于试品的起始放电电压,调节 C_2、R_2、R_3,使电桥达到平衡,即示波器上 Y 轴没有输入,在显示屏上呈现一条水平基线。之后,再升高电压,一旦试品发生局部放电,就有放电电流通过电容 C_0 对 C_3 充电,于是电桥就有不平衡电压 u_{ab} 输出,u_{ab} 经放大后加到

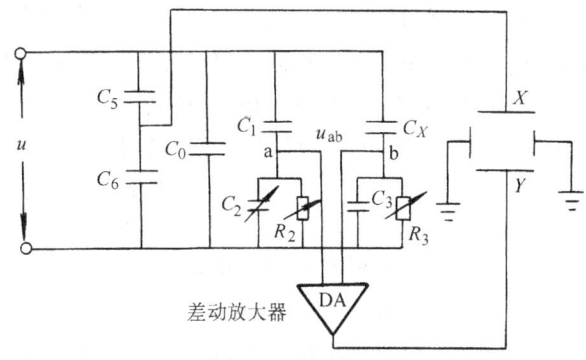

图 4-18 电桥法测量局部放电的原理图

示波器的 Y 轴上,Y 轴读数就上升 Δu。随着电压瞬时值增高,放电将会连续出现,C_3 受到连续的充电,而 C_3 的放电时间常数很大(比电压的周期大得多),在 $\frac{1}{4}$ 周期中泄漏的电荷可以忽略,则放电一次在 Y 轴上就相应增高一个 Δu,直到外加电压

达到峰值。过了峰值,由于内部空间电荷的作用,使局部放电暂停(详见第一节)。之后,随着电压瞬时值的下降,Y 轴高度保持不变,直到负半周的某一瞬时值(u_-)时放电又开始,这时放电脉冲电流的方向与在正半周时相反,所以加在 Y 轴上的信号不断减小并向负值增加,直到外加电压达到负峰值。之后,同样由于内部空间电荷的作用,放电暂停,Y 轴的信号保持不变,直到外加电压的瞬时值升到正半周的某一瞬时值 u_+ 时,放电又开始,这时放电脉冲电流的方向又返回原来在正半周时的方向,于是 Y 轴上的信号又开始上升,直到外加电压达到正峰值。如果在每个周期中出现的放电都一样,则在示波器上可以看到一个稳定的平行四边形,如图 4-19 所示。这种方法也称为平行四边形法。这个平行四边形包含有好多局部放电的信息,如:

(1) 平行四边形的面积代表一个周期中局部放电的能量。由图 4-19 可以看出第 i 次放电电荷为 Δq_i,电压为 Δu_i,能量 $W_i = \Delta q_i \Delta u_i$,即图中虚线所围的面积,因此一个周期中全部放电的能量就是整个平行四边形的面积。

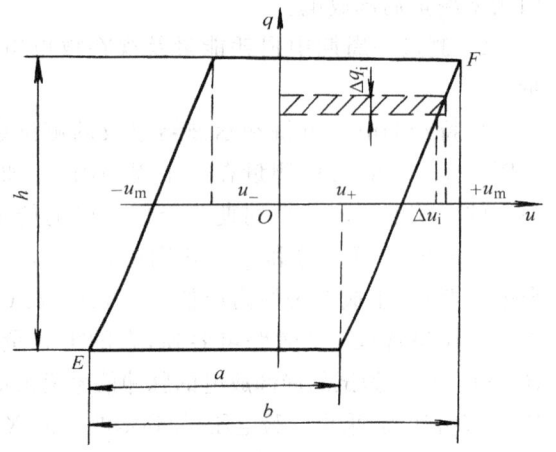

图 4-19 示波器上显示的平行四边形

(2) 平行四边形斜边的正负高度分别代表正负半周放电电荷的总和。斜边实际上是阶梯上升的(如图 4-19 中虚线所示)。当放电次数很多时,各台阶相隔很小,取各台阶的中点连成直线即为平行四边形的斜边。因此斜边的高度即各台阶的总高度,它代表正半周(上升边)和负半周(下降边)各自视在放电电荷的总和。

(3) 平行四边形斜边的斜率代表试品放电后试品电容的变化

$$\Delta C = \frac{dq}{du} = C - C_0$$

式中 C_0——试品没有放电时的电容;

C——放电时的电容。

试品放电时可以把试品内部放电的气隙看成短路,相当于试品厚度减小,所以电容量增大了 ΔC。

假定试品内放电气隙是扁平的,而且面积和试品的面积一样,则所含气隙的体积 V_g 与固体介质体积 V_s 之比可写为

$$\frac{V_g}{V_s} = \frac{C - C_0}{\varepsilon_r C_0} = \frac{\Delta C}{\varepsilon_r C_0} \tag{4-24}$$

式中　ε_r——固体介质的相对介电常数(气体的相对介电常数视为1)。

平行四边形法不但可以测量脉冲型的局部放电、还可以测量非脉冲型放电,如辉光放电、亚辉光放电等,但它只能测量一周期放电的总量,不能测得每一次的放电量,同时它的灵敏度也较低,目前只有在放电量比较大的场合采用,如电机局部放电的测量。

第三节　非电测法

局部放电的过程,除了伴随着电荷的转移和电能的损耗之外,同时也会产生各种非电的信息,如产生声波、发光、发热以及出现新的生成物等等。通过这些非电信息的测量来检测局部放电的方法,都属于非电测量法。非电测量法有一明显的优点,即在测量中不受电气的干扰,但它的灵敏度低,不能用视在放电电荷来定量,只有在特殊场合下应用。

一、声测法

通过测量局部放电产生的声波,来检测局部放电的大小及位置的方法,称为声测法。由于声电换能器效率的提高和电子放大技术的发展,声测法的灵敏度有很大的提高。现在对于大电容量的试品,如 μF 以上的电力电容器,其灵敏度不比电测法低。另外,根据超声波的定向传播特性,它在一定的媒质中有定向传播速度,所以可以用它来测定局部放电的部位。目前声测法在电力电容器、电力变压器等电工设备的局部放电检测中已得到实际应用。

(一)声波的特性

为了能有效地检测局部放电产生的声波,首先要了解这种声波产生的机理和特性。

1. 声波的产生

声波是一种机械振动波。当发生局部放电时,在放电的区域中,分子间产生剧烈的撞击,这种撞击在宏观上就产生了一种压力。由于放电是一连串的脉冲形式的,由此产生的压力波也是脉冲形式的,它含有各种频率分量,也是频带很宽的声波。在液体材料中,放电往往发生在液体含有的气泡中,气泡在放电时会爆裂,把大气泡分裂成更小的气泡;放电也可能扰动液体,使气泡在液体中移动,所有这些都会造成压力的变化而发出声波。在固体介质中,局部放电形成电树枝的过程,也会伴随着微弱的爆破,爆破产生的压力变化也会发出声波。对聚乙烯材料的试验表明,电树枝的增长率与测得的声压大小有关。树枝增长快时,测得的声压高。

局部放电产生的声信息是很微弱的。放电产生的声波的能量与总放电能量之比,一般认为小于1%。这种声能的转换率,在不同的媒质中和不同的放电状态下是不同的。

2. 声波的频谱

局部放电产生的是一个声脉冲,它的频谱分布很广,为 $10^1 \sim 10^7$ Hz 数量级范围。在不同的电工设备中,放电状态、传播媒质以及环境条件的不同,检测到的声波的频谱也不同。

当传输线在周围的气体中产生局部放电时,可以测到频率从 $10^1 \sim 10^5$ Hz 数量级的声信号。

图 4-20 是裸线和带有绝缘层的导线局部放电时产生的声波频谱。不同频率的声波强度各不相同,裸线从 10kHz 到 50kHz,声的强度就下降很多,这和针尖对平板在空气中的放电基本相同。有绝缘层的导线频谱,在 45kHz 和 75kHz 出现峰值,这和绝缘子表面放电的频谱基本相同。

在液体中,不同形式的电极系统放电时,测得的声频谱如图 4-21 所示,可以从几十 Hz 扩展到 2MHz,但针尖对平板电极系统的放电,在频率高于 300kHz 时,已衰减了很多。

在固体材料中,气泡的放电声频谱显示出有周期性的峰值,如图 4-22 所示。图中上、中、下三条曲线分别为 3.18mm、6.35mm 和 19mm 三种不同

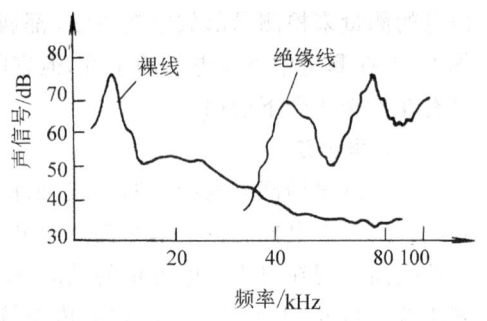

图 4-20 电线在空气中放电产生的声频谱

长度气隙的放电。峰值间的间隔频率,分别约为 57.5kHz、27.8kHz 和 15kHz。以空气中声波速度为 340m/s 来计算,可以得出波长分别约为 5.94mm、12.2mm 和 22.6mm。这与气隙的长度相比,3.18mm、6.35mm 均约为对应波长的一半。而较长的气隙放电时,实际放电通道长度可能比较短,因此不大相符。这现象可以解释为气泡是一个声谐振腔,声波在谐振腔中谐振时谐振频率的基频波长是谐振腔长度的 2 倍。

综合上述各种放电类型的声频谱,可以看出超声波的低频段所含的分量较为丰富。近代声测法测量局部放电所用的仪器,频带多取在 $60 \sim 300$ kHz。

3. 声波的类型

在气体和液体中传播的声波是纵波,即质点振动的方向平行于波的传播方向,这主要靠分子间的撞击作用传递压力。而在固体中传播的声波,除了纵波之外还有横波,即质点运动的方向垂直于波的传播方向。形成横波传播的条件是质点间

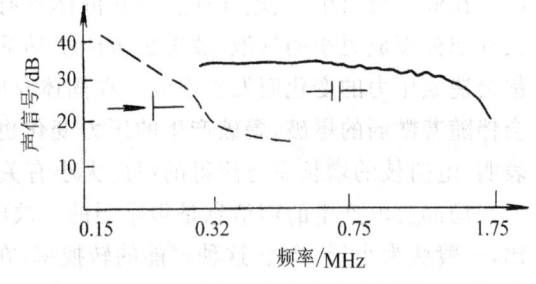

图 4-21 矿物油中放电的声频谱

有足够的束缚力。每一质点振动时,就能带动邻近的质点跟着振动。这只有在固体或浓度很大的液体中才会出现。

通常在声测法测量局部放电时,在气体和液体中,测得的是纵波,而在固体中测得的主要是横波。当通过液体传播的纵波到达金属外壳时,横波将会出现在金属体中继续传播。

(二) 声波的传播

电工设备中的局部放电,通常是发生在设备的内部,而用于测量声波的接收器一般都只能安放在设备的外壳上,于是声波要从放电源传播到测量点才能被检测到。在这过程中声波要发生衰减,在不同媒质中还要产生反射,传播的速度也可能发生变化。

1. 传播速度

用声测法来测定局部放电的位置时,必需知道声波传播的速度。不同类型、不同频率的声波,在不同的温度下、通过不同媒质的速度都不相同。表 4-1 列出了在 20℃ 时纵波在几种媒质中传播的速度(m/s)。

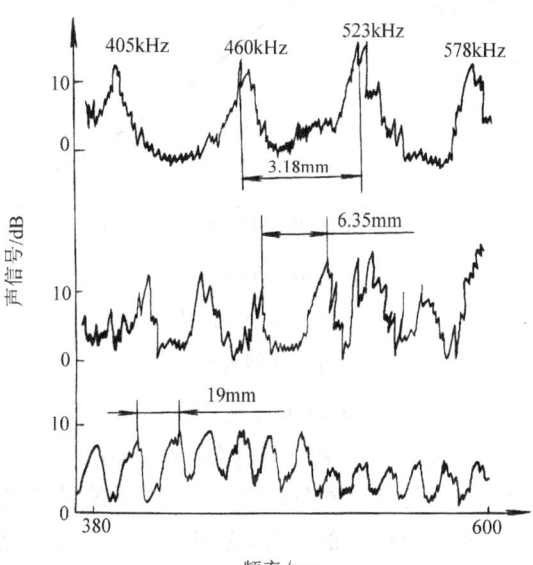

图 4-22 固体中气泡放电的声频谱

表 4-1 声波传播速度 (单位:m/s)

媒 质	速 度	媒 质	速 度	媒 质	速 度
氢	1280	油纸	1420	铝	6400
空气	330	油纸板	2300	钢	6000
SF_6	140	聚四氟乙烯	1350	铜	4700
矿物油	1400	聚乙烯	2000	铅	2170
水	1483	有机玻璃	2640~2820	铸铁	3500~5600
瓷料	5600~6200	聚苯乙烯	2320	不锈钢	5660~7390
天然橡胶	1546	环氧树脂	2400~2900		

气体媒质中声波传播速度在 130~1300m/s 范围内,这与气体分子的平均运动速度很接近。在矿物油中声波传播速度随温度的升高而下降,如图 4-23 所示。不同频率的声波传播速度不相同,频率愈高,传播速度愈快,如图 4-24 所示。不同声波的传播速度也不相同,纵波比横波要快约 1 倍。

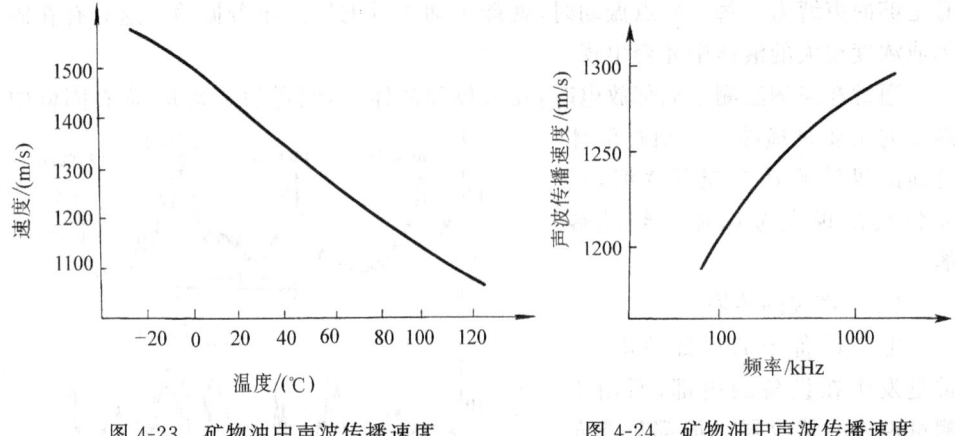

图 4-23 矿物油中声波传播速度与温度的关系　　图 4-24 矿物油中声波传播速度与声波频率的关系

2. 传播中的衰减

声波在媒质中传播时会产生衰减。造成衰减的原因很多,如波的扩散、波的反射和热传导等。在气体和液体中,波的扩散是衰减的主要原因;在固体中,衰减的主要原因是分子的撞击,它把声能转变为热能。局部放电往往是发生在很小的区域内,由此产生的声波,可以看成点声源。在此情况下,声波的传播是以球面波的形式,从放电源发出向外传播,显然离开声源愈远,声的强度和声压就愈小。在理论上,若媒质本身均匀而且无损耗,则声强度与声源的距离 d 的平方成反比,声压与 d 成反比。

声波在传播中的衰减,还与声波的频率有关,频率愈高,衰减愈大。在空气中声波的衰减随频率的 1~2 次方($f—f^2$)增加;在液体中声波的衰减经常正比于频率的 2 次方(f^2);而在固体材料中声波的衰减大约正比于频率 f。

从表 4-2、表 4-3 中,可以看出各种材料中声波的衰减有很大差别。

在气体中,声波的衰减与气体中所含的水分、雾、烟、灰尘以及环境温度有很大的关系。各种不同的气体成分对声波的衰减也有明显差别。含有少量水蒸气的氧气,要比氮气大 200 倍,在 40kHz 下,SF_6 中声波的衰减比空气中声波的衰减大 20 多倍。

在 MHz 频率下,声波在软的材料中的衰减,要比在硬的材料中的衰减大得多。如氯丁橡胶是聚苯乙烯的 10 倍,是钢的 50 倍。

表 4-2　纵波在几种材料中传播的衰减　　（单位:dB/m）

材　　料	测量频率	温　度/℃	衰　减/(dB/m)
空　气	50kHz	20~28	0.98
SF_6	40kHz	20~28	26.0

(续)

材　料	测量频率	温　度/℃	衰　减/(dB/m)
铝	10MHz	25	9.0
钢	10MHz	25	21.5
有机玻璃	2.5MHz	25	250.0
聚苯乙烯	2.5MHz	25	100.0
氯丁橡胶	2.5MHz	25	1000.0

表 4-3　与矿物油相比几种材料的衰减　　（单位：dB/cm）

材　料	矿物油	油　纸	油纸板	钢　板	铜
衰　减	0	0.6	4.5	13	9

3. 传播中产生反射

超声波在复合媒质中传播时，在不同媒质的介面上，会产生声反射，而使穿透过的声波强度变小。从图 4-25 可以看出，挡探头在变压器外壳的位置与放电源的夹角大于 15°时，测到的声波有明显的衰减，这是由于矿物油与铁壳之间，声传播的临界角为 14.2°，大于临界角，就会产生波的全反射。

当声波是从一种媒质传播到另一种媒质时，由于两种媒质的声特性阻抗不匹配，也会造成很大的界面衰减。声特性阻抗是以媒质的密度 ρ 和声波在该媒质中传播的速度 v 的乘积 ρv 来表征，单位为 g/(s·cm²)。

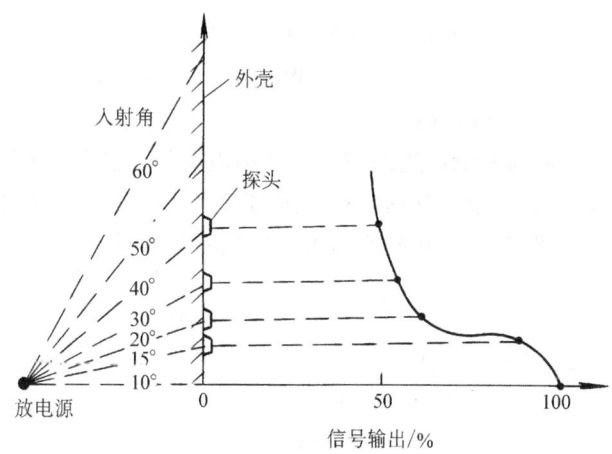

图 4-25　声波入射角与接收的声信号的关系

由于声阻抗不匹配而造成的界面衰减，可以用反射系数 R 来表示。

$$R = \frac{\rho_1 v_1 - \rho_2 v_2}{\rho_1 v_1 + \rho_2 v_2} \qquad (4-25)$$

式中　$\rho_1 v_1$、$\rho_2 v_2$——分别为相邻两种媒质的声阻抗。

由此可见，两种媒质的声特性阻抗相差愈大，造成的衰减就愈大。声波从空气传到钢板，要比从油中传到钢板造成的衰减大得多。表 4-4 中列出几种媒质组合的反射系数。

表 4-4 在不同媒质表面声波的特性阻抗及反射系数

材料媒质	特性阻抗 $\rho v \times 10^6 /$ g/(s·cm²)	反射系数 R/(%)						
		空气	矿物油	聚苯乙烯	有机玻璃	铜	钢	铝
铝	1.71	100	74	51	45	16	20	0
钢	4.53	100	89	78	74	0.5	0	
铜	3.93	100	88	75	71	0		
有机玻璃	0.33	100	20	0.7	0			
聚苯乙烯	0.28	100	14	0				
矿物油	0.13	100	6					
空气	0.00004	0						

（二）超声波的检测

用于局部放电测量的超声波检测系统，一般都包括三个部分，即声电转换、电信号放大以及信号的传输与显示，可用图 4-26 所示的框图来表示整个测试系统。

压电转换→前置放大→电光转换—光纤—光电转换→主放大→显示

图 4-26 声测法测量系统的框图

1. 声电转换

局部放电产生的声信号是很微弱的，其能量约在 μJ 数量级。为了便于放大和传输信号，通常都是通过传感器把声信号变为电信号。这是一种具有压电效应的压电传感器，其转换能力可用转换系数 G 来表示

$$G = \frac{U}{pt} \quad (\text{Vm/N}) \tag{4-26}$$

式中　U——电压(V)；

　　　p——压力(bar)；

　　　t——压电体厚度(m)。

在局部放电测量中，要选用 G 尽量大的压电传感器，$G=1\text{mV}/\mu\text{bar}$ 以上，同时也要求有足够的频带宽度，能高达 MHz。

2. 放大信号

在检测系统中有前置放大和主放大两部分。前置放大是为了使被测的信号足以推动电光元件工作，并使信号经长距离传输后不会被外来干扰所淹没，以便主放大器能有足够大的输入。前置放大器的本机噪声很小，不大于被测信号的一半；放大倍数不高，10~100 倍；一般采用电池做电源，和压电传感器及电光元件装在一起做成一个探头。

主放大器是要把被测信号放大到在示波器或其他显示仪表上能清楚地显示。

增益不小于80dB。频带的选择,一方面要考虑选择在被测信号频谱中频率分量最丰富的频段;另一方面要考虑避开干扰,一般机械振动产生的声波频率都低于50kHz,因此通常选到60～300kHz,若在大气中测量,因声波衰减快、干扰小、频率下限可取10～20kHz。

3. 信号的传输与显示

为了拾取较大的声波信号,总是把测量的探头置放在尽可能靠近放电点的位置,这个位置往往是很靠近高电位的,因此人工操作仪器时必需远离探头。为了避免在信号传输过程引入电磁干扰,在探头中通过半导体电光转换器件,先把电信号变为光信号;之后,由光纤把光信号传送到测量仪器,在仪器内通过半导体光电转换器件,把光信号先转换为电信号,再经主放大器进行放大,最后用示波器显示测量结果。

通过上述测量系统测到的局部放电产生的声信号也是脉冲型的,每一次放电有一个声脉冲。在一个周期内(外加试验电压),可能出现多次放电,脉冲出现的相位及大小分布与电测法测得的很相似。为了能获得更多的放电信息,显示仪表最好采用示波器。如果只观察最大的声脉冲幅值(它代表最大的放电量),也可以采用峰值表或准峰值表。

(三) 测试技术

在声测法的测试技术中,有两个需要深入讨论的问题,一是提高测量的灵敏度,二是测试装置的定量校正。

1. 提高灵敏度

除了大电容量(C_x 大于 μF 数量级)试品之外,声测法的灵敏度比电测法的要低。为了提高灵敏度,近年来已进行了各方面的研究,大致可归纳为以下几方面。

(1) 选择适当的频带 前面已阐明放电产生的是声脉冲信号,在测量端测到的这种声信号的频谱,随着放电源本身的特性及传播特性的不同而变化,因此首先要掌握其频谱特性。另一方面要了解测量系统可能受到的干扰声波的频谱。最后选取放电声波频率分量丰富、干扰成分较少的频带。

(2) 提高测试仪器的灵敏度 要选用效率高、响应快的换能元件,包括压电传感器、光电管等,同时要制成低噪声、高增益的放大器,使弱小的声信号能转换为可以清楚显示的电信号。

(3) 尽可能减少声信号的衰减 声波在传播过程中的衰减是很严重的,为了减少衰减,应将探头尽可能置放在靠近放电处。同时应注意声波在探头的界面上不会有过大的衰减,如测量变压器的局部放电时,探头放在变压器的铁壳表面,若探头与铁壳之间存在气隙,则声波从铁壳传送到探头时会产生很大损失;若在探头与铁壳之间填满矿物油或凡士林等液体或固体介质,则会大大减少声波的损失。

采用声波导管或棒,可以使声波沿声波导管传播而不会扩散,从而大大减少衰减。用内径为 25mm 的有机玻璃管做声波导管,测量频率为 80kHz 的声波,在离声源 1m 处,测得的信号比在空气中测得的约大 8 倍。

2. 测量装置的校正

用上述声测法测得的是局部放电产生的声波在探头置放位置上的声压。显然对同一类型的产品,用同一套测试装置,测得的声压愈高,说明该产品的局部放电愈严重,因此可以依据历史上的记录,规定一个适当的水平,做为产品的质量控制指标。但声压和放电量是两个不同的物理量,一般不能把测得的声压标志为放电量的大小。因为两者量值的关系受很多因素的影响而不会是一定值。首先,不同的放电状态(如大小不同、媒质不同)产生的声波的能量与放电能量的比值就不一样;其次,从放电点到测量点,声波和电信号都会有衰减,但衰减的程度不会是相同的;第三,测量系统的响应不同,如声波在传输过程遇到多种媒质会产生许多反射波,由于测量系统的频带较窄,这些反射波就可能造成叠加效应,使测得的声压发生变化。所以不能用简单的比例关系把测得的声压变为放电量。对于特定的产品,若放电点集中在很小的范围,可以用电测法和声测法同时测得放电量和声压,做出两者的关系曲线。对于同类型的产品,在测得声压后,就可通过这一曲线找出对应的放电量。

对于测量仪器的校正,可以用一个标准的脉冲电压(电测法中校正用的),施加在一个标准的压电体传感器上,使之产生一个标准的声波,把这个传感器紧贴在测量仪器的探头上,调节仪器的指示达到一个标定值。经过这样校正后的仪器,它们的测量结果才有可比性。

声测法目前主要用于大电容量试品的局部放电检测,如 μF 数量级以上的电容器等,另外也用于大容量高压电力变压器内部局部放电位置的测定。

二、光测法

(一)局部放电产生的光的特性

放电的过程会放出光子而发光,这种现象很早就已被人们所认识。各种放电发出的光波长不同,比较弱小的电晕放电,所发出的光波长较短,不超过 400mm,呈紫色,大部分属于紫外线范围。对于较强的火花放电,波长可扩展到超过 700mm,呈桔红色,大部分属于可见光范围。

在固体表面放电时,放电的光谱与放电区域的气体组成、固体材料的性质、表面状态以及电极材料等有关。在空气中,电晕放电放出的光谱与氮气中放电放出的光谱相似,这证明空气中的电晕,主要是氮分子的电离复合放出的光。当表面形成电弧放电时,由于电弧通道是在固体材料的表面之上,而不是紧贴在表面上,因而电弧的光谱与表面状态关系不大。

光测法测量局部放电,一般都是测量放电发出的可见光,测量的是光通量,单位是流明(Lm)。

光线照射在物体上,物体上单位面积接收到的光通量称为照度。设在被照物体上取面积 dS,照射在 dS 上的光通量为 dΦ,则照度

$$E = \frac{\mathrm{d}\Phi}{\mathrm{d}S}$$

照度的单位为(勒克司 Lx)

点光源在一定面积上产生的照度与点光源强度 I 成正比,与该面积到点光源的距离 r 的平方成反比,与该面积法线和点光源到面积中心的连线夹角 θ 的余弦成正比,即

$$A = \frac{I}{r^2}\cos\theta \tag{4-27}$$

式中各符号如图 4-27 所示。

局部放电通常都发生在一个很小的区域内,而测量局部放电发出的光,一般都在离光源较远的地方。因此,通常都可以把它看作是一个点光源,距离这点光源愈远,照度就愈小。

(二)测试方法

根据不同的试验目的,可以采用各种方法来测量局部放电发出的光。如果是为了观察局部放电发展的过程,就要用各种快速摄像方法。如果是为了测定局部放电的起始和熄灭电压,以及放电量的大小,最好用光电倍增管,这是目前光测法中主要采用的测试方法。

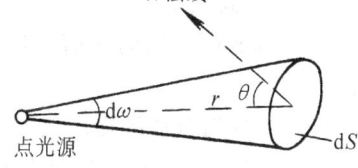

图 4-27 点光源的照度计算示意图

1. 光电倍增管的工作原理

光电倍增管是一个由许多倍增电极 D 组成的一个电子管,各电极间都施加一定的直流电压,如图 4-28 所示。阴极在光的照射下发射出电子,在各个电极的加速下,这些电子不断撞击而产生新的电子,这样到达阳极的电子数,可以增大好几个数量级,在阳极就可测到输出的电流或电压。当局部放电很微弱时,人们的眼睛还看不到由此产生的微光,而光电倍增管可以得到足够大的电流显示,同时光电管的响应时间非常快,一般不大于 10^{-8}s 数量级,这对局部放电的测量已足够了。

为了保证光电倍增管能稳定工作,施加于各电极的电压必须非常稳定,要求直流电源的波动不大于 0.05%,接在各电极的分压电阻 R 阻值也要稳定,在靠近阳极的末端,要加去耦电容 C 以消除脉冲电流对分压的影响,去耦电容约取 0.01~0.05μF,分压电阻约取 100kΩ。

光电倍增管的输出,可以用微安表测量准峰值电流,或用示波器测量脉冲电压。在图 4-28 中,R_L 是负载电阻,C_L 为耦合电容。光电信号的输出,是用同轴电缆接到示波器的。C_L 与 R_L 使输出的电压按指数衰减,其衰减时间常数为 $C_L R_L$,输出脉冲电压的幅值约正比于 R_L 上的电压。为了避免输出的脉冲电压严重叠加,应取 $C_L R_L \leqslant T$,T 为脉冲的间隔时间。为了保证光电倍增管输出的脉冲信号

正比于阴极收到的瞬时光通量,还应满足 $C_L R_L \leqslant 0.16/f_m$,$f_m$ 为信号最高频率,C_L 一般约 1000pF,R_L 一般选取 50kΩ。R_L 取值太小会降低测量灵敏度。

光电倍增管可以输出电压,也可以输出电流。局部放电产生的光脉冲,在 $C_L R_L$ 上可以得到一个脉冲电压,经放大后,就可以在示波器上观察到。若是用微安表串联于阳极,测得的是脉冲电流的准峰值。微安表能相对稳定于一个最大的读数,这样测得的电流值(μA)正比于在阴极接收到的光通量。

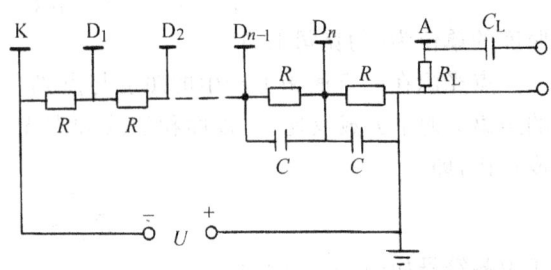

图 4-28　光电倍增管线路图

2. 提高灵敏度

局部放电产生的光信号是很微弱的,可以采取以下措施来提高光测法的灵敏度。

(1) 选用合适的光电倍增管　首先要选择合适的光谱范围。各种类型的光电管,都只能测量一定波长范围的光。如前所述,局部放电的光,多在几百 nm 范围内,因此,光电管的光谱特性,就要选择在这范围内,才能把局部放电产生的光,尽可能多地采集到,通常选择 300nm 到 700nm 就可以了。其次要选择高的阳极灵敏度和低的暗电流。所谓阳极灵敏度,即每单位光通量(lm)能转换成的阳极电流(A),这决定于光电转换和电子倍增。光电转换具有统计性,并不是每一个光子打到阴极上,都能打出一个电子,这种转换率只有 20%～30%。电子通过多级倍增可增加 10^7 倍,这与电极级数及极间电压有关。电子倍增大,暗电流也增大,多级电子倍增使被测的光电流增大,同时也使暗电流增大,所谓暗电流,是指光电倍增管在工作状态下,没有光信号照射时,本身固有的电流。显然,这就限定了可测的最小光电流值,因此,暗电流也是决定测量灵敏度的关键因素。

(2) 减小暗电流　暗电流来自两个方面,一是来自阴极;二是来自倍增电极。前者与电脉冲电流可以相比,是主要的暗电流来源。后者比前者小得多,可以通过幅值鉴别把它消除。把光电管冷却到 -70℃时,暗电流可以减小到原来的 $\frac{1}{10}$。还可以用两个光电管,接成差动电路,如果两个同类型的光电管的暗电流相同,则可相互抵消。此外,还可以根据局部放电产生的光电流脉冲,一般是发生在一定的相位上,而暗电流是随机出现的。因此,在测量 N 个周期(施加于试品的工频电压的周期)后,取相同相位区间的脉冲幅值的算术平均值,来提高光脉冲电流与暗电流的比值。

(3) 把光电管对准光源,而且尽可能靠近光源　从式(4-27)可见,光电管阴极接收到的光照度,是与距光源的距离平方 r^2 成反比的。如果不允许光电管靠近光源,还可以采用聚光镜和光纤技术,把放电的光聚集并传输到光电管的阴极。

实验表明,测得的放电光脉冲幅值随放电量的增大而增大,但不是严格的正比关系,它与放电能量、放电重复率都有密切的关系,因此不能简单地用测得的光信号定量为视在放电电荷。

三、色谱分析法

绝缘材料在局部放电作用下,会发生分解,因而产生各种新的生成物。因此,可以通过测定这些生成物的组成和浓度,来表征局部放电的程度。如在封闭空间内,有表面放电时,可以抽取其中的气体,测定其中臭氧 O_3 的含量来判断局部放电;在 SF_6 气体绝缘中,可以通过测定 F^- 的含量来判断局部放电。目前广应用的,是在有矿物油的绝缘结构中,萃取油中分解出的气体,用色谱分析确定其组成和浓度,以判断局部放电状态。

在局部放电作用下,变压器油中会分解出各种气体,如 H_2、CH_4、C_2H_2、C_2H_4、C_2H_6、CO 等,这些气体也可能是由于过热而产成的,但两种不同的原因,所产生的各种气体的比例不同。有人统计了一百多台运行已久的变压器中的各种气体,如图5-29所示。

从图 4-29a 可以看出,由于放电产生的 CH_4 和 H_2 的比值 CH_4/H_2 比较小,绝大多数变压器都小于 0.5;而过热产生的 CH_4/H_2 比较大,绝大多数都大于0.5。从图 4-29b 可以看出,由于放电产生的 C_2H_2/C_2H_4 值比较大,绝大部分都大于 0.1;而过热产生的 C_2H_2/C_2H_4 值较小,绝大部分都小于 0.1。由此可以得出一个区别局部放电和过热的判断依据

$C_2H_2/C_2H_4 > 0.1$,$CH_4/H_2 < 0.5$——由局部放电造成的;

$C_2H_2/C_2H_4 < 0.1$,$CH_4/H_2 > 0.5$——由过热造成的;

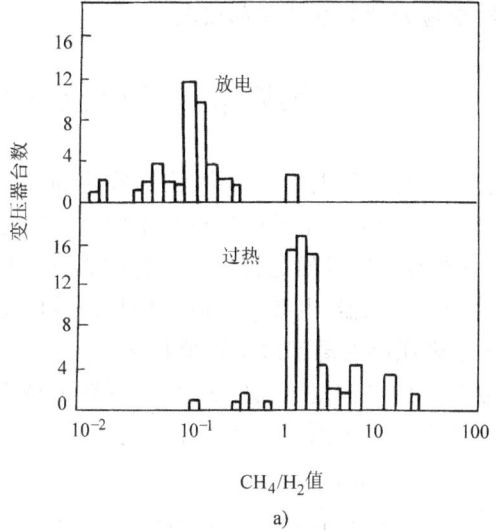
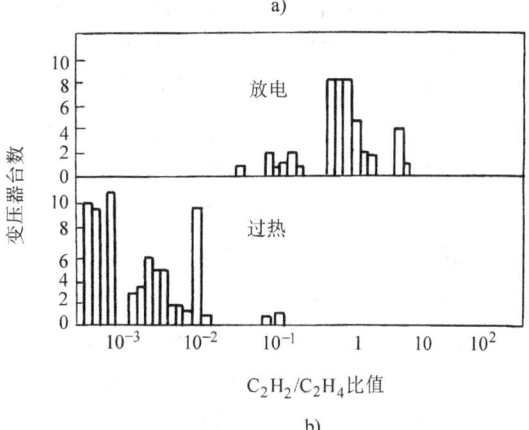

图4-29 含有不同 CH_4/H_2 值的老化变压器台数
a) CH_4/H_2 b) C_2H_2/C_2H_4

$C_2H_2/C_2H_4 \geqslant 0.1, CH_4/H_2 > 0.5$ ——
$C_2H_2/C_2H_4 < 0.1, CH_4/H_2 > 0.5$ —— } 局部放电和过热同时存在。

局部放电本身也会产生过热,因此在有些情况下,这两者是同时存在的。

一般进行这种试验,要经过几个步骤。首先要取油试样,并从油中萃取气体;其次要用气相色谱分析气体的组成和含量;最后进行比较作出判断,这是比较麻烦的。现在新发展的在线检测系统,只用 PFA 膜(聚四氟乙烯与全氟烷基乙烯醚的共聚物),就可将上述气体分离。再加上专用的气相色谱仪或气体传感器就可以测定气体的含量,进行绝缘诊断。采用这种方法,可以大致判断局部放电是否严重。在发现有严重的放电后,最好还是要用电测法进一步测定局部放电的严重程度。另外,要注意到分解的气体要累积到一定程度才能被检测出来,因此,这种方法不能实时地检测到突发的局部放电。

第四节 放电位置的测定技术

在一个复杂的电工设备中,发生在不同部位的放电,对绝缘的破坏作用是不同的,它们在测量端产生的响应也是不同的。测定局部放电的位置,对于准确测定放电量、判断其对绝缘的危害以及设备维修、改进产品设计与工艺等,都有重要的意义。特别是变压器、电缆以及电机的局部放电定位技术,尤其令人关注。

一、变压器的局部放电定位技术

变压器的结构复杂而庞大,定位问题显得更为突出。目前已提出了很多方法,其中最主要的是电测法的多端测量定位和声测法定位两种方法。

(一)多端测量

电力变压器具有很多端子,如图 4-30 所示。图中 E、F 为低压绕组的接头;A、B 分别为高压绕组的高压和中压抽头,C 为高压绕组的末端,M 为套管的末屏抽头(测量用的抽头);Z_1、Z_2、Z_3 都是检测阻抗;D_1、D_2、D_3 都是局部放电检测仪;P 为校正脉冲发生器。由于局部放电产生的脉冲波通过绕组转送到各测量端时,会产生不同的衰减,所以在各测量端上将会测得大小不同的局部放电信号。先用校正脉冲代表局部放电产生的脉冲,将此脉冲从不同的位置注入,在不同测量端上就会得到不同的响应,如在检测仪器 D_1 上测得的响应为 a_1,在 D_2 上测得 a_2,在 D_3 上测得为 a_3,取它们之间的比值 $k_1 = a_1/a_2$, $k_2 = a_2/a_3$, $k_3 = a_3/a_1$。当校正脉冲是从高压端对地注入时,测得的响应比值记为 k_{A1}、k_{A2} 和 k_{A3}。从低压端对地注入时,测得的响应比值记为 k_{E1}、k_{E2} 和

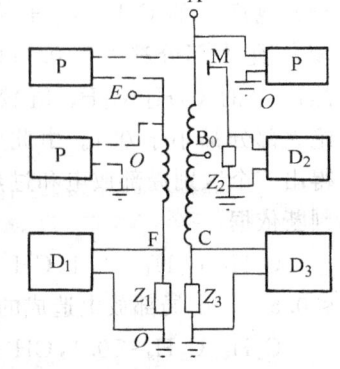

图 4-30 变压器多端测量接线图

k_{E3},以此类推,可以将校正脉冲从不同位置注入时,测得的响应比值列一个表,见表 4-5。

在变压器进行局部放电试验时,假定测量系统的灵敏度保持一定,测得的响应分别为 α_{x1}、α_{x2} 和 α_{x3},则可求得响应比值为 $k_{x1}=\alpha_{x1}/\alpha_{x2}$、$k_{x2}=\alpha_{x2}/\alpha_{x3}$ 和 $k_{x3}=\alpha_{x3}/\alpha_{x1}$,将这一组响应比值与表 4-5 中各列的响应比值相比,与哪一列的比值比较接近,放电就可能发生在靠近该校正脉冲注入的位置。假如 k_{x1}、k_{x2} 和 k_{x3} 分别与 k_{A1}、k_{A2} 和 k_{A3} 很接近,则放电就可能发生在高压端对地附近。因为只有实际放电与模拟放电发生在同一位置时,放电信号传送到各测量端的衰减才会是相同的,也就是响应比值 k 才会是相同的。对于同一型号的变压器,可以用同一个响应比值表。

表 4-5 响应比值表

比值 \ 注入端	AO	BO	EO	AE
k_1	k_{A1}	k_{B1}	k_{E1}	k_{AE1}
k_1	k_{A2}	k_{B2}	k_{E2}	k_{AE2}
k_3	k_{A3}	k_{B3}	k_{E3}	k_{AE3}

在确定了放电位置之后,就应在代表放电位置的校正脉冲注入端上注入已知电荷 q_0,并在靠近的检测阻抗上,如在 Z_2 上,读取相应读数 α_2,则分度系数 $k=q_0/\alpha_2$。在变压器试验中出现的局部放电,也必须同样选取在 Z_2 上的相应读数 α_{2x},则试样的放电量为 $q_k=k\alpha_{2x}$,经过这样定量测得的视在放电电荷量比较接近实际放电电荷量。

(二) 超声波法定位

局部放电产生的超声波在媒质中是定向传播的,可以通过各种方法从测得的超声波信号来作图或计算出放电的位置。

(1) 多点测量计算方法　在变压器外壳的同一侧面上,安放 m 个接收超声波信息的探头,用直角空间坐标标明各探头及放电源的位置,如 x_1、x_2 和 x_3 为局部放电点的坐标,x_{i1}、x_{i2} 和 x_{i3} 为第 i 个探头所在位置的坐标。设 x_{i4} 为第 i 个探头接收到的超声波信号的时延,v 为等值波速度,于是 m 个测量点可以列出 m 个方程

$$f_i(x)=(x_1-x_{i1})^2+(x_2-x_{i2})^2+(x_3-x_{i3})^2-(vx_{i4})^2=0 \quad (4-28)$$
$$i=1,2,\cdots,m$$

在这组方程中,要求出四个未知的变量,即 x_1、x_2、x_3 和 v,可以采用迭代法,由计算机求出方程组的最小二乘法最优解。这种方法最大的优点是波速不取固定数而由计算得出。要取得比较准确的结果,探头数不能太少,一般要取 20 个左右。

(2) 作图法　根据测量探头的位置和放电信号到达各探头的时延的差别,用作图的方法来确定放电的位置,由于测试的方法不同,作图法又可分为好几种,这里列举两种主要的。

一种是用两个探头同时接收超声波信号,移动其中的一个探头,使超声波信号

同时到达两个探头,假定超声波传播到这两个探头的速度也相等,则可以判断放电点发生在通过两个探头连线的中点,并与连线垂直的平面上。如图 4-31 所示,将一探头固定在位置①,移动另一个探头到位置②时,两个探头接收到的超声波信号时延相等,则放电点可能在 ABCD 平面上,因为在这个平面上的任何一点,到①、②两点的距离都是相等的;然后,将探头移到位置③、④,若接收到的超声波信号时延相等,则放电发生在 EFGH 面上,但放电点是同一个,它同时存在于这两个面上,说明它只可能发生在这两个面的相交线上,最后,再把探头放在 BC 线上的位置⑤、⑥,同样可以测得放电发生在 IJKL 面上,于是最后可以确定这三个面的交点 P 就是放电的位置。

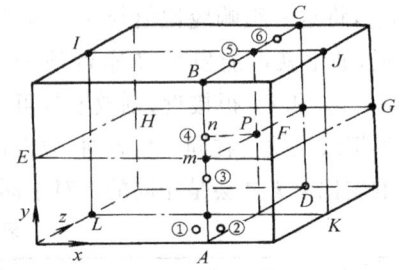

图 4-31 变压器超声波定位示意图

如果超声波从 P 点传播到 m 点的等效速度 v 是已知的,则只要测出传播到 m 点的时延 t_m,就可以计算出 P 点位置,而不必在⑤、⑥两点进行测量

$$\overline{mP} = vt_m$$

或者测得超声波传播到 m 点和 n 点的时延差值 Δt,也可按下式计算出

$$\overline{mP} = \frac{\overline{mn}^2 - v^2 \Delta t^2}{2v\Delta t} \tag{4-29}$$

另一种方法是用多探头做 V 形图。在变压器的一侧,沿着两条相互垂直的 x 轴、y 轴上安放若干个探头,测得每个探头的超声波信号时延为 t_0,以 x 轴为水平轴,t 为其垂直轴,可画出一条 V 形曲线,如图 4-32 所示。若超声波从放电源传播到各探头的速度都相同,则 V 形曲线的最低点 x_p,即放电距离 x 轴的最近点,放电必发生在通过该点与 x 轴垂直的平面上。同样的方法可以测得并画出对应于 y 轴的 V 形曲线,由此亦可找到通过最近点 y_p,并与 y 轴垂直的平面,于是放电点要同时发生在这两个平面上,则只可能落在两个平面的相交线 mn 上。现假设放电发生在 p 点上,超声波从 p 点传播到 x_p 和 y_p 的速度为 v,对应的时延为 t_{xp} 和 t_{yp},则可分别在两个平面上各做直角三角形 mpy_p 和 mpx_p,其中 $y_pm = x_p$,$y_pp = vt_{yp}$,mx_p = y_p,$px_p = vt_{xp}$,于是

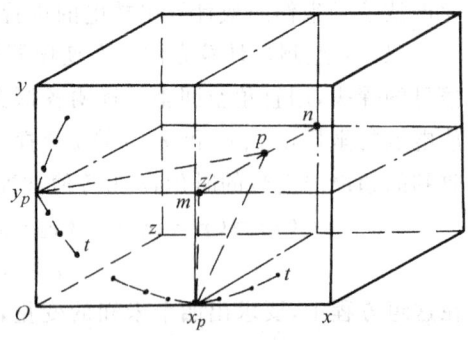

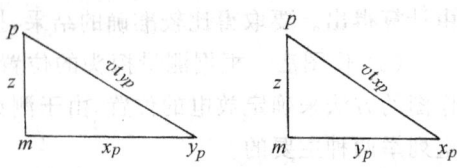

图 4-32 用多探头超声波定位示意图

$$mp^2 = (vt_{yp})^2 - x_p^2 = (vt_{xp})^2 - y_p^2$$

所以
$$v^2 = \frac{x_p^2 - y_p^2}{t_{yp}^2 - t_{xp}^2}$$

$$mp = \sqrt{\left(\frac{x_p^2 - y_p^2}{t_{yp}^2 - t_{xp}^2}\right)t_{yp}^2 - x_p^2} \tag{4-30}$$

式(4-30)中包含的几何位置及时延都可以测出,无需知道超声波的传播速度,但必须满足传到各探头的速度是相同的。

除了上述定位方法之外,还可以根据局部放电的脉冲波所含各谐波分量在测量端的响应与放电发生的位置有关,通过谐波分析,把测量结果与按变压器线圈物理参数计算出各放电点所产生的谐波响应相比较,从而判断放电位置。也可以根据超声波通过不同媒质时,各频率分量产生的衰减不同,频率愈高衰减愈多,因此在测量端测得的超声波频谱与放电的位置有关。直接在油中的尖端放电,如套管接头、引线等部位放电频谱中的中心频率较高,在 150kHz 左右;绝缘套筒上的表面放电中心频率较低一些,约在 80kHz 左右;而深埋在绝缘线圈内部的放电中心频率约在 60kHz 左右。由此可见,频谱分析能为定位提供有用的信息。

二、长电缆局部放电定位技术

在长电缆中发生局部放电时,可以用行波法来测定放电的位置。在放电点出现的放电脉冲波向电缆的两端传播,设放电点与测量端的距离为 x,电缆的总长为 L,如图 4-33a 所示,放电脉冲波经传播 x 距离后,直接到达测量端 M,比放电脉冲波经电缆的另一端反射过来到达测量端的时间早了 t_1(见图 4-33b),则

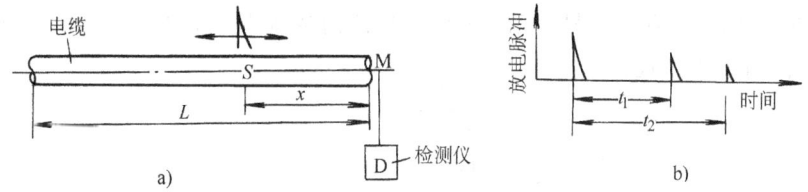

图 4-33 电缆行波法定位图

a) 电缆局部放电位置 b) 放电脉冲时间间隔

$$vt_1 = L + (L - x) - x = 2L - 2x$$

所以
$$x = \frac{2L - vt_1}{2} \tag{4-31}$$

式中 v——放电脉冲波在电缆中的传播速度(m/s)

$$v = \frac{3 \times 10^8}{\sqrt{\varepsilon_r}}$$

式中 ε_r——传播媒质的相对介电常数。

对于聚乙烯电缆,$v \approx 1.7 \times 10^8$ m/s。如果传播的速度未知,可以在显示屏上

仔细观察第三个脉冲出现的时间 t_2，这个脉冲是第一个脉冲由测量端反射到另一端，再由另一端反射回来，因此是经历了 $2L$ 的距离，所以

$$v = \frac{2L}{t_2}$$

代入式(4-31)可得

$$x = \frac{2L}{2}\left(1 - \frac{t_1}{t_2}\right) = L\left(\frac{t_2 - t_1}{t_2}\right) \tag{4-32}$$

于是只要测得 t_1、t_2 及电缆的长度，不需知道传播的速度 v，就可以计算出放电点的位置 x。

三、电机局部放电的定位技术

在整台电机中，要找出是在哪一个槽中发生放电，可以用一根探针伸入通风槽，电机中槽放电的信号会被探针接收，经选频调谐放大后，在示波器上可以观察到。移动探针的位置，当示波器上观察到的信号最大时，探针对应的位置就是放电的位置。

也可以用绕有线圈的马蹄形铁心，紧贴在电机的槽口上移动，当接收到的信号最大时，铁心所在的位置即放电的位置。

为了更有效地抑制干扰和提高测试精度，可用两个电磁探头，分别置放于电机定子槽的两端，两个探头的线圈串联后经高频变压器与局部放电检测仪相接进行测量见图4-34。当放置电磁探头的槽内线棒有局部放电或槽放电时，脉冲由放电点向两端扩散，于是在两电磁探头上产生相位差不多的振荡信号，而使信号叠加增强，从而提高了灵敏度。当其他槽放电时，放电脉冲通过两个电磁探头，感应出相位几乎相差 180°的两个信号，于是它们相互抵消或削弱，从而达到了抑制邻槽的干扰，使测量准确度提高了。

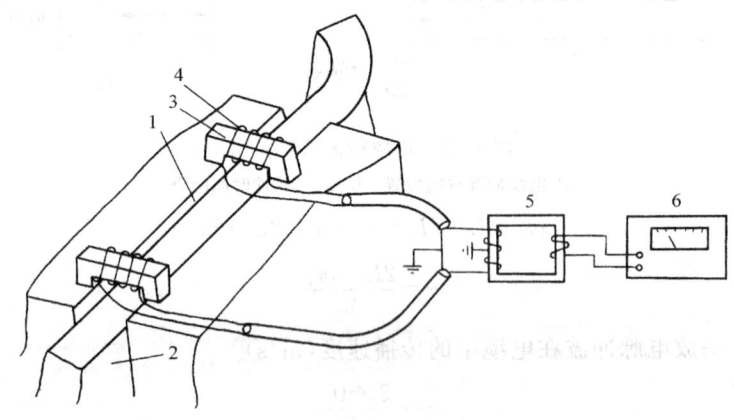

图4-34 电机局部放电测试装置

1—槽楔 2—半导体防晕层 3—传感器铁心 4—传感器线圈
5—高频变压器 6—局部放电指示器

第五节 抗干扰技术

由于局部放电的信号非常弱小,频谱又很宽,在测量时往往遇到外来的干扰比被测的信号还要大。特别是在工厂或变电站中做局部放电试验时,抗干扰成为一个很难解决的问题。因此,识别各种干扰的来源,采用相应的措施来抑制干扰,提高信噪比,就成为局部放电测试技术中很主要的组成部分。

一、识别干扰源

除了测试装置的背景噪声之外,干扰的来源可以归纳为以下三个方面。

(1) 来自空间的干扰　空间传播的无线电信号,试验场地附近出现的各种火花放电如汽车的火花塞放电、电焊以及高压设备的放电等,都可以通过测试回路中的分布电容和电感耦合到检测阻抗上来。

(2) 来自电源的干扰　电网中的各种高次谐波、过电压、可控硅动作、高压设备放电、高压冲击和击穿试验等,都会在测试回路的 50Hz 电源上叠加各种干扰脉冲。

(3) 在试验回路中试样之外的放电　在测试回路中,除了试样中的放电之外,其他所有的放电都归为干扰,如高压引线的电晕,接触不良引起的放电,高压试验变压器、耦合电容器以及高压滤波器等高压设备的放电等;还有在试验回路的高场强区内,不接地的金属物可能出现的浮动电位体的感应放电等。

可以通过以下三个步骤来检查干扰源:

(1) 检查仪器本身的干扰。将仪器的输入端短路,使仪器处于工作状态,并将其灵敏度调到试验时所需的程度。这时,仪器的背景噪声应不大于待测的最小放电读数的一半,这时若有脉冲出现,可能是仪器中某部件不好或接触不良,或者是仪器电源没有隔离好,从电源传来的脉冲。

(2) 将测量仪器和测试回路连接好,接线布置与测试时相同,但不接电源,将测量仪器调节到工作时的灵敏度。若这时出现新的干扰(除了仪器本身的干扰之外),就是来自空间的干扰。

(3) 不接试品接上电源,稍加一点电压,这时出现新的干扰,是电源来的干扰。若电压升高到试验电压时又出现新的干扰,这干扰除了电源来的之外,还可能是测试回路中各部件出现放电,也可能是接触不良放电或浮动电位体的感应放电等。

若要判断是哪一部件的放电,可接上一个不放电的试样,取掉高压滤波器,如果这时放电没有了,就说明是波滤器的放电;若放电变大了,说明是变压器的放电;若变化不大,说明是耦合电容器的放电。

此外,还可以通过示滤器上观察到的放电图形,来识别不同的干扰,例如:导线或高压端头上出现的电晕,如图 4-5 所示,通常放电脉冲首先出现在外加电压的负半周峰值附近,等高度、等距离,相当整齐,当电压很高时,也会在正半周峰值附近出现幅值更大,但次数较少的脉冲。接触不良的放电图形如图 4-35a 所示,放电脉冲出现在零相位附近,随电压升高出现放电的相位加宽;有时在电压足够高而且放电时间较长时,放电会自行消失,这可能是接触不良的触点,被放电火花熔接起来了。

感应放电如图 4-35b 所示,放电脉冲首先出现在正负半周峰值附近,几乎是等间隔,但高度不等。随外加电压升高,放电的相位向零相位扩展。图中虚线所示试验还表明:若浮动电位物体有尖端,它所处的电场又不均匀,则放电的图形与尖端所处的电场有关,放电的图形并不对称,不完全和图 4-35b 相同。

无线电干扰的图形如图 4-35c 所示,在整个周期内出现高频振荡脉冲,有时还出现音频的包络线,它与外加电压的大小无关。

可控硅元件工作时会发出固定相位周期性的脉冲,在示波器上可以看到如图 4-35d 所示的图形。单个脉冲幅值较大,可能只有一个(单相),也可能有两个、三个(三相)等等,它们之间出现的相位间隔是均等的。

找出干扰的来源和类型,便可采用相应措施来抑制干扰。

二、屏蔽和接地

用导电、导磁性能良好的金属体,把试验区的空间屏蔽起来,使静电场、电磁场进入这个空间时会发生很大的衰减,衰减的程度 A(单位为 dB)与屏蔽层的厚度 t(mm)、屏蔽材料的电导率、磁导率以及被屏蔽的电磁场频率 f 有关。

$$A = 0.13 t \sqrt{f \gamma \mu} \times 10^{-3} \quad (4\text{-}33)$$

式中　γ——屏蔽材料与铜的电导率之比;
　　　μ——屏蔽材料与空气磁导率之比。

一般采用一层约 2~4mm 厚的钢板,做成六面体,围成一个屏蔽室,若采用双层屏蔽,即一层铜网一层钢板,效果更好。屏蔽室的门、窗、通风口以及引线端等都要设计好,才能保证屏蔽效果。良好的屏蔽室可以使 100kHz 左右的电磁干扰衰减 60dB 以上。

用隔离变压器把电源的地线与测试回路的地线分开。为了消除变压器中一次绕组与二次绕组之间的分布电容对干扰电压的耦合作用,在低压绕组边加一个屏蔽层,把它与电源的地线连接,高压绕组边加

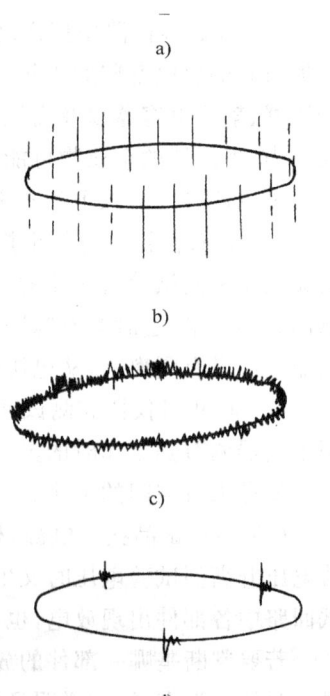

图 4-35　几种干扰图形
a) 接触不良　b) 感应
c) 无线电　d) 可控硅

一屏蔽层,把它与测试回路的接地点连接,这样可以减小电源端引入的干扰。

当屏蔽层不能接地时,可用驱动屏蔽,如图 4-36 所示。图中,运算放大器组成 1∶1 的电压跟随器,使屏蔽层 B 的电位始终与导体 A 的电位保持相等,这样即使 A、B 间有电容 C_2 存在,但也不起作用,于是外来的干扰 E_n 就不会进入屏蔽层内。

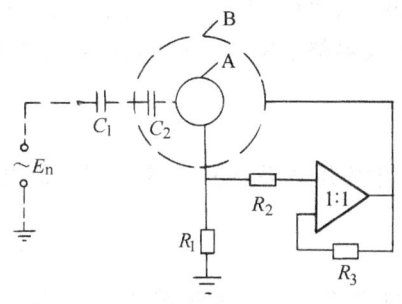
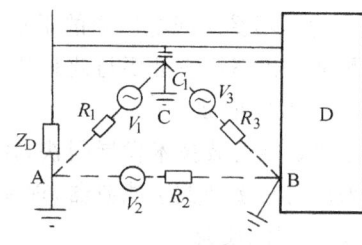

图 4-36　驱动屏蔽示意图　　　　图 4-37　多点地电位差示意图

屏蔽必须要有良好的接地,接地电阻要小(通常要求小于 1Ω),而且要和测试回路的接地点连接在一起构成单点接地。由于大地的各点电位不同,若是多点接地,则接地点之间的电位差,就会形成干扰源。如图 4-37 所示,A 点为检测回路的接地点,B 点为放大器的接地点,C 点为引线屏蔽层的接地点,则 A、B、C 三点的电位 V_1、V_2、V_3 就会通过检测阻抗 Z_D 和接线的分布电容 C_1,直接耦合到放大器输入端。将 A、B、C 三点连接在一起,一点接地,就可以消除 V_1、V_2 和 V_3,所以单点接地是很重要的。

三、滤波

根据放电信号的频率与干扰的频率不同,用不同的滤波器将干扰分量滤掉,保留放电的信号。

（一）低通滤波

在试验变压器的低压端接入电感 L 与电容 C 组成的 Π 型低通滤波器,如图 4-38a 所示,截止频率 f_c 可选 5kHz,L、C 参数值可按下式估算

$$f_c = \frac{1}{\pi\sqrt{LC}} \tag{4-34}$$

对于低压低通滤波器,C 可选大些,如 16μF,电感就可做得小些。低通滤波器可以有效地把从电源进来的高频干扰滤掉,净化 50Hz 的工频电源。

在试验变压器的高压端接入 T 型 LC 低通滤波器,如图 4-

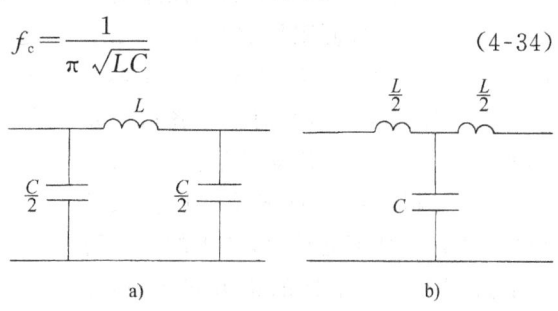

图 4-38　低通滤波器
a) 低压 Π 型滤波器　b) 高压 T 型滤波器

38b 所示。因为电压高,试验变压器的容量小,电容 C 不能取大,一般取 nF 或更小。高压滤波器还可以阻塞试品局部放电的信号,使之不会通过变压器的入口电容旁路而全部通过检测阻抗被采集,这可提高测试的灵敏度。

(二)带通滤波

一般绝缘系统中气隙放电的频谱,含量最丰富的频率分量为几十 kHz 到几 MHz。为了不受无线电广播的干扰,一般测量仪器都采用 20~400kHz 带通滤波,整个测试的频率响应也要与此频带一致。

(三)数字滤波

近代数字滤波技术发展很快,在数据处理中应用效果显著,目前在局部放电测量中采用的有多种数字滤波器,现举两例:

1. 匹配滤波器

先把放电脉冲和干扰脉冲(时域函数)分别变换成各自的频谱(频域函数),再选取其中某些频域段,在这些频域中放电的分量比干扰的大得多。之后,把这些频域再转换为时域,新得到的脉冲信号就可以比较符合实际的放电脉冲。

2. 自适应滤波器

放电脉冲的频谱与干扰脉冲的频谱不同,取其中为已知的一种做为参数输入,经过自适应运算,可把淹没在杂乱干扰脉冲群中的放电信号抽取出来。采用递推的最小二乘自适应算法(RLS)有较好的效果。

此外,小波分析也可用于抗干扰,以提高信噪比。

四、差动补偿法

设计各种补偿电路可使干扰相互抵消。前面叙述的平衡法测试回路,就是补偿电路的一种,它可以使从高压源来的干扰,在电桥的对角线两端的输出中相互抵消。但外来的干扰往往是脉冲波,它含有很多频率分量。交流电桥通常只能对一种频率分量调到平衡,而其他分量还是不能相互补偿。只有当试样和耦合电容器的介质损耗因数相等时,电桥的平衡条件才与频率无关,这时才能得到最佳的补偿。

图 4-39 是差动补偿法的测试原理图,试品 C_X 的放电信号及外来干扰通过耦合电容器 C_K 和检测阻抗 Z 回路,由 Z 两端送入调幅(放大)移相单元 F。另一支路专门采集干扰,干扰信息经耦合电容 C_K',由采样阻抗 Z' 输入另一个调幅移相器 F'。两个经调幅移相的信号一齐送入差动放大器 A,最后由检测仪器 D 处理、显示记录。测量时,先对试品施加很低的电压,这时试品不会放电,外来的干扰可以通过调节两路干扰的幅值和相位,使之相同,这时差动放大的输出最小,之后就可升高电压进行测量。这种补偿方法

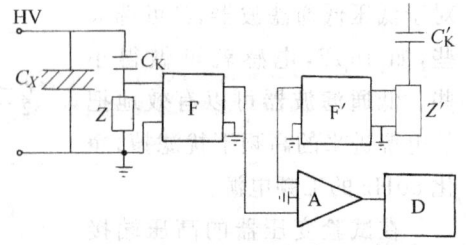

图 4-39 补偿法检测局部放电的线路图

对于窄频带的干扰有一定的抑制作用。

五、特征识别

根据放电信号与干扰的不同特征来分离放电信号与干扰。如前面已述的从示波器上观察到的放电图形来识别干扰,并在试品测量之前予以排除。除此之外,常用的还有开窗口和脉冲极性鉴别等。

1. 开窗口

对于出现在固定相位上的干扰,通过电子线路设计或计算机软件设计,可以将出现干扰脉冲的相位开"窗口",去除这个相位上的干扰脉冲。这个窗口的宽度和相位是可以改变的,因此只要干扰脉冲出现的相位是固定的,则可将此干扰去除,当然同时出现在该窗口内的放电脉冲也被去除,只能测得在此窗口之外的放电信号。

2. 脉冲极性鉴别系统

如图 4-40 所示,当从高压端来的干扰脉冲电流,经过 Z_1 和 Z_2,在 A、B 两点出现相同极性的电位变化。但若试样放电,则放电电流是在 C_X、C_K、Z_1、Z_2 闭合回路中流通的,所以 A、B 两点电位出现相反极性的变化,于是,根据 A、B 两点的电位变化,通过计算机识别软件就可剔除从高压引线引进的干扰。

六、统计处理和相关分析

有些干扰脉冲是随机出现的,局部放电脉冲是比较有规则地出现在某相位上,因此取很多周期内相同相位的脉冲的算术平均值,则可以提高信噪比 $\sqrt{N}$ 倍(N 为测量的总周期数)。

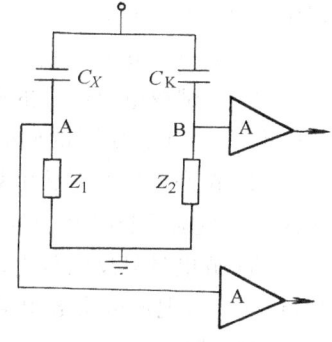

图 4-40 脉冲鉴别系统图

近代采用相关分析技术,可以把相关信息与不相关的信息区别开来,如电缆的局部放电定位测量中,直射波和反射波之间的时延是确定的,也就是说这两者是相关的,而外来的干扰是不相关的,通过相关分析处理后,就能把放电信息与干扰区别开来。又如对放电谱图进行模式识别也能把干扰区别开来。

综合采取上述各种抗干扰的方法,在试验室的条件下可以做到满足产品的试验要求,但在现场测量中,干扰问题至今仍没有得到满意的解决。

第六节 测试结果的分析和评定

局部放电对电工设备肯定是有害的,但对于高电压设备,要完全消除局部放电是不现实,也是不经济的。只能把局部放电限制在一定水平之内,以保证产品能达到设计的寿命。另外,局部放电是与绝缘缺陷和绝缘老化密切相关的,可以通过局部放电的各种特征来判断绝缘缺陷类型和绝缘老化程度。由于局部放电是很复杂的物理现象,采用什么表征参数及如何来评定测试结果,是多年来人们不断在研究的课题,从基本放电表征参数到各种放电指纹,从直观的参数对比到各种统计识别方法,各种评定方法已有很大发展。

一、用基本表征参数来评定

(一) 放电量(稳定、最大的视在放电电荷)

目前许多产品的局部放电的试验标准中,几乎都是以放电量的大小作为评定局部放电性能的标准。各类产品根据运行经验和制造的技术水平,都相应地规定了允许的放电量水平。

一般认为,绝缘的破坏决定于最大的一个缺陷,只要在这一点发生击穿,则整个绝缘系统也就破坏了。最大的视在放电电荷对应于最大的缺陷,因此,用放电量来评定局部放电对绝缘的危害是合适的,在实践中也常观察到放电量大的绝缘系统破坏得快。但值得注意的是有些电气设备在运行中测得的放电量虽大,但寿命却比放电量小的还长。在人工加速电老化试验中,也会观察到放电量大的试品,寿命不一定都比放电量小的短,出现这种现象的原因可能有以下几点:

(1) 局部放电对绝缘的破坏是与实际放电电荷直接有关,而测得的只是视在放电电荷,并不是实际的放电电荷。

(2) 在许多情况下放电量是瞬时变化的,在测量的瞬间测得的放电量,不一定能代表测量前后长时间的放电量。

(3) 放电量只反映放电电荷,不能反映放电次数及放电能量。有人认为放电量虽小一些,但放电次数很多,或放电能量很大时,绝缘也会很快受破坏。

有些试验表明,放电量的某种统计量与绝缘的电老化寿命有更密切的关系。如聚丙烯全膜电容器的电老化试验表明:单位时间内放电量的总和 ΣQ 与寿命几乎成反比。环氧浇注材料人工气隙电老化试验中,发现在接近寿命终了时,单位时间内放电量的总和增长得很快,因此 ΣQ 的增长率可以预示寿命终了。

(二) 放电能量或放电功率

局部放电造成绝缘破坏的过程,不论是发生哪一种物理效应和化学反应,总是伴随着能量的交换过程。局部放电的能量大,就意味着交换的能量多,材料破坏得快。因此,放电能量或功率应该与电老化寿命有密切的关系。另外,从放电功率的定义(式(1-10))也可以看出,它包含有更多的表征局部放电的信息,除了视在放电电荷之外,还有放电次数和放电时外加电压的瞬时值,因此,测量放电功率这一参数可能是很有意义的。

图 4-41 是油纸绝缘和变压器油在电老化过程测得的放电能量与分解出的气体的总量之间的关系。分解出的气体的总量以 mol 表示,它可以表征油纸绝缘的老化程度。由图中直线可以看出老化程度与放电能量有线性关系,而且密封油的质量比再生油好。在同样的放电能量下,再生油的老化比密封油严重。

(三) 放电平均相位和起始电压

当局部放电变得剧烈时,往往可以观察到在试验电压上出现放电的相位变宽了,而且是向电压过零相位发展。因此,出现局部放电的相位中心值 $\bar{\alpha}$ 变小是意味着放电更为剧烈。用聚乙烯材料在三种情况下进行试验,Ⅰ是未经老化;Ⅱ是在 90℃ 下老化 72h;Ⅲ是在 135℃ 下老化 672h。对应这三种情况下,测得的放电相位中心分别是 $\bar{\alpha}_Ⅰ$,$\bar{\alpha}_Ⅱ$,$\bar{\alpha}_Ⅲ$,试验结果明显表明 $\bar{\alpha}_Ⅰ > \bar{\alpha}_Ⅱ > \bar{\alpha}_Ⅲ$。同时测得相应的起始放电电压是 $U_{iⅠ} > U_{iⅡ} > U_{iⅢ}$。这可能是聚乙烯老化之后分解出的低分子气体,使得局部放电变得更为剧烈。

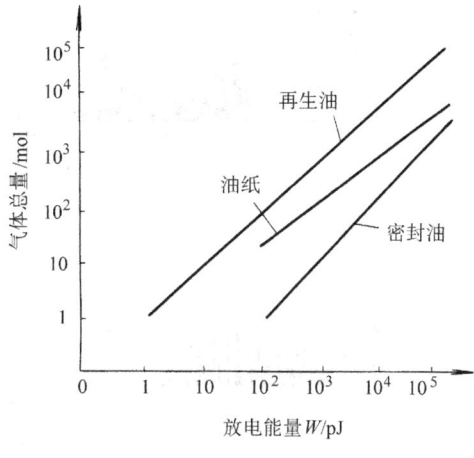

图 4-41 绝缘油中放电能量与老化的关系

二、用放电指纹来评定

近年来,采用微机辅助的局部放电多功能测试系统,可以快速地采集在一定测量时间内,各次放电的放电量,放电时对应的外加电压的瞬时值及相位。经过统计处理就可以得出各种分布谱图,这些分布谱图更能表征局部放电的概貌。各种谱图的形状可以用几个统计算子(谱图的表征参数)来描述,并由若干个统计算子组成放电指纹。不同的绝缘缺陷和老化程度,对应不同的放电指纹。

(一) 放电谱图

可以从 $N—q—\phi$ 三维谱图中分解出下列三维谱图。

1. $N—q$ 谱图

将测得的视在放电电荷 q 按大小排列,并取等区间为 x 轴,统计出各区间内的放电次数为 y 轴,做出分布谱图(直方图),即为 $N—q$ 谱图,如图 4-42a 所示。

2. $N—\phi$ 谱图

将一周期的试验电压按相位依次分为若干等区间(一般为 200～400 个等区间,每一区间为 $1.8°\sim 0.9°$,做为 x 轴。统计出各区间内出现放电的次数为 y 轴,做出直方图即为 $N—\phi$ 谱图,如图 4-42b 所示。

3. $q—\phi$ 谱图

将试验电压一周期的相位分为若干等区间做为 x 轴。再取不同周期中同一相位区间内的视在放电电荷的平均值 q(如第 i 个相位区间 ϕ_i 内有 m 次放电,则此相位中对应的平均放电电荷 $q = \sum_{1}^{m} q_i/m$)做为 y 轴,这个直方图即为 $q—\phi$ 谱图,如图 4-42c 所示。

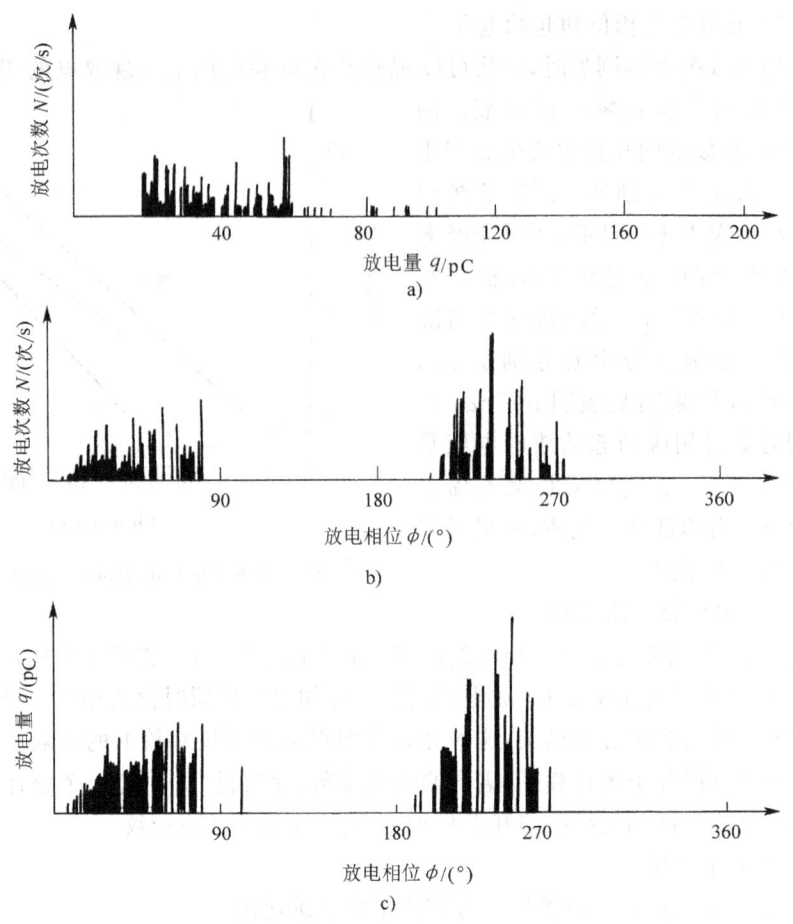

图 4-42 放电谱图
a) N—q 谱图 b) N—ϕ 谱图 c) q—ϕ 谱图

此外还可以由其他表征参数组成的各种谱图。

(二) 统计算子

为了描述各谱图的特点,采用各种统计算子做为谱图的特征参数。

1. 相位中值 μ

描述 q—ϕ 或 N—ϕ 谱图中放电出现所在的相位中值

$$\mu = \Sigma x_i P_i \tag{4-35}$$

式中　x_i——第 i 个相位窗口;

P_i——出现 x_i 的概率。

2. 不对称度 Q

描述 q—ϕ 或 N—ϕ 谱图中正负半周放电的对称程度

$$Q=\frac{q_s^-/N^-}{q_s^+/N^+} \tag{4-36}$$

式中 q_s^-、q_s^+——分别为外加电压负、正半周放电量的总和；

N^-、N^+——分别为负、正半周放电次数。

3. 偏斜度 SK

描述各种放电谱图的包络线形状

$$SK=\frac{\Sigma(x_i-\mu)^3 P_i}{\sigma^3} \tag{4-37}$$

式中 x_i、P_i、μ——与式(4-36)相同；

σ——标准偏差。

$$\sigma=\sqrt{(x_i-\mu)^2 P_i}$$

此外，还有很多统计算子，如突出度 Ku、互相关因子 CC、相位宽度 W、峰值个数 P 等等。它们都有特定的计算式。

（三）放电指纹

对于一定的绝缘缺陷（放电源）或绝缘老化，在一定的试验条件下，会有相应的放电谱图，因而可以找出几个能区别于其他绝缘缺陷或老化程度的统计参数，组成放电指纹。对于一种产品，通常都会有几种经常出现的绝缘缺陷，如高压塑料电力电缆，经常会出现绝缘层中有气隙、半导体层突出或脱裂、电缆端部放电等。对于这些典型的绝缘缺陷，进行重复多次的测试，并通过统计处理，可以得出几个有效的统计算子，组成一个对应于一定绝缘缺陷的放电指纹。对于不同的绝缘缺陷，可以测得不同的典型放电指纹，并由这些典型的放电指纹组成指纹库。

（四）识别方法

由于局部放电本身是随机性的，同一种绝缘缺陷重复测得的统计算子的数值有较大的分散性，不会完全相同。因此，从试品测得的放电指纹与指纹库中典型放电指纹对比来识别绝缘缺陷的类型时，就要采用合适的统计识别方法。现在已试用的有：概率分类法（置信区间）、距离分类法（马氏距离）、神经网络、模糊识别、专家系统等等。在什么条件下应采用哪种识别方法，还有待深入研究。识别结果只是可能性最大的结果，即属于该种类型放电的概率最大，如果与其他放电类型出现的概率有明显的差异，则可认为就是该类型的放电。

第五章　在线测量与绝缘诊断

在线测量是指电气设备在运行条件下不脱离电网，测量该设备的性能，即在工作电压下对电气设备进行测量。随着电气设备容量的扩大和社会对电力需求的日益增长，要求尽可能减少停电次数，特别是要求避免突发性停电事故，因此，电力设备的维护从最早的事故后维修、预防性维修，发展到状态维修。这就要求进行状态监测，即在工作电压下经常监测电气设备的运行状态，以便做出设备是否需要维修的结论。另外，过去的预防性试验，都是在停电条件下，而且在较低试验电压下进行的，由于许多试验中测量的数据与电气设备绝缘的运行条件、气象条件等有关，在运行电压很高而常规预防性试验电压较低（一般在工频10kV以下）的情况下，可能出现预防性试验合格，而在运行中发生事故的现象。

用状态监测来取代预防性试验是发展的趋势，在线测量可以及时了解设备的状态，以求电气设备维护的合理化。这对于合理地使用设备，保证电力系统安全运行，将起极大作用。

在线测量技术的关键是被测信息的采集和抗干扰，测量方法与装置必须保证在不影响被测设备安全正常运行，和人身安全的前提下，测得可靠的数据。

第一节　漏电流的测量

电气设备在运行电压下，总有一定的漏电流通过绝缘体到达低电位处或流入大地。只要这种电流不超过一定的数值，电气设备的使用仍然是安全的。但是当电气设备中的绝缘材料老化、电气设备受潮或存在故障时，这种漏电流将会明显增大，它可能造成火灾、触电或损坏设备等漏电事故。在安全技术规程中已规定一定要安装漏电断路器，它可以检出电路或用电设备上发生的漏电现象而自动切断电路，同时还通过漏电报警器发出警报。为此，首先要检测出漏电流。

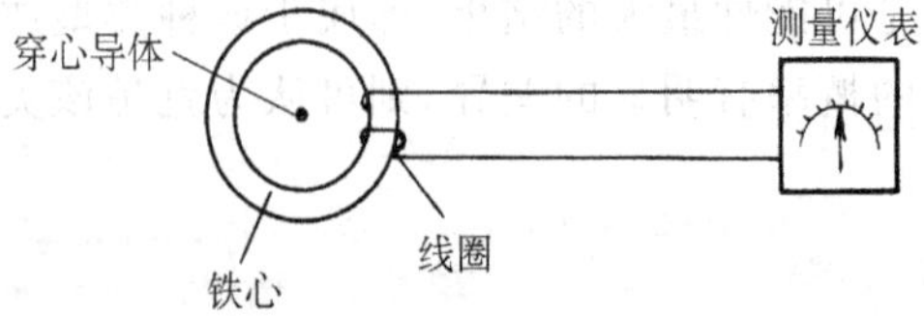

在直流电压下，泄漏电流的检测已在第一章中阐述。在交流电压下，漏电流的检测一般都采用穿心电流互感器（罗哥夫斯基线圈），它是在一个环形铁心上绕上线圈，流过被测电流的导线穿过铁心。当被测的交流电流通过时，线圈两端就会出现感应电动势。于是只要用不同仪表测出线圈两端的电动势，就可换

图 5-1　穿心电流互感器

算出被测的电流,如图 5-1 所示。

一、夹钳法

夹钳法是最简单的测量漏电流的方法,把电流互感器做成夹钳形式,以便于测量电线的漏电流。测量时把一对回路的两根导线同时做为穿心导线,负荷电流在这两根导线通过的方向相反(相位相差 180°),在铁心中产生的磁通很小,设为 Φ_1。当有漏电流 I_g 时,总磁通 $\Phi_2=\Phi_1+\Phi_g$,$\Phi_1\neq\Phi_2$,于是二次绕组产生的感应电动势的变化,就可从电表上读得。

这种方法的特点是不用切断电路,可在带电状态下测定漏电流。为了安全起见,一般在 600V 以下的回路使用这种方法。使用时先将电流互感器的引线接到指示仪器本体的端子上,检查仪器正常后,用漏电检测夹钳按线路要求夹住被测电线,再按下读数按钮,漏电流就可在仪表上读取。

用漏电检测夹钳测量时,应按图 5-2a 的电线排列位置夹住电线。如果按图 b 那样把电线夹在靠近钳的开口处,会产生少量误差;如按图 c,在夹钳的开口处外侧邻近有大电流电线时,也会影响测试结果;如按图 d,钳口没有完全闭合而留有气隙,也会有误差。钳口是夹钳法测量的关键,当钳口闭合不好时应该修理后再用。夹钳法一般测量范围有 0~150mA、0~300mA、0~30A 和 0~150A。由于它不能读出微小的漏电流,因此在需要精确测量时,要用其他方法进行测量。

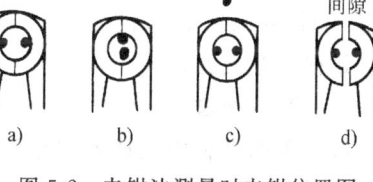

图 5-2 夹钳法测量时夹钳位置图
a) 正确夹法 b) 电线靠近钳口 c) 夹钳附近有大电流电线 d) 钳口有间隙

二、计算机辅助测量法

利用计算机能够快速采集数据、统计大量数据,并且具有识别不同信息的功能,使漏电流的测量提高到一个新的阶段。

图 5-3 是简单的计算机辅助测量系统的框图。

从传感器采集到的电流或电压信号,不一定只是漏电流的信号。因此,首先要从各种信号中选取真正代表漏电流的信号,如通过滤波、识别等;之后,再对选取的信号进行整形、峰值保持等处理,以后再进行模/数变换,把模拟量变为数字量再送入计算机,经计算机运算后显示结果,或发出报警信号,切断电源。

常用的采样元件也是穿心电流互感器。图 5-4 是测量变压器主绝缘漏电流的测试装置图。从变压器绕组流过主绝缘到箱壳的漏电流,经过接地线流到大地,电流互感器铁心线圈套在此接地线上,接地线即穿心导线,于是这漏电流就使测量线圈产生感应电压信号,这信号送入计算机辅助系统,就可进行在线监测。

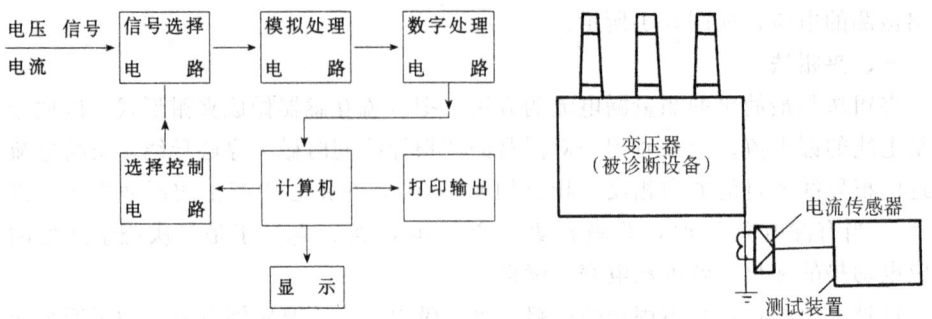

图 5-3 计算机辅助测量系统的框图   图 5-4 变压器漏电流测试装置图

第二节 电容和损耗因数的测量

电力设备绝缘系统老化、吸潮、过热等导致发生故障的因素，都会反映在电容 C_X 和损耗因数 $\tan\delta$ 的变化上，因此，在线检测 C_X 和 $\tan\delta$，对于诊断绝缘状态也是很有意义的。

一、瓦特表法

最简单的是利用瓦特表和电流表，测量绝缘系统的损耗功率和流过的电流，可得到电容和损耗因数。图 5-5 为工作电压下瓦特表法测量损耗因数的线路图。瓦特表的电压由电压互感器 PT 的二次绕组供给，电压互感器与被试设备应接在同一母线上，电流由被测试设备回路中的电流互感器 CT 供给。试品和电压互感器的接地回路分开。

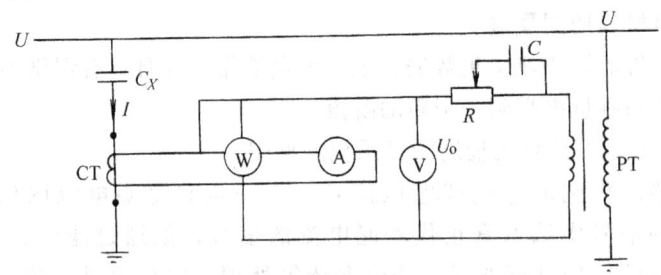

图 5-5 工作电压下测量电容和 $\tan\delta$ 的瓦特表法

设瓦特表的读数 P_0，流过被试设备的电流 I，则

$$P_0 = U_0 I \cos\varphi$$

式中　$\cos\varphi$——功率因数；

U_0——瓦特表电压线圈的电压（V）。

实际试品的有功功率 P 为

$$P = P_0 K = I U_0 K \cos\varphi \tag{5-1}$$

式中 K——电压互感器的变比，$K=|U/U_0|$；

U——加在试品上的电压。

由于 $\varphi+\delta=90°$，且 δ 角很小，因此试品的损耗因数和电容

$$\tan\delta\approx\sin\delta=\cos\varphi=\frac{P_0}{U_0 I} \tag{5-2}$$

$$C_X=\frac{I}{\omega U_0 K} \tag{5-3}$$

用瓦特表测量绝缘介质损耗因数时，应选用低功率因数瓦特表。为了保证测量准确度，必须使加在瓦特表电压线圈上的电压与加在被试绝缘介质上的电压在相位上一致。图 5-5 所示测量系统的误差主要是由感应电流和电流互感器及电压互感器的相角误差引起，设 ψ 为由于感应因素等引起的相位移总和，则

$$\tan\delta\approx\frac{P_0}{U_0 I}-\tan\psi \tag{5-4}$$

为了消除系统误差，可在测量线路中引进一个移相单元，使相位移动 ψ。如图 5-5 所示，在瓦特表电压回路中引入电阻 R 和电容 C。通过调节电容或电阻来改变相位，补偿测量中引起的相角误差。实际测量时为了校验加在瓦特表电压线圈上的电压与加在被试绝缘介质上电压的相角差，可用一个无损标准电容器作为试品。此时瓦特表读数应为 $P_0\approx 0$，如果有相角差，$P_0\neq 0$，则可调节移相装置使瓦特表读数 $P_0=0$，然后再测量实际试品的有功功率。另一个方法是将测得的 $\tan\psi=P_0/(u_0 I)$ 作为修正量，在以后同一种线路下的测量结果中进行修正。

二、电桥法

使用高压电桥，包括西林电桥和电流比电桥（见第二章第二节）。可对被测试设备进行在线测量。当电桥上使用的高压标准电容器能承受被测试设备运行条件下相应的电压时，可把此标准电容器挂接在被测试设备的高压端，但这样操作很不方便，也不安全，而且高压电容器搬运也困难。比较可行的方法是用低压标准电容器，接到测量被测试高压设备电压的电压互感器 PT 上，如图 5-6 所示。电桥接线全部接好后，特别是接地线接牢后，打开开关 S_1、闭合开关 S_2，便可平衡电桥。当电桥平衡时，可得

$$C_X=C_N\frac{R_4}{R_3}\left(\frac{N+R_3}{n}\right)K \tag{5-5}$$

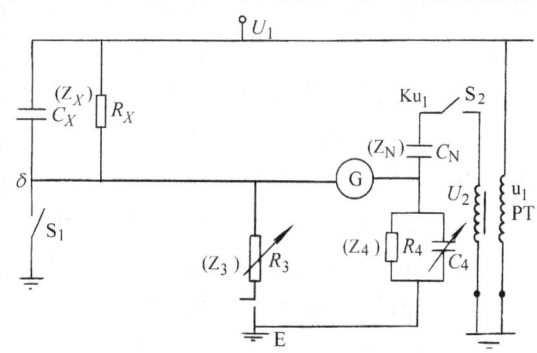

图 5-6 电桥法在线检测 C_X、$\tan\delta$

式中　K——PT 的电压比。

$$\tan\delta_X = \tan\delta_m + \tan\delta_N + \tan\delta_{PT} \tag{5-6}$$

式中　$\tan\delta_m = \omega C_4 R_4 - \omega C_N R_4 \dfrac{N-n}{R_3} + \omega C_N R_4$

$\tan\delta_N$——分别是标准电容器和电压互感器的损耗因数。

显然测量的准确度要比实验室中测量时差得多，一般误差可达 10^{-3}。

三、相位比较法

由于在一定的频率下，正弦函数的电压或电流，在幅值过零之后的时间是与相位一一对应的，因此只要测出施加于试品的电压和通过试品的电流之间过零时的时间差，就可得到两者的相位差 φ。而 $\tan\delta = \tan\left(\dfrac{\pi}{2} - \varphi\right)$，所以只要测得 φ，就可以计算出 $\tan\delta$。

相位比较的基本测试原理是：让电压和电流信号经过相同的两路信号预处理电路，然后进入过零比较器将交流信号过零整形为方波信号，通过比较这两个方波信号的上升沿或下降沿之间的时间差来求出两个信号的相位差。测量的线路框图如图 5-7 所示。

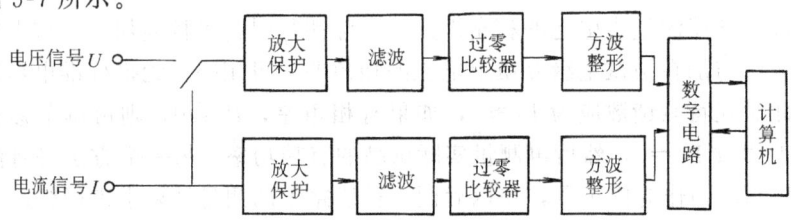

图 5-7　相位比较法测量的线路框图

电流信号可从穿心电流传感器或从串联电阻的电压换算取得；电压信号可从电压互感器或分压器上取得。两个信号经过低通滤波后，在进入比较器前，保证输入信号为标准正弦波，信号经过比较器后输出为方波，再由数字电路进行 A/D 转换和计算机处理，最后显示出 $\tan\delta$ 值。

实际的比较器电路由于其阈值电平可能不为零，即只有当输入信号大于阈值电平一定值时，比较器才发生翻转，这就使得输出的波形不是真正在过零时翻转。为了方波上跳准确出现在过零时刻，可采取以下措施：

(1) 尽量将电流、电压两路信号的幅值调整相同。这样，同幅值、同频率的两个信号可以在任意点进行相互比较，判断两者的相位差。

(2) 经过比较器输出的两个信号波形，先将其中一个信号"反相"，然后再和另一个信号相与。这样得到的相位差，就容易保证信号在同一时刻相比较，并且可直接得到相位差，从而减小误差。图 5-8 为两种情况下的时序图形。a 图中，a 信号超前 b 信号，$a \cdot \bar{b}$ 得到的是两个信号上升沿的时间差；b 图中，a 信

号滞后 b 信号，$a \cdot \bar{b}$ 得到的是两信号下降沿的时间差。这比通过 $a \cdot b$ 得到的不同沿的时间差要准确。

将 $a \cdot \bar{b}$ 脉冲信号送到计算机控制的门电路的输入端，用一标准时钟脉冲对信号进行计数测量，求得 $a \cdot \bar{b}$ 脉冲的宽度，这宽度就可换算为所求的相位差。测量过程为：计算机不断地检查被测信号，当检测到脉冲的上升沿时，输出信号，打开与门，被测信号通过与门，计数器开始计数。此时，计算机继续监视被测信号，当检测到该脉冲的下降沿时，输出信号，关闭与门，停止计数。

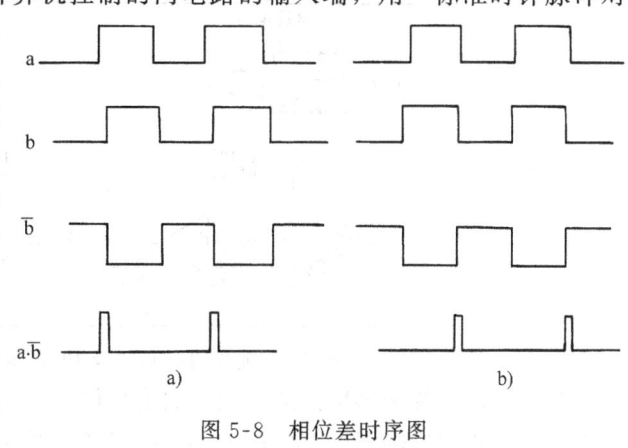

图 5-8 相位差时序图

设测得的脉冲数为 n_1，工频一周期（2π）的脉冲数为 n_c，则电压与电流的相位差为

$$\varphi = \frac{2\pi}{n_c} n_1$$

$$\tan\delta \approx \delta = \frac{\pi}{2} - \varphi = \frac{2\pi}{n_c}\left(\frac{n_c}{4} - n_1\right)$$

这样测得的脉冲数 n 就可表征相位差 φ、δ。

过零比较法测量 $\tan\delta$ 时，电压和电流信号是分别经过两个通道进行过零比较的，虽然这两个信号的预处理电路完全相同，但也可能存在相位差。且这个相位差与电路的工作条件有关。为了消除这个误差，在每次测量 $\tan\delta$ 以前，可让这两个通道通过同一信号，测量两个电路之间的相位差，以便于从测量结果中扣除。设用同一个信号测量得到电路相位差的脉冲数为 $\pm n_2$；再测得接试品时电压电流相位差的脉冲数为 n_1，则 C_X 和 $\tan\delta$ 为

$$C_X = \frac{I}{U\omega\cos\delta} \approx \frac{I}{\omega U} \tag{5-7}$$

$$\tan\delta \approx \delta = \frac{2\pi}{n_c}\left[\frac{1}{4}n_c - (n_1 \pm n_2)\right] \tag{5-8}$$

图 5-9 是在变电站等现场测量 $\tan\delta$ 及局部放电（PD）的线路原理图，图中 C_p 与 R_p 并联代表试品的等效阻抗；C_3、R_3 组成匹配阻抗，并经运放输出通过试品的电流信号；C_2、R_2 组成匹配阻抗，并经运放输出试品的电压信号；C_K 为探测电容（承受与试品一样的电压），它与 C_2、R_2 组成分压器。C_K、C_2 都是压缩气体电容器，本身的 $\tan\delta$ 都很小，因此从 C_2 采集的电压相位与试品施加的电

压相位基本相同，于是从 a、b 两端输出的信号，就可用相位比较法测得 $\tan\delta$。图 5-9 还可以用以测量 PD，这将在下一节叙述。

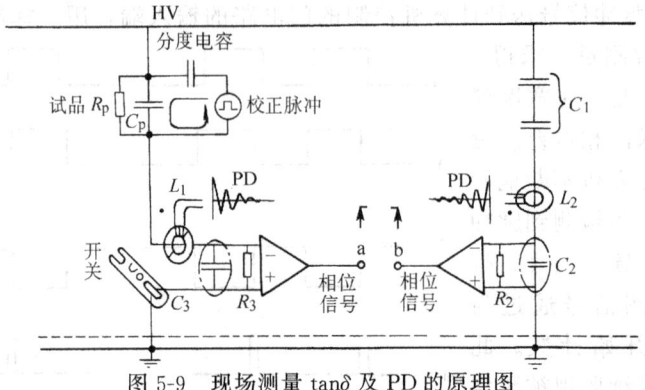

图 5-9 现场测量 $\tan\delta$ 及 PD 的原理图

过零比较法受诸多因素的影响，如信号传输过程产生相移电压频率波动、含有谐波等，难以准确测得 10^{-3} 的 $\tan\delta$。近年来发展的正弦波参数法可以提高准确度。

正弦波参数法是根据电流、电压的表示式：

$$I(t)=I_m\sin(\omega t+\phi_i)=A_0\sin\omega t+A_1\cos\omega t$$

$$u(t)=u_m\sin(\omega t+\phi_u)=B_0\sin\omega t+B_1\cos\omega t$$

式中　$A_0=I_m\cos\phi_i, A_1=I_m\sin\phi_i;$
　　　$B_0=u_m\cos\phi_u, B_1=u_m\sin\phi_u。$

可得到　　　　　　　　$\phi_i=\tan^{-1}A_1/A_0, \phi_n=\tan^{-1}B_1/B_0$

$$\tan\delta=\tan[90°-(\phi_i-\phi_u)]$$

测得 $I(t)$ 及 $u(t)$ 后，可以用不同方法计算出 A_0、A_1、B_0、B_1。如应用三角函数的正交性，可得如下算式

$$A_0=\frac{2}{T}\int_0^T I(t)\sin\omega t\,dt, A_1=\frac{2}{T}\int_0^T I(t)\cos\omega t\,dt$$

$$B_0=\frac{2}{T}\int_0^T u(t)\sin\omega t\,dt, B_1=\frac{2}{T}\int_0^T u(t)\cos\omega t\,dt$$

式中 ω 为基波角频率，T 为周期。计算得 A_0、A_1、B_0、B_1，就可得出 $\tan\delta$。

第三节　局部放电的测量

高压电力设备的故障，很多是由局部放电发展造成的，因此在线检测局部放电，及时观察其发展情况，将可以有效地预报设备故障。

局部放电检测技术中的两个难题，即抗干扰和分析测试的结果（在第四章中已有论述），对于在线检测显得更为突出。如何在线采样也是一个特殊问题，这

些问题至今仍在研究之中。

一、罗哥夫斯基线圈采样

图 5-10 是用于现场测量变压器、电压互感器等局部放电的装置，其测试原理与图 5-9 相同。图中 A 是被测的设备；B、B′是罗哥夫斯基线圈（脉冲电流传感器）；R 是保护电阻，当探测电容 C 接上或取掉时起限流作用，在测量时把它短路；C 为探针式的高压电容器；F 为气动提升机座，可以升、降及移动；E 为测试仪器。局部放电信号由两个罗哥夫斯基线圈采集，对于被测设备中放电产生的脉冲信号在两个线圈中感应的电动势极性是相反的，而对于高压线上外来的干扰脉冲，在两个线圈中感应的电动势极性是相同的，于是可以利用这个差别，通过桥式测试回路或极性鉴别系统（详见第四章）来抑制外来的干扰。由于

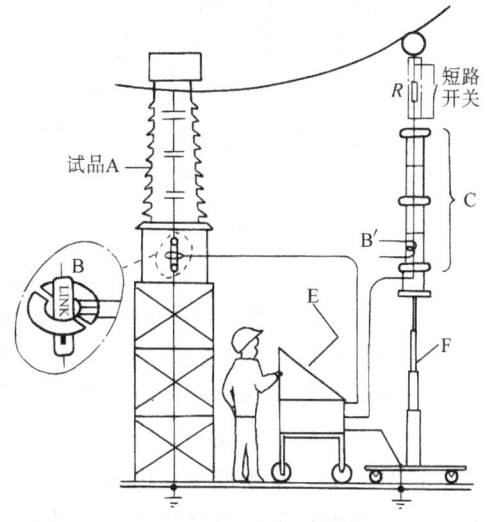

图 5-10 现场测量局部放电的接线图

采用探测电容器价格较高，而且操作不方便，近来也有不用探测电容器而采用一个大的罗哥夫斯基线圈，套在被测试备的套管下端（靠近外壳），也可以起到更好的作用。

二、耦合电容器采样

对于不同的被测试品，可以采用不同的采样方法。如对于电压不高的发电机，可用两个相同的高压耦合电容器 C_1、C_2 作为传感器，安装在每相连接母线的端部。高压电容器的低压端经同轴电缆与差分放大器相连、经差分放大器之后，将信号送到脉冲高度分析仪。该方法利用脉冲沿母线环路传播时间的不同来抗干扰。如图 5-11 所示，当噪声脉冲经由电力系统进入发电机线端时，它便会分别沿母线环传播，如果每个母线环路的长度相等，而且连接耦合电容器的同轴电缆的长度亦相等时，则同样的信号就会同时出现在差动放大器的两输入端，结果就会导致差动放大器无输出，从而抑制了干扰；当靠近电机的耦合电容器的局部放电脉冲到达该耦合电容器只需要几纳秒的时间，而它沿母线环路传播到另一个耦合电容器时则至少需要几十纳秒，如典型的水轮发电机母线环路长度约为 10m，以传播速度为 3×10^8 m/s 计算，则需时间 30ns，于是脉冲到达差动放大器有时间差，就会使差动放大器有输出。信号波形相同时效果较好，实际上路信号波形一般是不同的，这时直接采用两路信号到达时间的差异来识别干扰，会得到更好的效果。

三、压电传感器采样

声测法用于在线检测局部放电有其优点，因为声测法用声电传感器采集放电

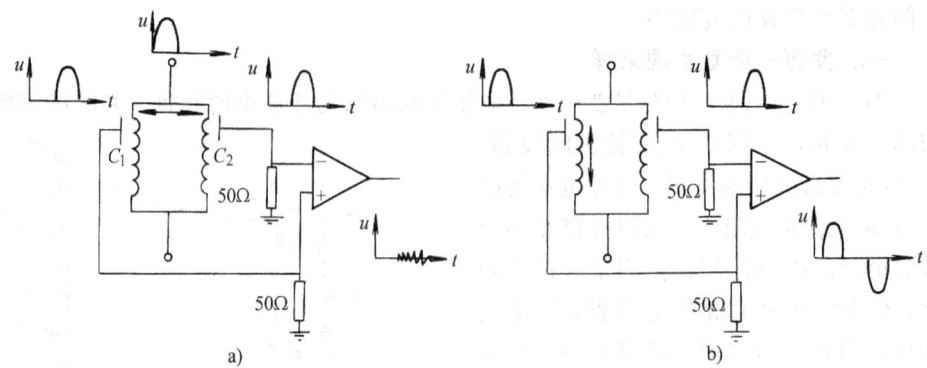

图 5-11 发电机在线检测 PD 线路图
a) 干扰信号的差动放大器输出 b) 局部放电信号的差动放大器输出

信号，测量系统与被测设备的电力运行系统之间，没有电的直接连接；同时，声测法不受电气的干扰，因此抗干扰能力强。但灵敏度低，不能定量。

将压电传感器装在一块磁铁内，可以把这个传感器牢贴在变压器（或其他设备）的外壳上，采集变压器内部局部放电产生的超声波，并通过压电传感器把此声波变换为电信号，再经放大后驱动光电元件，把电信号变为光信号，于是可以用光纤电缆，把此光信号输送到控制室。之后，再经光电元件把光信号变换为电信号进行放大、处理、显示。这就可以连续在线检测变压器内的局部放电。但由于声波在变压器内传播过程中产生衰减和反射，在远离外壳的绕组内的放电难以测到，这就限制了这种方法测试结果的可靠性。

采用声测法做成的"电晕枪"和"热棒"（Hot Stick），可以检测在运行中的设备外部和引线发生的电晕，接触不良引起的放电，套管、绝缘支柱的表面放电等。对于电压等级不很高的（35kV 及以下）设备，将热棒靠近该设备，也可以检测出该设备内部的剧烈局部放电。图 5-12 是电晕枪的工作原理图，它是用一个抛物面和一个实面，把放电源产生的超声波聚焦到压电传感器上，这就可以提高测量灵敏度，以便测量距离较远的放电源。

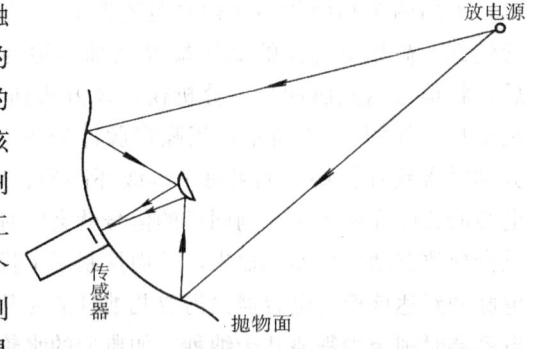

图 5-12 电晕枪工作原理图

图 5-13 是热棒的工作原理图，它由压电传感器直接接受放电产生的超声波，再经放大驱动扬声器，用耳机来听放电的信号。这两种测试工具，使用都非常方便，但需注意安全，不能靠近超高电位位置。

此外，还有采用各种天线接收局部放电产生的高频信号，采用透气薄膜和气

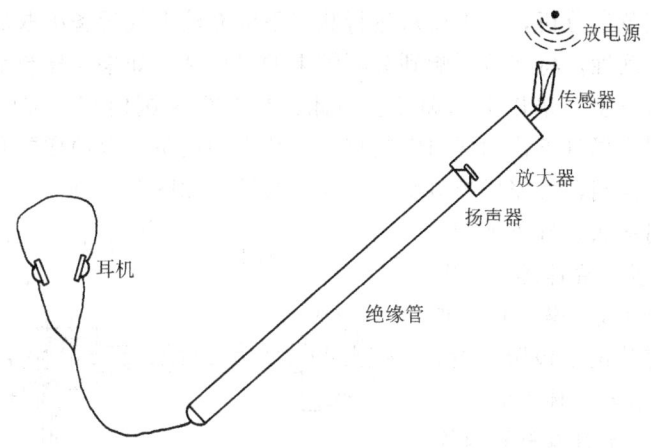

图 5-13 热棒工作原理图

敏元件采集放电产生的气体,以及用光纤和光电元件采集放电产生的光等等。各种不同的测量方法采用不同的采样技术。

第四节 绝缘油的试验与分析

对于充有绝缘油的各种电力设备,如变压器、电容器、互感器、套管、油纸电缆等,绝缘系统出现问题往往反映在绝缘油性能下降,或油中出现各种因绝缘材料老化、损坏而分解出来的新物质。通过对绝缘油样的性能测量和油中含有的新生物质的分析,将为绝缘诊断提供有效的信息,同时在运行的设备中抽取油样还是比较容易的,因此这种方法受到广泛采用。

从运行中的设备内抽取很少量的绝缘油,放在特定的液体电极中进行测量其 C_X 和 $\tan\delta$(见第二章)和进行击穿试验(见第三章),就可以判断油本身的性能是否合格,这在前面已经论述。本节主要阐述油中含有气体及含有糠醛的分析。

一、油中气体的分析

油中气体分析就是分析溶解在充油电气设备绝缘油中的气体,根据气体的成分、含量及变化情况来诊断设备的异常现象。例如当充油电气设备内部发生局部过热、局部放电等异常现象时,发热源附近的绝缘油及固体绝缘(压制板、绝缘纸等)就会发生过热分解反应,产生 CO_2、H_2 和 CH_4、C_2H_2、C_2H_4、C_2H_6 等碳氢化合物的气体。由于这些气体大部分溶解在绝缘油中,因此从充油设备取样的绝缘油中抽出气体,进行分析,就能够判断有无异常发热和局部放电。气相色谱分析是近代分析气体组分及含量的有效手段,现已普遍采用。近年来又发展了渗透性薄膜,和气敏传感器可以用于自动抽取并分析气体的组分及含量。

1. 气相色谱分析

进行气相色谱分析，首先要从运行状态下的充油电气设备中取油样，取样方法和过程的正确性，将严重影响到分析结果的可信度。如果油样与空气接触，就会使试验结果发生一倍以上的偏差。因此，在 IEC 和国内有关部门的规定中都要求取样过程应尽量不让油样与空气接触。从充油设备内取油样要有适合的取样阀。手揿式取样阀，可完成带电密封取样，其结构如图 5-14 所示。

它由多用接头、导油阀杆、六角壳体、弹簧、壳体螺母、出油嘴六个部分组成。操作时，推动六角壳体使其位于极限位置，导油阀杆中的孔与壳体上的环形凹槽同位，流向导油阀杆孔内的油，通过壳体上的环形槽，由出油嘴出油，然后，加推力使导油阀杆在弹簧作用下，孔与壳体环形槽错开，流油停止。使用手揿取样阀比较方便，由一人操作即可完成取样。

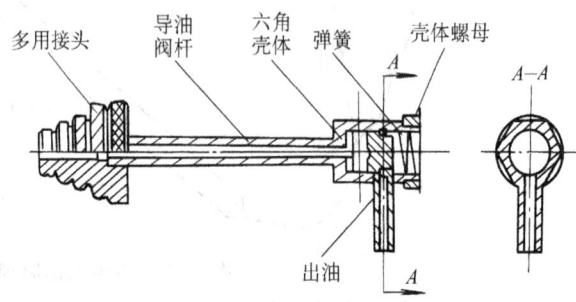

图 5-14 手揿式取样阀

其次，要从抽取的油样中进行脱气，使溶解于油中的气体分离出来。脱气方法有多种，常用的是振荡脱气法，即在一个密闭的容器中，注入一定体积的油样，同时再加入惰性气体（不是油中含有的待测气体），在一定温度下经过充分振荡，使油中溶解的气体与油达到两相动态平衡。于是就可将气体抽出，送进气相色谱仪进行气体组分及含量的分析。

2. 渗透性薄膜

上述用气相色谱分析油中气体的方法，显然很麻烦，而且代价也高。为了简化测量操作，并能连续进行在线检测，近年来研究出了各种渗透性薄膜，把它装在被测设备的油道中，可以把不同气体渗透出来，再通过各种传感器，分别检测不同的气体。最简单的是氢气（H_2）的渗透膜技术。

常用的从油中分离 H_2 的渗透性薄膜原料有聚四氟乙烯及其共聚物、聚酰亚胺。它对 H_2 的渗透度较其他气体有较大的差异。厚度一般为 5.0×10^{-3} cm，具有良好的抗油性能，例如 Panametric 公司生产的 Hydran 型 H_2 测定仪采用的是 0.005cm 厚的聚四氟乙烯薄膜，日立公司研制的 H_2 测定仪采用 0.005cm 厚的聚酰亚胺薄膜。

从渗透性薄膜透过的氢气浓度

$$C = (1.3 \times 10^4 KC' - C_0) \times \left\{ 1 - \exp\left(-\frac{76PA}{Vd}t\right) \right\} + C_0 \qquad (5-9)$$

式中　C——气室中氢气含量（10^{-4}%）；

C'——油中氢气含量（10^{-4}%）；

V——气室容积（ml）；

A——膜的面积（cm^2）；

d——膜的厚度（cm）；

K——氢气的平衡常数，60℃时，$K=1.12\times 10^{-3}$；

C_0——气室中起始氢气含量（10^{-4}%）；

t——渗透时间（s）；

P——膜的渗透系数（m/(s·Pa)）。

(1) 当 $C_0=0$ 时

$$C=1.3\times 10^4 KC'\left\{1-\exp\left(-\frac{76PA}{Vd}t\right)\right\} \tag{5-10}$$

表明氢气的透气量随透过时间而增大。

(2) 在一定温度下，气室中氢气浓度达到饱和状态时，则

$$1-\exp\left(-\frac{76PA}{Vd}t\right)=100\%$$

$$\exp\left(-\frac{76PA}{Vd}t\right)=0$$

故

$$C=1.3\times 10^4 KC' \tag{5-11}$$

将 K 值代入得 $C=15C'$，表示气液两相到达动态平衡时，气室中氢气浓度为油中氢气浓度的 15 倍，这时透过时间

$$t=\frac{2.3}{76}\times\frac{dV}{PA} \tag{5-12}$$

当膜厚为 0.004cm，透过膜面积为 19.6cm^2，气室容积为 20ml，渗透系数为 17.55×10^{-10}m/(s·Pa) 时，两边达到平衡状态，所需时间约为 20h，也就是说，装置投入运行 20h 后，气室中氢和变压器油中氢达到平衡，即装置可投入正常运行。

分离出的气体用具有选择性的半导体氢敏传感器加以检测，或者用一对铂电极组成的燃料电池对油中的 H_2 进行检测。油中 H_2 与铂阳电极发生反应，结果所产生的电流与 H_2 含量成正比。

如图 5-15a 所示，油中 H_2 通过聚四氟乙烯薄膜进入燃料电池型测量室，其中含有 50% H_2SO_4 的胶体电解质及一对铂电极。铂电极的结构如图 5-15b 所示。它是一种复合性结构的电池。一层极薄的多孔性聚四氟乙烯薄膜，具有渗气性及憎水性。然后覆上一层高纯度铂黑及聚四氟乙烯薄膜，其中夹有一层铂网作为电极的机械支撑体，在一对电极间连接一测量电阻，燃料电池的电流（代表油中 H_2 的含量）在电阻两侧造成的电压降经放大后，直接显示 H_2 的含量（用 10^{-4}% 表示）。

H_2 是充油电力设备绝缘材料分解所产生的主要气体之一，可作为检测分析绝缘材料异常现象的依据之一，但仅凭 H_2 的测量还不能完全作出准确判断。因

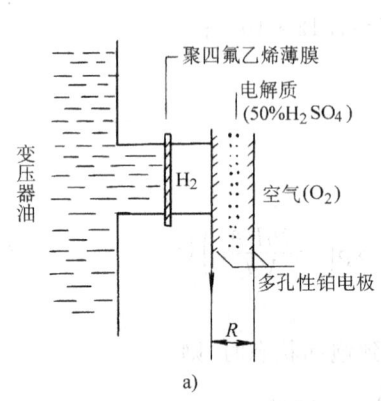
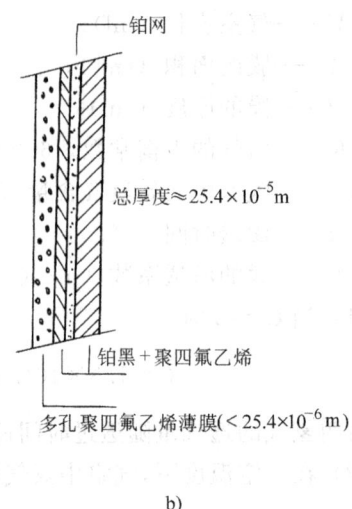

图 5-15 燃料电池结构图
a) 单一型 b) 复合型

此，为了进行准确的检测和诊断，还需要测量 CO_2、CH_4、C_2H_2、C_2H_4 和 C_2H_6 等气体，特别是某种表征异常状态所对应的特征气体。这就需要研究能渗透过多种气体的渗透膜。最近，发明了用 PFA（Tetrafluoroethylene-Perfluoro-alkylvinylether）共聚薄膜，从油中分离出 H_2、CO_2、CH_4、C_2H_2、C_2H_4 及 C_2H_6 等气体进行检测的技术。渗透过 PFA 薄膜的油中气体总量与时间的关系为

$$C=(9.87KV-C_0)(1-e^{-\frac{1.013\times 10^2 HA}{Vd}t})+C_0 \qquad (5-13)$$

式中 C——渗透过薄膜进入已知容积为 $V(m^3)$ 的容器中气体的体积分数，$(10^{-4}\%)$；

C_0——在 1atm 下气体的起始体积分数，$(10^{-4}\%)$；

K——常数；

H——薄膜的渗透系数，$[m/(s\cdot Pa)]$；

A——薄膜的面积(m^2)；

t——渗透时间(s)；

d——薄膜厚度(m)。

如果 $C_0=0$，而且 t 值足够大，则式 (5-13) 可简化为

$$C=9.87KV \qquad (5-14)$$

式中 K、V 与上式同。

图 5-16 表示油中气体的含量与渗透过薄膜气体的含量之间的关系。图中指示点表示 H_2、CO_2、CH_4、C_2H_2、C_2H_4 和 C_2H_6 的试验值。图中直线表示按公式 (5-14) 得到的计算值。从图中可以明显看出：H_2、CO_2、CH_4 比 C_2H_2、

C_2H_4、C_2H_6 容易从油中抽取出来，其渗透过 PFA 薄膜气体的含量，分别为油中气体含量的 80%、60% 和 40% 左右。因此，对 C_2H_2、C_2H_4 和 C_2H_6 来说，需要有一个高敏感的气体探测器，应用此探测器检测这些气体的灵敏度也可与检测 H_2、CO_2 和 CH_4 的相比。

渗透过 PFA 薄膜气体的测定，可用一种催化可燃气体探测器来检测这 6 种气体，它对 C_2H_2、C_2H_4 和 C_2H_6 有较高的灵敏度。图 5-17 表示探测器输入和输出电压的关系。括号中数值系以 10^{-4}% 表示的气体含量。所有这些气体含量都控制在 1000 10^{-4}% 左右。对于不同气体，输入电压与输出电压有不同的关系。例如：当 H_2、CO_2、C_2H_2 及 C_2H_4 气体输入电压从 2V 增至 3.5V，输出电压都单调减低。而 CH_4 及 C_2H_6 气体输入电压从 2.6V 到 3V 时，输出电压达到最大值后再降低。

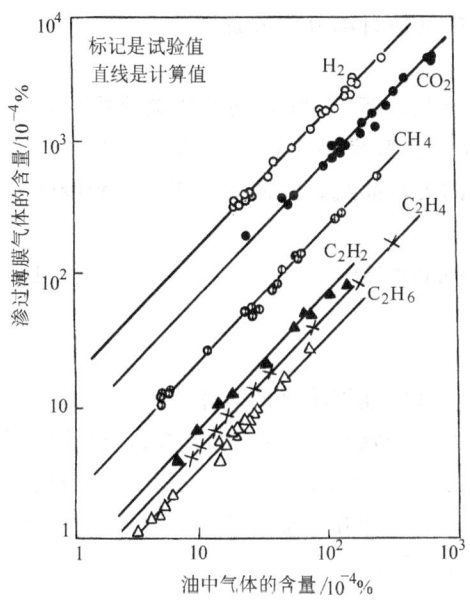
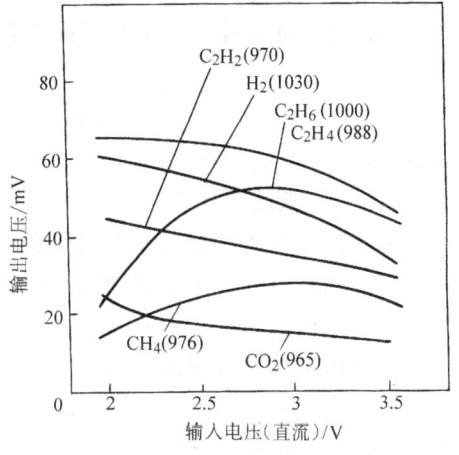

图 5-16　油中气体浓度与渗过 PFA 薄膜气体浓度间的关系

图 5-17　气体探测器输入和输出电压的关系

对于 H_2、CO_2、CH_4、C_2H_2 及 C_2H_4 及 C_2H_6 的含量与探测器的输出电压值间的关系，在对数坐标上是一直线。

渗透过 PFA 薄膜的气体，还可以用气相色谱仪进行分离检测，它可由多个气体色谱柱来完成检测。

利用 PFA 薄膜渗透气体的特性，可构成直接测量油中溶解气体的装置，直接诊断充油电力设备中内部有无异常。装置结构如图 5-18 所示。

渗透膜从油中分离出的气体，可利用半导体传感器来测定气体含量，这种方法可显著地简化油中气体分析测量仪器的结构，提高可靠性，可直接进行自动检

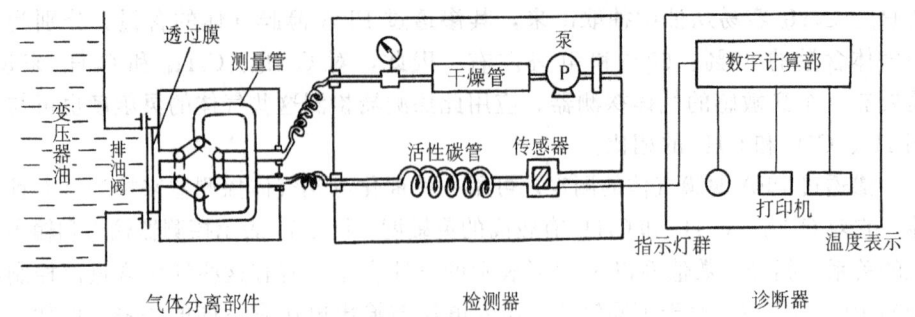

图 5-18 便携式异常诊断装置

测、诊断。现在,有关方面不断地在开发新渗透膜、新传感器,所以很好地应用这些新产品,将会出更好、更可靠的油中气体自动分析装置。

二、油中其他物质的分析

油纸绝缘的老化表现在纸的聚合度的降低,运行30年的变压器绕组中,纸的聚合度平均下降到新变压器的50%。通过实验室中模拟变压器油纸绝缘的老化试验,获得油中糠醛含量与纸的聚合度的关系曲线,经回归分析,得到经验公式

$$\lg F = 1.51 - 0.0035 D \tag{5-15}$$

式中　F——糠醛含量(mg/L);

　　　D——纸的聚合度。

因此,可以通过测量油中的糠醛来分析推断油纸绝缘的老化程度。

用液相色谱分析法检测固体绝缘材料老化产物是行之有效的方法,试验采用的高效液相色谱测试系统的简要框图,如图5-19所示。试样进入液相色谱仪之前,首先用甲醇进行萃取。这样,一方面可避免油和大量极性物质对色谱柱的污染;另一方面试样中的微量糠醛被浓缩,提高了检测灵敏度。

试样按照如下步骤进行萃取:将一定比例的油和甲醇装入试管;再将试管放入振荡器中振荡,使油和甲醇分离;最后提取油层界面上方的甲醇萃取液作为液相色谱仪的试样。经过萃取处理后的试样,糠醛浓度可增加到原浓度的5倍左右。

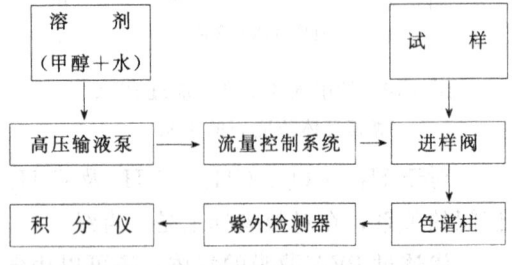

图 5-19 液相色谱测试系统的简要框图

为提高糠醛的分离效果,采用反相色谱技术,选择甲醇和水作为极性流动相,C_{18}色谱柱作为非极性固定相。

经过处理的试样,从进样阀进入液相色谱仪,立刻被由高压输液泵打出的水

和甲醇混合液携带进入色谱柱，试样中的不同组分，按照极性强弱顺序从色谱柱流出，紫外检测器获得包括糠醛在内的不同组分的含量信号。积分仪可将这些信号绘成色谱图，并获得试样中的糠醛浓度值。

第五节 绝 缘 诊 断

绝缘诊断是对运行中电工设备的绝缘系统状态进行评估，以求早期发现绝缘老化。为此必须首先测得与老化和缺陷有关的各种性能参数的数据；其次要对数据进行统计处理和分析，去伪存真，提取有效信息；最后进行识别或推断老化程度、缺陷类型、位置，以便决定是否要停机维修。对于不同设备、甚至对同一种设备但电压等级和容量不同，绝缘诊断的方法和标准都不相同，本节只对高压变压器、高压塑料电缆及电机的绝缘诊断做简要阐述。

一、高压电力变压器的绝缘诊断

判断高压变压器绝缘老化和故障的依据，主要来自两个途径，一是检测变压器的主要电性能，二是油的分析。

（一）基本介电性能

1. 绝缘电阻、泄漏电流是否超过标准值

在施加直流电压后 10min 和 1min 时，分别测得电阻 R_{10}、R_1，其比值 R_{10}/R_1 要大于 1.5（20℃时）。

2. 介质损耗因数 $\tan\delta$ 是否合格

变压器的 $\tan\delta$ 决定于几部分，可表示为

$$\tan\delta = K_0 \tan\delta_K + K_m \tan\delta_m + K_S f(\sigma_S) \tag{5-16}$$

式中　K_0、K_m、K_S——由变压器绝缘结构尺寸所决定的系数，它反映绝缘纸板 $\tan\delta_K$，绝缘油 $\tan\delta_m$ 和沿面电导 σ_S 对综合损耗因数 $\tan\delta$ 的影响程度。

在正常情况下，$\tan\delta_m$ 很小，公式（5-16）中第一和第三项是主要的。如果绝缘存在严重表面受潮或脏污或者绝缘内存在发展阶段的滑闪放电，第三项起主要作用。

图 5-20 为适用于运行中 $\tan\delta$ 有关参数关系的曲线，这些曲线可用以确定绝缘的 $\tan\delta$ 允许值。例如：对于 220kV 的变压器，若 $\tan\delta_m = 6\%$ 合格（$\tan\delta_m$ 可抽油样测量），则当电工纸板含水量为 4% 时，$\tan\delta$ 的允许值为：在绝缘温度为 60℃ 时等于 3.5%（图 5-20），温度为 30℃ 时是 1.2%。

对于规定的其他含水量允许值也可以进行类似的分析，例如：对于 $\tan\delta_m = 5\%$、220kV 及以下的变压器，含水量允许值为 3%；高于 220kV 的变压器为 1.5%。由此

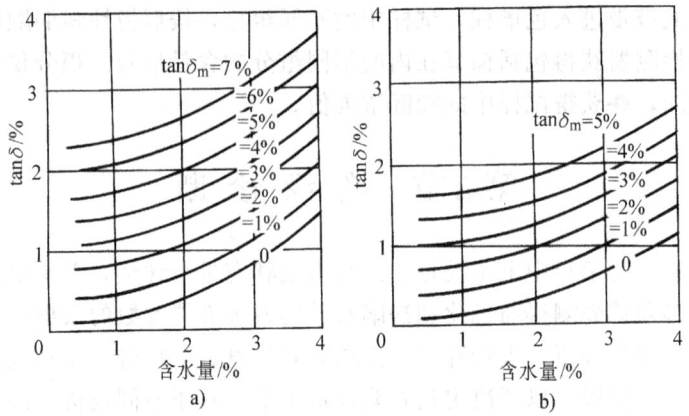

图 5-20 运行中电力变压器绕组绝缘的 $\tan\delta$ 与含水量及 $\tan\delta_m$ 的关系图（60℃）

a) 220kV b) 330～500kV（用 70℃时的 $\tan\delta_m$）

从图 5-20 可得出，允许的 $\tan\delta$ 值前者不超过 2.5%，后者不超过 1.5%。

对于刚安装好的变压器，油的 $\tan\delta_m$ 和水分都比较小。$\tan\delta$ 的允许值可从图 5-21 所示的曲线中查得。

图 5-20 及图 5-21 中，$\tan\delta_m$ 可以从抽取油样直接测得，绝缘系统中含水量 W 可按以下经验公式估算

$$W = \frac{2.3}{\alpha} \lg \frac{\tan\delta - K_m \tan\delta_m}{K_0 \tan\delta_K}$$

式中 α 是随温度而变的，如 20℃时，$\alpha=0.2$；60℃时 $\alpha=0.5$。K_m、K_0 是随绝缘结构而变，220kV 电压等级的 $K_0=0.45$，$K_m=0.5$；330～500kV 的 $K_0=0.38$，$K_m=0.5\sim 0.7$。

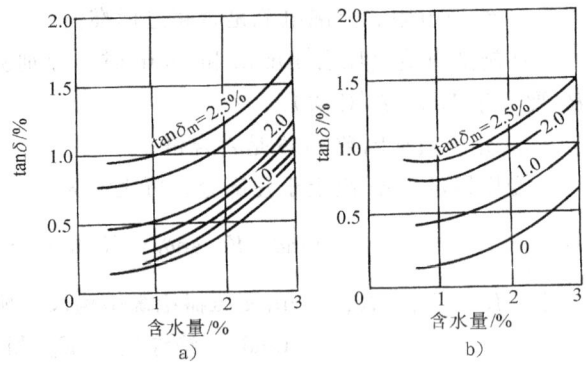

图 5-21 安装时电力变压器绕组绝缘的 $\tan\delta$ 与含水量及 $\tan\delta_m$ 的关系图（60℃）

a) 220kV b) 330～500kV（用 70℃时的 $\tan\delta_m$）

3. 耐压或击穿

对整台设备做耐压试验，考验在电压可能浮动的范围内的承受能力。由于绝缘油是绝缘系统中击穿场强较低的薄弱环节，同时取样也比较方便，因此要经常取油样进行击穿试验。耐压试验的电压值和油的击穿电压标准值都在有关标准中规定。

（二）测量局部放电

这是近年来引起广泛关注的做为绝缘诊断依据的新技术。至今尚无国家标准

规定超过多少放电量设备应停止运行、进行维修。各部门各有试用指标，有的规定 3000pC，有的规定更高的 pC 值；有的规定只要放电量不发展，几千 pC 都可继续运行。由于目前的测量方法测得的是视在放电电荷，不是放电点的实际放电电荷，对于同一实际放电量的放电，若发生在测量端（绕组的高压端）附近，要比发生在远离测量端（绕组的末端）测得的视在放电电荷可能大 10 倍以上。同时相同放电量的放电，在不同场强下，对不同的材料造成的破坏都不一样，因此目前尚难做出比较科学的规定，但放电量大而且增长快肯定是危险的。

（三）绝缘油的分析

分析绝缘油中溶解的气体和其他物质，是诊断充油电力设备出现潜伏性故障的有效方法。诊断的方法有多种，如气体含量法、气体含量比值法和气体组分图形法等等。

1. 气体含量法

表 5-1 说明油中溶解的各种气体含量的极限值，并说明在什么情况下可视为正常，什么情况下应加以注意，什么情况下应做为异常处理。

2. 气体比值法

IEC 早期就提出了三比值法，三比值法是从油中分离出的气体中取 5 种，组成了三对比值，即 C_2H_2/C_2H_4、CH_4/H_2、C_2H_4/C_2H_6，并将故障的性质分为不同程度的过热、电弧放电及局部放电。后来又提出了改进的三比值法，其编码规则和故障判断见表 5-2 和表 5-3。表 5-2 中的编码数是代表该特征气体比值的范围，如 $C_2H_2/C_2H_4<0.1$ 时编码为 0；$CH_4/H_2<0.1$ 时编码为 1；C_2H_4/C_2H_6 $\geqslant 3$ 时编码为 2。于是在表 5-3 中从编码数就知道比值的范围。

表 5-1 各种气体的极限含量

气体成分	极限含量值/10^{-4}%		判 定 结 论		
	开放型	密封型	正 常	需 注 意	异 常
H_2 （氢）	150	200	①所有的项目均不超过极限含量。②超过了极限含量，但以后没有持续增加	一个项目超过了极限含量，而且缓慢递增	①乙炔和氢两项同时超过了极限含量 ②甲烷、乙烯、可燃性气体总量、碳氢化物总量同时超过了极限含量 ③有一项超过极限含量一倍时 ④有一项超过极限含量，而且显著递增
CH_4 （甲烷）	50	50			
C_2H_4 （乙烯）	70	70			
C_2H_6 （乙烷）					
C_2H_2 （乙炔）	10	10			
CO（一氧化碳）	800	800			
CO_2（二氧化碳）	5000	4000			
碳氢化物总量	160	160			
可燃性气体总量	200	200			

注：1. 可燃性气体总量为 H_2、CH_4、C_2H_4、C_2H_6、C_2H_2 的合计量。

2. 碳氢化合物总量为 CH_4、C_2H_4、C_2H_5、C_2H_2 的综合量。

3. 密封式有充氮式、隔膜式、金属波纹管式。

表 5-2　改良 IEC 三比值法的编码规则

特征气体的比值范围	比值范围编码		
	$\dfrac{C_2H_2}{C_2H_4}$	$\dfrac{CH_4}{H_2}$	$\dfrac{C_2H_4}{C_2H_6}$
<0.1	0	1	0
≥0.1～<1	1	0	0
≥1～<3	1	2	1
≥3	2	2	2

表 5-3　判断故障性质的改良 IEC 三比值法

比值范围的编码			故障性质
C_2H_2/C_2H_4	CH_4/H_2	C_2H_4/C_2H_6	
0	2	0	低温局部过热
0	2	1	中温局部过热
0	2	2	高温局部过热
0	0	2	
0	1	2/0	
1	(*)	(*)	高能量电弧放电
2	1/0	(*)	低能量局部放电

注：(*)为无意义。

采用比值作为判断故障性质的依据，消除了油体积效应的影响，提高了准确性，并且消除了一部分分析过程中造成的误差，从而使判断简单、正确。经过几年来的应用，证明用 IEC 三比值法来判断变压器内部潜伏性的故障性质，是有效的。

改良 IEC 三比值法提供了一个十分重要的判断数据，即 $\dfrac{C_2H_2}{C_2H_4}=0.1\sim<3$。它是变压器内部存在高能量放电故障的必要条件。由于现场应用时很简便，不易误判。因此，当一出现这个数据时，就要引起注意，此方法简称为"一比值法"。

3. 做图判断法

从 IEC 三比值法（包括改良的 IEC 三比值法）的实践中，可观察到当变压器内部存在高温过热和放电性故障时，绝大部分 $C_2H_4/C_2H_6>3$，于是，人们可选择三比值中的其余两项构成直角坐标，以 CH_4/H_2 作纵坐标，C_2H_2/C_2H_4 作横坐标，形成了 TD 判断图。

TD 图判断法主要用于区分变压器是过热故障还是放电故障，按比值划分局部过热、电晕放电和电弧放电区域。此法兼有气体组分谱图法的优点和三比值法的特点，能迅速正确地判断故障性质，起到监控作用，而且易为现场工作人员所掌握。

通过统计 200 台次确诊有过热或放电性故障的变压器的油中溶解气体分析数据，提出了据以判断故障性质的两比值的范围以及相应的处理意见，（如图 5-22 所示），实际使用过程中得到验证，效果很好。

通常，变压器的内部故障，除无励磁分接开关操作杆悬浮电位的放电性故障外,一般从"过热状态"开始,向"过热Ⅱ区"或向"放电Ⅱ区"发展(如图中箭头所示);或从局部放电开始,向放电Ⅱ区发展,最终产生过热故障或放电故障引起直接损坏而告终。"放电Ⅱ区"属于要严格监控,并及早处理的重大隐患区。因而 TD 图对该区注明"退出运行,查明原因"。当然,这并不是说在"过热Ⅱ区"运行就无问题。例如当 CH_4/H_2 比值趋近于 3 时,就可能使变压器瓦斯信号发出报警。

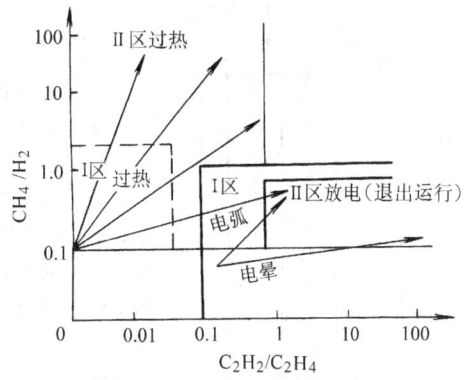

图 5-22　TD 图判断故障性质

运用 TD 图判断法时,辅以气体组分图协助分析,效果更好。气体组分图是以油中所含可燃性气体的组分(%)为横坐标,以各种气体的含量比为纵坐标画出的曲线图,见表 5-4 中的各图。气体组分图可以有很多不同组合的表示法,这里选用的是 H_2、CH_4、C_2H_2、C_2H_4、C_2H_6 为横坐标,纵坐标以其组分的百分数表示。不同的组分图对应不同的故障,于是可为故障诊断提供参考。

4. 糠醛含量分析

式(5-15)表明聚合度和糠醛含量的对数之间有着很好的线性关系。由于绝缘纸的聚合度直接反映变压器的老化程度,所以油中糠醛含量的大小也同样与变压器的老化有关。

运行中变压器的绝缘老化情况远比实验室中模拟的复杂。当变压器属于整体老化时,可以利用式(5-15)近似估计绝缘纸的平均聚合度,从而推断整体绝缘老化的严重程度。例如:将 0.5mg/L 糠醛含量代入,得到平均聚合度的近似估计值为 517,一般新纸的平均聚合度在 1000 左右,这时可近似估计设备整体绝缘水平处于寿命中期。又如,将 4mg/L 糠醛含量代入,得到平均聚合度的近似估计值为 259,这时可近似估计设备整体绝缘水平处于寿命晚期。

图 5-23a 为 77 台发电厂升压主变压器的油中糠醛含量实测值。通过数理统计处理,得到直线Ⅰ和Ⅱ。

$$\lg F_1 = -1.29 + 0.058t$$
$$\lg F_2 = -2.37 + 0.058t$$

式中　F——油中糠醛含量均
　　　　　值(mg/L);
　　　t——设备运行时间(年)。

按经验可做如下区分:处于直线Ⅰ以上的 A 区为非正常老化区;两直线间 B 区为正常老化区,直线Ⅱ以下的 C 区为缓慢老化区。

表 5-4 气体组分图形诊断表

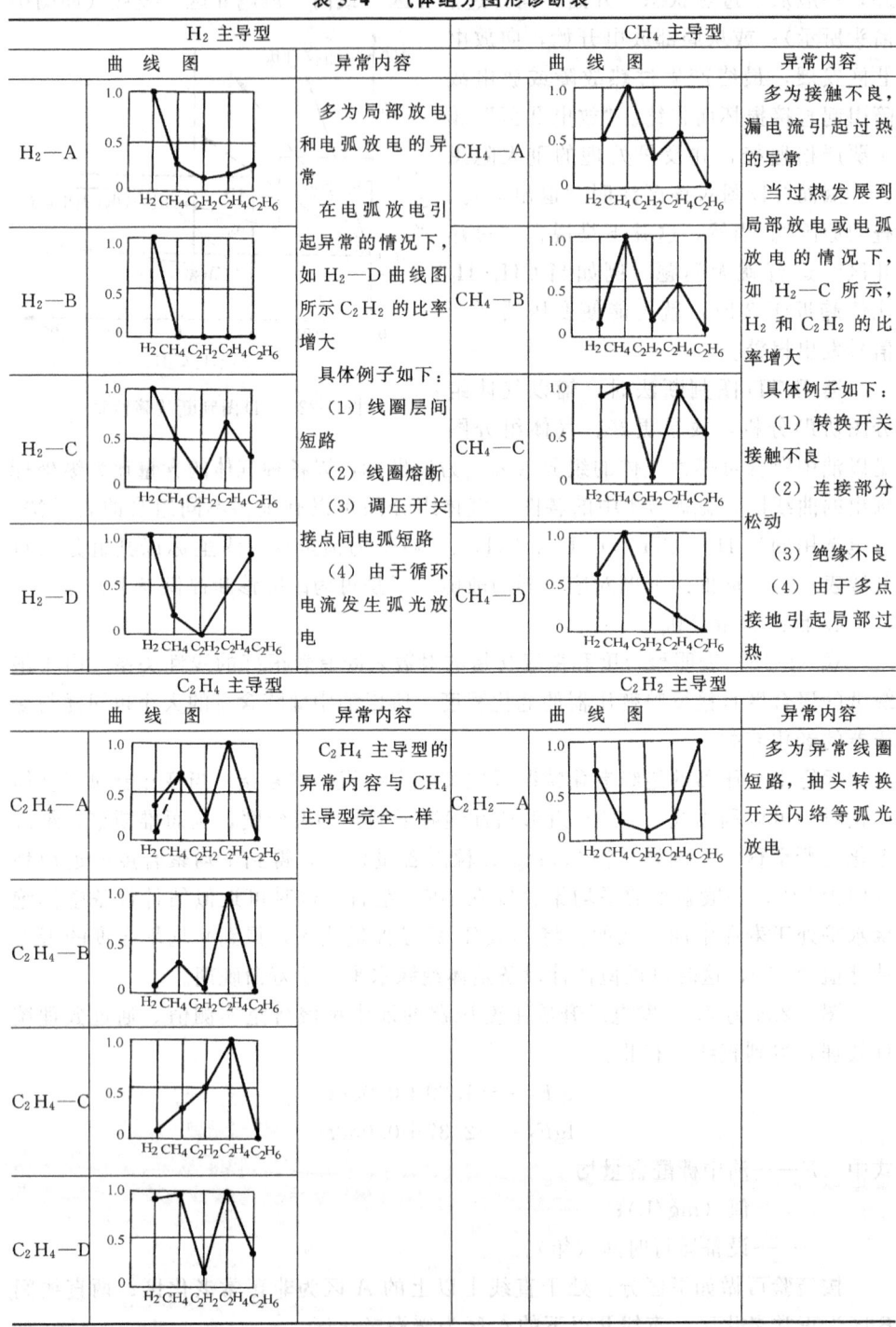

对变电所 212 台变压器油中糠醛含量的实测结果如图 5-23b 所示。变电所变压器的平均负荷较低,因此绝缘老化速率低于电厂升压变压器。

当变压器的油中糠醛含量超过图中的直线 $\lg F_1 = f(t)$,落入非正常老化区域时,应该了解设备在运行中是否存在严重的过负荷,运行温度是否过高,冷却系统和油路是否正常,以及绝缘含水量是否过高等运行情况。设备内部的局部过热老化,也能够引起油中糠醛含量高于同期设备的平均水平。为了证实设备绝缘是否的确存在故障,应当定期测油中的糠醛含量,观察其增长速度。这个措施对运行时间不很长(比如小于 20 年)的变压器尤其重要。以免由于糠醛含量测量值较低(例如小于 0.5mg/L),而忽视可能存在的整体绝缘快速老化故障或局部绝缘老化故障。

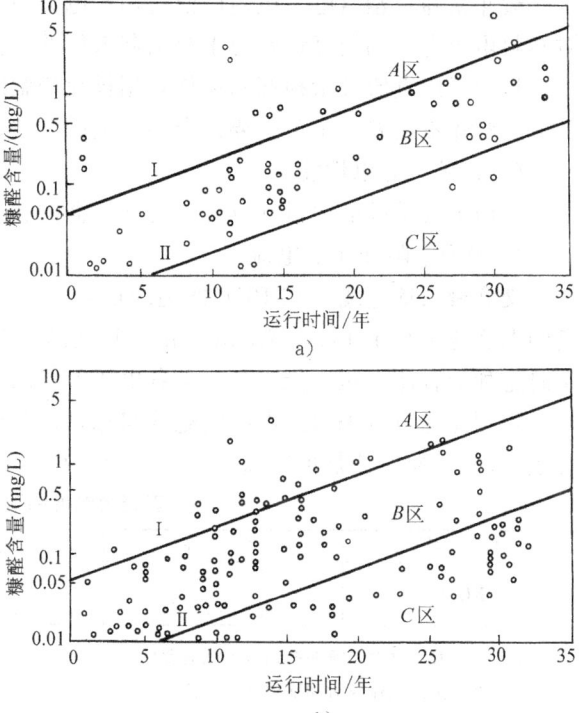

图 5-23 变压器糠醛含量与时间分布关系
a) 77 台电厂升压变压器糠醛含量与时间分布关系 b) 212 台变压器糠醛含量与时间分布关系
A—非正常老化区 B—正常老化区 C—缓慢老化区

当油中糠醛含量超过 0.5mg/L 时,由式(5-15)估计,设备已经进入寿命中期。因此,设备运行中应加强安全措施,防止出口短路及出现加速老化的因素。这时,应当定期安排糠醛含量的监测,观察糠醛增长速度。有条件的可以分析绝缘纸的聚合度。当油中糠醛含量达到 4mg/L 时,由式(5-15)可估计设备已经进入寿命晚期。这时应尽早测量绝缘纸的聚合度,以便进一步确定绝缘纸的老化程度。如果聚合度降到 250 以下,说明纸已丧失应有的机械强度,很容易发生匝间短路,不能保证安全运行,应当考虑更换变压器。

较低的运行负荷和运行温度、较好的绝缘油保护方式(如采用隔膜密封)以及较少的绝缘纸含水量等因素,都能够使绝缘老化速度放慢,使变压器油中糠醛含量降低。但是,在变压器的绝缘油被重新更换或经过处理后的一段时间内,油中糠醛含量往往偏低,从而不能真实反映变压器的老化状况。变压器的不同油纸比例,也会影响油中糠醛含量测定值同变压器绝缘老化状况之间的关系。因此,当进行变压器绝缘老化判断时,应当考虑这些因素。

二、高压塑料电缆的绝缘诊断

近年来随着塑料电力电缆广泛应用,电力系统中电缆故障次数也增多了,针对塑料电力电缆的绝缘诊断愈来愈引起人们的关注。除了一般的电气性能试验之外,提出了用直流分量检测水树枝,用极化松弛时间常数来判断老化等,但定量的数据都还不成熟。本节主要是介绍有关的方法、原理。

(一)基本介电性能

一般电气试验的项目和方法,与变压器的相似。

1.绝缘电阻和泄漏电流

交联聚乙烯电缆(XLPE)的绝缘层电阻,一般应在 $2\times10^9\Omega/km$ 以上;护套的电阻应不小于 $1\times10^6\Omega/km$。由于直流高场强对 XLPE 是有害的,因此,测量时施加的直流电压不能太高(见各电压等级的产品标准)。

根据泄漏电流来诊断电缆的绝缘状态是最常用的诊断方法,其判断标准可参考表 5-5。试验时施加的直流电压也不能太高。

表 5-5 直流漏电流判断基准

电　缆	良　好	要注意	不　良
XLPE	1μA 以下 (0.1μA 以下)	10～10μA (0.1～1μA)	10μA 以上 (1μA 以上)

注:1. 看到漏泄电流曲线出现突跃时要注意。
　　2. 漏泄电流随时间而增加时要注意。
　　3. 也有采用表中括号内的数值。

对于 XLPE 电缆,绝缘电阻和泄漏电流与交流击穿场强有统计规律关系,如图 5-24 所示。虽然数据的分散性比较大,但可以看出随绝缘电阻下降,交流击穿电压也下降。从图 5-25 可以看到泄漏电流增大,交流击穿电压就下降。因此,用这两个参数来诊断绝缘还是很有实用意义的。

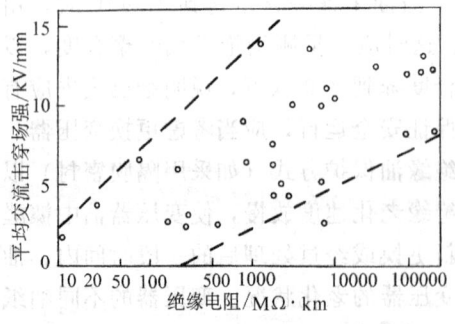

图 5-24　绝缘电阻与击穿电压的关系

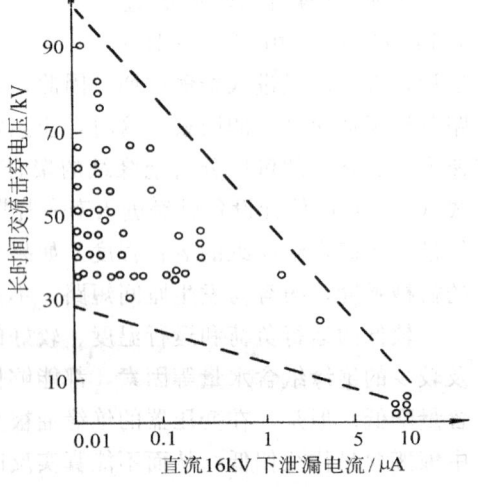

图 5-25　泄漏电流与击穿电压的关系

2. 损耗因数 tanδ

损耗因数是 XLPE 电缆很主要的电性能参数,可用电桥法测量。在施加交流电压 1.0kV、1.9kV、3.3kV 下,可参考表 5-6 中所示的极限进行推断。

表 5-6 tanδ 的判断基准

电缆	正常	注意	不良
XLPE	0.1%以下	0.1%～5%	>5%

XLPE 电缆损耗因数与击穿电压之间也存在统计规律,从图 5-26 可以看出:tanδ 增大,击穿电压趋于下降。这也说明 tanδ 做为绝缘诊断的参数之一是必要的。

3. 耐压试验

由于长电缆的电容量很大,用工频交流做耐压试验,需要大容量高压试验变压器,在现场做试验是不现实的。过去都是用直流高压来替代交流,近年来发现直流高场强对 XLPE 绝缘会带来严重损害,现已基本不用。人们正在试用某种超低频高压,如 0.1Hz 来做耐压试验,但它与工频高压的等效性,还有待进一步研究和积累经验。

(二)局部放电

XLPE 电缆中的局部放电造成的危害,要比油纸电缆的严重得多。XLPE 电缆允许的放电量很小(出厂时要求小于 5pC 或 10pC),同时长电缆的电容量大,测量局部放电的灵敏度又低,再加上现场干扰大,在现场测量电缆的局部放电是很困难的,目前只能测到比较严重的放电。对于允许的放电量尚无标准规定,一般认为放电量为上百 pC,或虽只有几十 pC 的放电量但还在不断增长,都应做为异常处理。

(三)直流分量

塑料电缆常见的故障是由水树枝发展而造成击穿。在有电场和水分同时存在时,塑料电缆的绝缘层会产生树枝状的放电腐蚀。树枝发展愈长,击穿电压下降得愈多,如图 5-27 所示。同时,树枝增长,

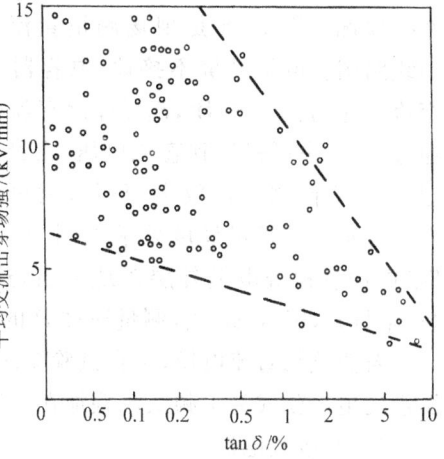

图 5-26 tanδ 与击穿电压的关系

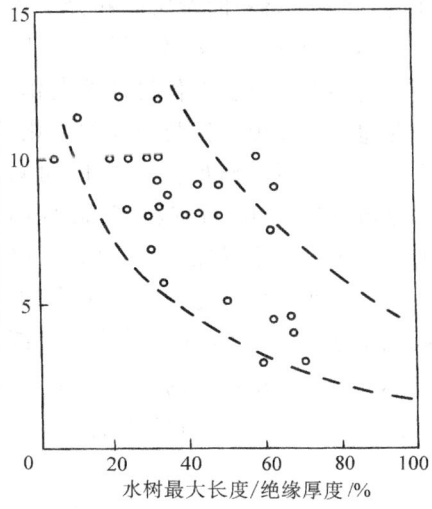

图 5-27 击穿电场强度与水树枝长度的关系

绝缘电阻也下降,泄漏电流和损耗因数都增大,但树枝增长对这些性能的变化只是充分条件,而不是必要条件。近年来研究水树枝发展的机理,发现它的存在有整流作用,即在交流电场下会有直流电流通过绝缘层。于是可以在电缆的接地线上采集此直流分量 I_0。水树枝发展愈严重,I_0 就愈大。因此,就可根据此直流分量来诊断水树枝的发展情况。

在交流电压上叠加一直流电压,可以大大提高测量直流分量的灵敏度,如叠加直流电压 50V,直流分量可增大 10 倍(一般直流分量为 10^{-9}A 数量级)。

直流分量的测量比较方便,而且便于在线检测。图 5-28 是现场测量直流分量的线路图。电缆外屏不接地,电容器 C 将交流分量旁路。S_1 闭,S_2 开,让直流分量通过 R,于是可采集到直流电压,再经低频滤波 LPF 检测仪器放大、显示,就可测到直流分量。测量灵敏度要求能测 10^{-10}A。DC 电源供检查电缆外层对地电阻,这时,将 S_1 打开,闭合 S_2、S_3,测量通过 R 的电流,就可测得此电阻。

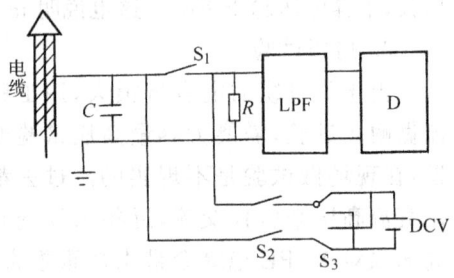

图 5-28 测量直流分量的线路图

若要叠加直流电压,可在试验变压器的中点接入一直流电源,这样,变压器高压端的电压就成为工频交流叠加在直流之上。

(三) 吸收电流

从物质结构上分析,塑料电缆老化时,高分子材料的聚集态和分子本身的结构会发生变化,分子键发生断裂。这必引起介质极化机理的变化,同时也反映在极化松弛时间的变化。在 XLPE 电缆上施加直流电压,可测得吸收电流 I_g 和反向吸收电流 I_d 随时间的关系曲线,如图 5-29 所示。吸收电流曲线一般都是指数式下降,但时间常数在不同的时间区域中可能

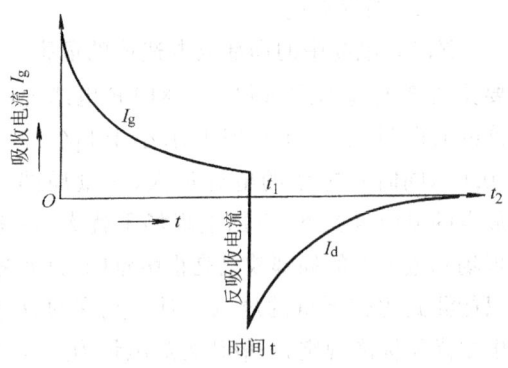

图 5-29 吸收电流和反吸收电流随时间的变化曲线

是不同的。可用不同的方法如模糊数学的模糊贴近度方法求取不同的时间常数 τ_1、τ_2、τ_3。吸收电流曲线可表示为

$$I(t) = I_0 + A_1 e^{-\frac{t}{\tau_1}} + A_2 e^{-\frac{t}{\tau_2}} + A_3 e^{-\frac{t}{\tau_3}} \tag{5-17}$$

式中　I_0——没有介质时的充电电流;

τ_1、τ_2、τ_3——与各种不同的极化机理密切相关的时间常数。于是可以依据它们的变化或由它们组成的老化因子来判断电缆的绝缘老化。

判断的方法很多，现举两例如下：

1. 老化因子 A

老化因子 A 是以在时间 τ_3 内陷阱释放的空间电荷 $Q(\tau_3)$ 和在时间 τ_2 内释放的空间电荷 $Q(\tau_2)$ 的比值来表示

$$A=\frac{Q(\tau_3)}{Q(\tau_2)}=\frac{1+(A_2\tau_2/A_1\tau_1)(1-e^{-\frac{\tau_3}{\tau_2}})+(A_3\tau_3/A_1\tau_1)\left(1-\frac{1}{e}\right)}{1+(A_2\tau_2/A_1\tau_1)\left(1-\frac{1}{e}\right)+(A_3\tau_3/A_1\tau_1)(1-e^{-\frac{\tau_2}{\tau_3}})} \quad (5\text{-}18)$$

随着绝缘老化，老化因子 A 变大，有人对 6 根 220kV XLPE 电缆做试验，做到第 3 根寿命终了为止，测得已老化和未老化试样的 A 值，列于表 5-6 中。

表 5-6　XLPE 电缆老化和未老化的 A 值

试样编号	1	2	3
未老化	1.58	1.0031	1.0066
已老化	2.25	1.7364	1.827

由表可见，老化后 A 值都有明显增大。

2. 反吸收电流

在试品上施加直流电压，经一定时间后，吸收电流下降到稳定值，这时把试品短路，试品放电的电流为反吸收电流 I_d，如图 5-29 所示。再对 I_d 积分就可得放电的电荷 Q_d。为了消除电缆尺寸的影响，取单位电容的放电电荷 Q_C 为判断老化的因子

$$Q_C=\frac{Q_d}{C}\int_{t_1}^{t_2}I_d\mathrm{d}t$$

式中　C——电缆的电容。

Q_C 增大说明试品老化严重，可以根据累积的经验，选取 I_d 增大到某一极限值做为老化的参考判据。

三、电机的绝缘诊断

电机的故障往往是由于绝缘损坏造成的，特别是大型电动机、发电机更是如此，为了安全运行，必须经常诊断绝缘状态。电机绝缘诊断可分为电和热两个方面。

（一）基本介电性能

1. 直流试验

包括在直流电压下，测量绝缘电阻、泄漏电流、极化指数等。

（1）绝缘电阻　电机受潮或污染，特别是绝缘层有开裂时，绝缘电阻会明显下降。测量绝缘电阻时施加的电压，对于高压电机用 1000V，对低压电机用 500V。绝缘电阻的最低允许值可参考下式

$$R_\mathrm{m} = \frac{u_\mathrm{H}}{P_\mathrm{H}+1000}$$

式中　u_H——电机的额定电压（V）；

P_H——额定功率（kW）。

(2) 极化指数　极化指数 PI 是以施加直流电压后 1min 时通过试样的电流 I_1 与 10min 时的电流 I_{10} 之比来表示的

$$PI = I_1/I_{10}$$

若 PI 值小于 1.5，应判断为不正常。

2. 介质损耗因数 $\tan\delta$ 及其增量 $\Delta\tan\delta$

当施加于电机绝缘结构上的交流电压增加到一定值时，$\tan\delta$ 开始上升，如图 5-30 所示。这个现象是由于绝缘结构中存在气隙，在较高的电压下，气隙发生放电，引起损耗增大。一般要求 $\tan\delta_0$ 在 15% 以下；对电压等级为 3kV 的 $\Delta\tan\delta$ 在 5% 以下；6kV 的 $\Delta\tan\delta$ 在 6.5% 以下。从图 5-31 可以看出：$\Delta\tan\delta$ 愈大，击穿电压就愈低。因此，$\Delta\tan\delta$ 是电机绝缘诊断比较重要的判据。

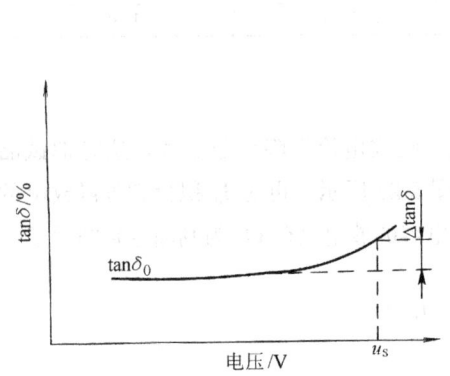

图 5-30　$\tan\delta$ 与电压的关系曲线

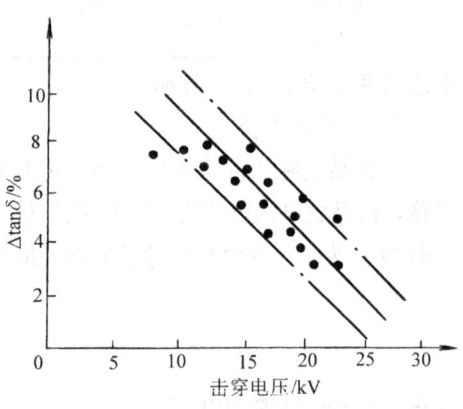

图 5-31　击穿电压与 $\Delta\tan\delta$ 的关系

3. 耐压试验

耐压试验有两种，一种是工频交流耐压试验，施加工频电压略高于电机运行的额定电压（如 1.5 倍额定电压），承受几分钟时间（具体的电压时间由各种电机的技术标准规定）。这种试验是考验电机线圈对地的主绝缘承受工频电压的能力。另一种是施加冲击电压，这不但考验电机的主绝缘，而且也考验电机匝间的绝缘承受电场的能力。

(二) 局部放电

现有电机的局部放电的放电量都比较大，这是由于电机采用的是复合固体绝缘（云母＋环氧）在线圈（棒）成型过程以及运行过程都会形成较大的气隙。虽然云母材料抗电老化性能较强，能经受得起较强的局部放电，但剧烈的局部放电还是会对电机绝缘带来严重的损坏。在损坏的电机中,可以看到严重放电的部位绝缘层都变成了粉末。因此,严重的局部放电还应作为绝缘故障来处理。一般认为放电量稳定在几千 pC 之内是可以允许的。进一步应仔细分析放电的部位、测试的方法,虽然测得的放电量是相同的,但发生在不同的部位,对绝缘的危害程度就可能不同。不同方法测得的放电量有时也是不可比的。

(三) 发电机的温度和过热

发电机额定容量通常是由绝缘所能承受的最高允许温度所决定的,发电机出厂前主要性能试验之一是进行温升试验。在运行中对发电机各部位温度进行检测是十分重要的。

发电机温度测量有两种基本方法,即:用埋入式测温元件测量发电机内部某些部位的局部温度和测量发电机内温度分布并计算平均温升。

在设计和制造过程中,为了监测发电机的温度,在定子绕组或定子铁心之中常预埋热电偶或电阻式检测计等测温元件,这些测温元件还可以埋在运行的轴承中检测发热情况。这种方法的缺点是热电偶和电阻式检温计必须与发电机的带电部分绝缘,因为它们都是由金属构成的,因此它们不能直接安放在定子绕组的最热部位,只能安放在定子线棒的绝缘层外,由此产生的温差可通过热阻公式进行计算。随着科学技术的发展,光纤温度传感器已开始用于发电机内部温度的测量,但新技术的应用还需要有一经验累积的过程。

发电机内部最高温度点测量技术目前尚不成熟,设计和运行经验告诉我们,定子端部绕组是发电机中的局部最热点。发电机的整体热状态可以通过平均温度来反映,平均温度可以通过热电偶测量冷却系统入口和出口处的温度得到,发电机上都装有这样的测温装置,当发电机过负荷或其冷却系统工作不正常时,可以及时显示出来。

过热是绝缘损坏的重要原因之一,绝缘材料的热老化是一很复杂的过程,当温度升高超过 180℃ 时,树脂中化学成份开始分解,在冷却气体中,绝缘的高温区附近,形成了较重的烃类分解物的过饱和蒸气,蒸气随着冷却气体离开热区,很快凝聚,产生凝聚核。凝聚核的大小随凝聚的进展继续加大,直到形成稳定的液滴。这些雾状液滴都是亚微米级(约 $10^{-3} \sim 10^{-1} \mu m$),比气体分子(约 10^{-4} μm)大。当温度进一步升高到 400℃ 时,这些物质均开始碳化,并同冷却气体中的氧气,或同树脂中的复杂烃类化合物分解产生的氧气相作用,生成 CO、CO_2 等气体。绝缘内部或邻近区的放电同样也使绝缘老化,产生化学分解物,在绝缘中烃类化合物的局部放电将产生高温,同时产生乙炔气体,如果是用空气冷却,放电时将产生臭氧。通过测量在冷却气体中有无微粒存在,或测定某些比较简单的气体成分,可以做为发电机绝缘劣化的在线监测。

对于采用密封循环冷却系统的大型发电机,可用如图 5-32 所示的基于测量微粒产生的离子电流的方法来测定发电机内部过热。将氢冷发电机里的冷却媒质（氢气）引进检测装置中，由于电离室壁上含有放射性同位素，它不断放出 α 射线（3.99×10^7 eV）使氢气电离，而当氢离子进入到离子收集室后，由于氢质量轻，绝大多数的氢离子将被电极所捕获而形成离子流（约 10^{-12} A），经放大后可用记录仪记录。当绝缘材料过热而出现冷凝核微粒时，由于其质量比氢离子大得多，于是在离子收集室里被捕获的离子流将明显减小，显然，因过热而出现的电流-时间波形与由某些偶然、暂时性因素而引起的电流波动明显不同。一般可取其初期离子流的 50% 作为警报点。不同的绝缘材料的热分解温度也不同，在测量中也应予以注意。

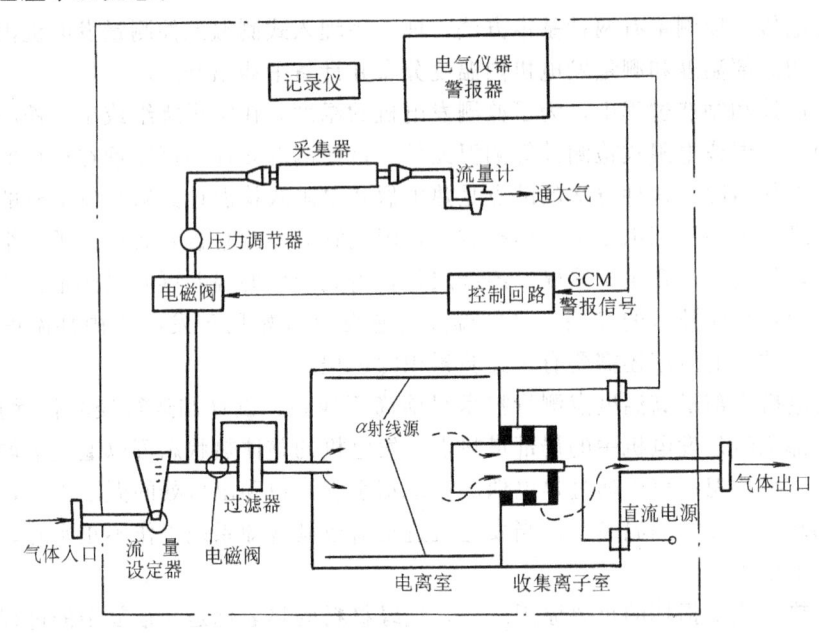

图 5-32 发电机中微粒检测装置原理图

这种监测方法的缺点是：监测装置输出的信号大小随冷却气体的压力和温度而变化，且对油雾也有反应，它不能区别是哪种绝缘材料的过热。针对这些问题，提出了一些改进的措施：

1) 采用差动技术。在气体流过的通路上，串联两个相同的离子室，其间加一个中间过滤器，监测这两个离子室的离子电流差，可以消除温度与压力引起的波动。

2) 将离子室放在 120℃ 的高温环境中，可以消除油雾的影响，防止监测器的误报警，但这时仪器的灵敏度下降了 20%。也有专家认为油雾只有在过热时才会产生，故油雾对检测过热也是有用的。

3) 在微粒监测器后加装气样采集装置，当监测器发出报警后，自动采集气样。将这些气样进行气相色谱分析，必要时配合质谱仪进行定量分析。

(四) 气体成份的在线监测

旋转电机绝缘出现过热、局部放电等故障时，会将分解出多种气体。因此也可根据冷却气体中所含的其他气体的成分和数量来诊断绝缘状况进行在线检测，国外已普遍将这种技术用于监测发电机绝缘中的早期故障。

随着过热温度的不同，不同绝缘材料中分解的气体成分也不同，表 5-7 给出了环氧云母绝缘和沥青云母绝缘材料因过热而分解出的各种气体的含量。

表 5-7 环氧云母绝缘和沥青云母绝缘材料热分解情况（单位：ml/g）

绝缘材料	温度/°C	CO_2	CH_4	C_2H_6	C_2H_4
沥青云母绝缘	100	0.16	/	/	/
	200	0.38	0.02	0.02	0.01
	300	5.11	0.86	0.43	0.07
环氧云母绝缘	100	0.02	/	/	/
	200	0.06	/	/	/
	300	0.44	0.14	0.01	0.01
	400	1.14	1.74	0.25	0.17
	500	0.78	2.97	0.45	0.18

对于氢冷发电机，可采用火焰电离检测器进行氢气中有机物总含量的监测，如图 5-33 所示。它是把氢冷发电机中的气体引入到氢氧焰燃烧室中燃烧，而氢氧火焰是电路的一个部分，正常时它呈现很高的电阻。当有含碳有机物离子时，火焰的电阻就与有机物质的含量成正比地下降。这种监测器非常灵敏，可连续显示过热分解物的变化趋势。

在局部放电的作用下，绝缘材料也将分解出气体，一般来说当放电量增大时，分解物也随之增多，因此气体组份的检测也可揭示局部放电的状态。

对氢冷汽轮发电机绝缘材料的热裂解，也可用气相色谱法进行检测，检测结果可判断如下：

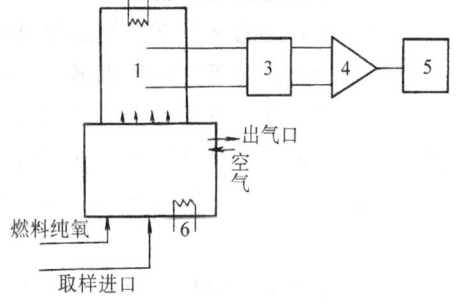

图 5-33 气体组成分析装置
1—火焰电离检测器 2—点火器 3—信号适配器 4—放大器 5—记录仪 6—加热器

1) 对运行时间在 10 年以内的汽轮发电机，正常时在氢气中的 CH_4 含量不应大于 0.01%、CO_2 含量不大于 0.05%；而运行 10 年以上者，CO_2 的含量有可能超过 0.1%，但 CH_4 的含量不应超过 0.1%。

2) 如氢气中 CH_4 及 CO_2 的含量增高，并且出现其他气体，如 CO、C_2H_6、C_2H_4 等时，说明可能有固体绝缘过热或气体放电；如出现 C_2H_2，则反映在有些点上有较强烈的放电现象。

3) 如氢气中有 CO_2，而 CH_4 的浓度不大于 0.01%，则可能是在固体绝缘中有微弱的局部放电。

第六章 可靠性试验

产品的质量指标主要有两类：产品的性能指标和产品的可靠性指标。产品的性能指标主要指产品完成规定功能的技术指标。以交联聚乙烯绝缘电力电缆为例，如规定试验电压下的介质损耗角正切值、局部放电量、绝缘电阻等。如果只有性能指标是不能完全反映产品的质量水平的。例如：电缆出厂时各项性能指标都符合标准，工作 1000h 后，电缆是否还能保持原有的各项性能指标？电缆的平均寿命是多少？这些都是用户非常关心的问题。因此，产品应该还有另一类质量指标，即可靠性指标，它反映产品保持其性能指标的能力。产品的功能是否能得到发挥，在很大程度上取决于产品的可靠性水平。

本章将介绍与可靠性试验有关的基本概念；讨论工程实践中的有关寿命试验；最后列举几个应用实例。

第一节 可靠性的基本概念与主要特征量

一、可靠度及可靠度函数

产品在规定的条件下和规定的时间内，可能具有规定的功能的能力，也可能没有这个能力。由于这是随机事件，故可用"概率"来度量这种能力。

所谓可靠度，就是指产品在规定的条件下和规定的时间内，完成规定功能的概率。也就是说，可靠度是一种用概率表示的产品特性。

通常可靠度用字母 R 表示，其取值范围是

$$1 \geqslant R \geqslant 0 \tag{6-1}$$

因此，可靠度也可用百分比表示，例如：某产品工作了 2000h 的可靠度为 95%，就是表示当多次抽取 100 个同样的样品，在规定的条件下工作 2000h，平均有 95 个还能完成规定的功能。

若将产品在规定的条件下，在规定的时间内丧失规定的功能（即发生失效）的概率称为不可靠度，并记为 F，则 R 与 F 之间有如下关系

$$F = 1 - R \tag{6-2}$$

在上例中，产品工作 2000h 的不可靠度为 5%。

为了估计一种产品在某规定时间的可靠度，可以通过这类产品的大量试验来确定。例如：设有 N 台相同的设备，在相同的规定条件下工作到某一给定的时间，如有 n 台失效，则可定义可靠度的估计值为

$$\overline{R} = \frac{N-n}{N} \tag{6-3}$$

当 $N\to\infty$ 时，有

$$\lim_{N\to\infty}\overline{R}=R \tag{6-4}$$

即为该产品的可靠度。

可靠度的估计值是时间 t 的函数，记为 $\overline{R}(t)$。从而可靠度也是时间 t 的函数，应记成 $R(t)$，称为可靠度函数。根据（6-3）式，可靠度函数可表示为

$$R(t)\approx\frac{N-n(t)}{N} \tag{6-5}$$

假定产品出厂时，功能质量都是合格的，而且是可靠的，此时 $t=0, n(0)=0$，故 $R(0)=1$。随着使用时间（包括运输、储存及使用等）的增加，失效数也不断增加，因而可靠度也相应逐渐地减小。所有的产品，不论其寿命有多长，在使用过程中，最后总是要全部失效的，因此，$n(\infty)=N, R(\infty)=0$。从而可靠度函数是 $[0,\infty)$ 区间的非增函数，其取值的范围为：$1\geqslant R(t)\geqslant 0$。图 6-1 表示 $R(t)$ 随时间变化的曲线。

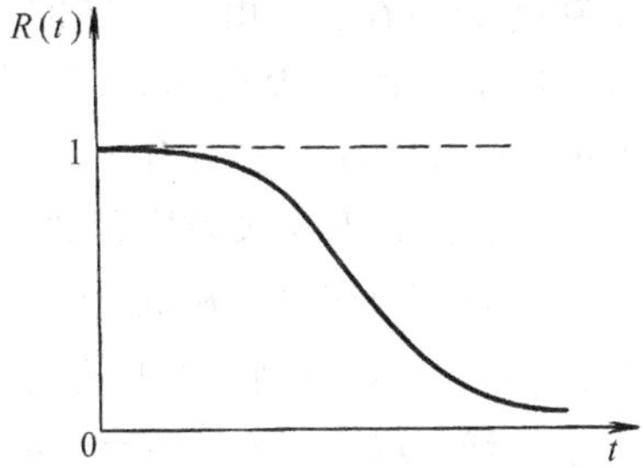

二、失效密度函数及累积失效分布函数

失效密度是指产品在 t 时刻附近的一个单位时间内的失效数与起始时刻 $(t=0)$ 的工作产品数的比值。其值大小与时间 t 有关，常记作 $f(t)$，称为失效密度函数。

图 6-1 $R(t)$ 函数曲线

根据失效密度函数 $f(t)$，就可以估计任意时刻 t_i 的累积失效概率，即不可靠度

$$\begin{aligned}\overline{F}(t_i) &= \sum_{j=1}^{i} f(t_j)\Delta t \\ &= \sum_{j=1}^{i} \frac{\Delta n_j}{N\cdot\Delta t}\times\Delta t = \frac{n(t_i)}{N}\end{aligned} \tag{6-6}$$

它表示由起始到该时刻 t_i 之内的累积失效数 $n(t_i)$ 占抽样总数 N 的百分比。如果数据的个数 $N\to\infty$，时间间隔 $\Delta t\to 0$（如图 6-2 所示），我们用 $F(t)$ 来表达 $\overline{F}(t_i)$，即称为累积失效分布函数，或称失效分布函数，如图 6-2 所示。

很显然，$F(t)$ 必然是在 $[0,\infty)$ 区间内的非降函数，其取值范围为 $0\leqslant F(t)\leqslant 1$。故 $F(t)$ 与失效密度函数 $f(t)$ 有如下的关系

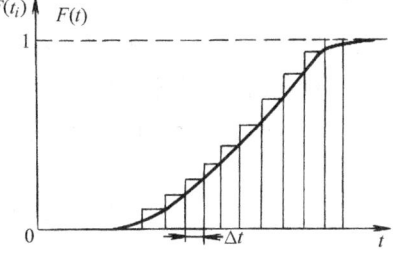

图 6-2 累积失效频率直方图

$$F(t) = \int_0^t f(t)\,\mathrm{d}t \qquad (6-7)$$

从而得

$$f(t) = \frac{\mathrm{d}F(t)}{\mathrm{d}t} \qquad (6-8)$$

累积失效分布函数 $F(t)$ 表示失效时间 ξ 在 t 以内的失效概率 P，即

$$F(t) = P(\xi \leqslant t) \qquad (6-9)$$

$f(t)$、$F(t)$ 与可靠度函数 $R(t)$ 之间的关系可用图 6-3 表示。

一般情况下，分析研究产品的可靠度 $R(t)$ 都是从它的对立面——不可靠度 $F(t)$ 着手。而研究 $F(t)$ 又可以从失效概率密度 $f(t)$ 着手。由于不同的产品往往有不同类型的失效分布，反映为不同类型的 $f(t)$，从而 $F(t)$ 也有不同的类型。

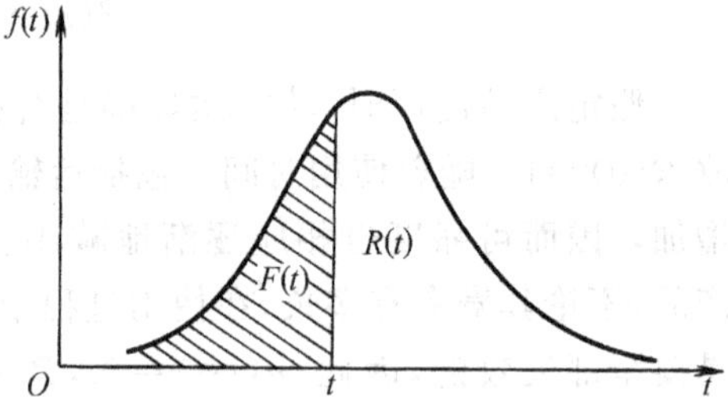

三、失效率及失效率函数

图 6-3 $f(t)$、$F(t)$ 与 $R(t)$ 之间的关系

设有 N 个产品，从起始时刻开始工作，到某一任意时刻 t 的失效数为 $n(t)$，这时残存的产品数为 $N-n(t)$。又设，再过 Δt 时间以后，又有 $\Delta n(t) = n(t+\Delta t) - n(t)$ 个产品失效。当 $n \to \infty$、$\Delta t \to 0$ 时，下式的极限值即表示该产品的瞬时失效率，或简称失效率。显然，失效率是时间 t 的函数，记为 $\lambda(t)$，即称为失效率函数。

$$\lambda(t) = \lim_{\substack{N \to \infty \\ \Delta t \to 0}} \frac{n(t+\Delta t) - n(t)}{[N - n(t)] \cdot \Delta t} \qquad (6-10)$$

在可靠性工作中，为了简化计算通常用下式近似估算

$$\lambda(t) \approx \frac{\Delta n(t)}{[N - n(t)] \cdot \Delta t} \qquad (6-11)$$

简单地说，失效率就等于产品在 t 时刻后一个单位时间内的失效数与在时刻 t 尚在工作的产品数的比值，失效率的单位用单位时间的百分数来表示，常用的单位有每小时或每千小时的百分比。由于失效率更直观地反映了每一时刻的失效情况，所以，也把失效率称为失效强度。它是标志产品可靠性常用的数量特征之一。失效率愈低，则可靠性愈高。

由式 (6-11)，我们不难得到 $\lambda(t)$、$f(t)$、与 $R(t)$ 之间具有如下关系

$$\lambda(t) = \lim_{\substack{N \to \infty \\ \Delta t \to 0}} \frac{\Delta n(t)}{N \cdot \Delta t} \times \frac{N}{N - n(t)} = \frac{f(t)}{R(t)} \qquad (6-12)$$

四、平均寿命和寿命标准离差

在可靠性工作中，还需要了解与失效时间相关的产品寿命，称为可靠性寿命

特征,其中主要有平均寿命、寿命标准离差、可靠寿命等。在数学上,它们大多属于表示失效分布基本特征的特征数,因此,可以通过分布函数直接求得。

产品的平均寿命是指产品从开始使用到产生失效(或故障)的平均工作时间。由于产品失效时间是个随机变量,具有确定的统计规律性,因此,求平均寿命的问题实际上是求这个随机变量的数学期望。

在对产品进行可靠性寿命试验时,因为试验是破坏性的,所以,要对全部产品进行寿命试验是不可能的。为了了解一批产品的寿命特征,必须从整批产品中抽取一部分加以研究。例如:随机地抽取 N 个产品进行试验,测得其寿命:t_1,t_2,……,t_N。这 N 个寿命数据称为一个子样,N 称为子样的大小。那末,总体的性质就可用子样的性质来进行估计和推测。这组子样的平均寿命为

$$\bar{t} = \frac{1}{N} \sum_{i=1}^{N} t_i \tag{6-13}$$

当子样 N 比较大时,可将 N 个观测值按一定的时间间隔进行分组,若分成 a 组,以每组的组中值 t_i 作为该组中各观测值的近似值,则各组的总工作时间就可用各组中值 t_i 与各组频数 Δn_i 的乘积和来近似。则平均寿命又可表达成

$$\bar{t} = \frac{1}{N} \sum_{i=1}^{a} t_i \cdot \Delta n_i \tag{6-14}$$

因为 $\Delta n_i/N = \bar{f}(t_i) \cdot \Delta t$,于是

$$\bar{t} = \sum_{i=1}^{a} t_i \bar{f}(t_i) \cdot \Delta t \tag{6-15}$$

当 $a \to \infty$,$\Delta t \to 0$ 时,则上式的求和就为积分所代替。因此,总体的平均寿命(记为 μ)可表达成

$$\mu = \int_0^\infty t f(t) \mathrm{d}t \tag{6-16}$$

一般情况下,总体的平均寿命 μ 可以作如下近似估计,即

$$\mu \approx \bar{t} \tag{6-17}$$

在可靠性工作中,仅仅知道产品的平均寿命是很不够的。例如:有两批来源不同的产品,它们的平均寿命可能很接近,然而,由于它们的离散程度不一样,这两批产品的可靠性就不同。因此,为了全面评定一批产品的可靠性,还必须了解产品寿命的离散程度。

对于 $t_1,t_2,……,t_N$,平均数 $\bar{t}$ 仅仅反映子样观测值的中心位置,其离散程度可采用子样标准离差 S 来表示,即

$$S = \sqrt{\sum_{i=1}^{N}(t_i - \bar{t})^2 / (N-1)} \tag{6-18}$$

它的单位与 t_i 的单位一致。

当子样 N 很大时可用 $\mu \approx \bar{t}$,总体的标准离差用 σ 表示。在可靠性工作中,一般可作近似估计,即

$$\sigma \approx S$$

五、可靠寿命

若已知产品的可靠度函数 $R(t)$,则可以求得任意时刻的可靠度。反之,若事先给定一个可靠度值 r,那么也可以求得产品经使用后可靠度降到 r 时的寿命 t_r,称为可靠寿命,即满足 $R(t_r)=r$。r 称为可靠水平,如图 6-4 所示。可靠寿命可利用可靠度函数反解求得。

$R(t_{0.5})=50\%$,即表示该批产品工作到可靠度等于 50%(正好有一半失效)的寿命时间为 $t_{0.5}$。这个可靠水平 $r=0.5$ 的寿命时间 $t_{0.5}$ 称为中位寿命。若给定 $r=e^{-1} \approx 36.8\%$ 时的可靠寿命 $t(e^{-1})$,称此为特征寿命。

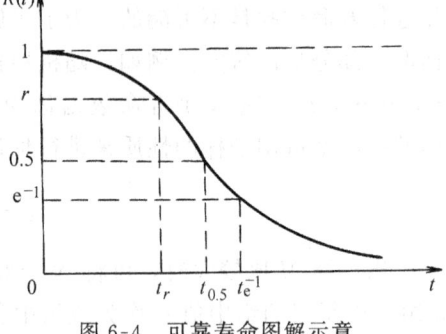

图 6-4 可靠寿命图解示意

第二节 可靠性试验分类

所谓可靠性试验,是指为评价、分析产品的可靠性而进行的试验的总称。可靠性试验的目的是评价产品的可靠性水平,即通过规定的试验方法进行可靠性试验,并对获得的试验数据进行统计分析,从而得出该产品的可靠性指标,为产品的研制、设计和使用提出依据。同时,还可以通过试验对失效产品进行分析,找出其失效的原因,采取相应的改进措施,进而达到提高产品可靠性的目的。

一、可靠性试验种类

产品的可靠性试验方法就是对被试样品施加一定的应力,诸如环境应力和工作应力或两者的综合,在这些应力的作用下,被试样品将反映出其性能是否稳定,其结构状态是否完整或是否有变形,从而判别产品是否失效。

根据试验应力大小、特征值、程序和目的要求的不同,可靠性试验的种类是多种多样的。可靠性试验可分为现场使用试验和模拟试验两大类,见表 6-1。

表 6-1 可靠性试验的分类

可靠性试验	{ 现场使用试验 模拟试验	{ 破坏性试验 非破坏性试验	{ 寿命试验 临界试验 功能试验 放置试验	正常使用状态试验 加速寿命试验 放置试验 环境试验 正常使用状态试验

现场使用试验是最符合实际情况的试验。当样品研制出来后,应送使用现场(典型的或有代表性的现场)进行实际的运行考验。只有当它们基本满足使用要求之后,才能正式成批生产。这种试验是现场使用数据收集的主要来源。

模拟试验是将产品在工厂或实验室模拟实际工作状态进行试验。模拟试验可分为破坏性和非破坏性两种。非破坏性试验多用于较贵重的设备和系统的可靠性评价,它是当前可靠性试验研究的一个课题。对于不太贵重的产品,多采用破坏性试验的方法,它又分为寿命试验和临界试验两种。破坏性寿命试验就是在规定的条件下投入一定数量的样品(抽样)进行寿命试验。然后,分别记录它们的失效时间,并利用这些数据来统计分析产品的失效分布和各项可靠性指标。临界试验用来评定产品承受工作应力和环境应力影响的极限能力。

根据施加在产品上的负荷和环境劣化强度的不同,可以分为正常使用状态试验和加速寿命试验。根据负荷的变化又可分为恒定负荷试验、变动负荷试验以及无负荷状态下的放置试验。

按照试验的目的,可分为筛选试验、例行试验、鉴定试验及专门的试验。

二、常用的寿命分布及其实用背景

可靠性试验是以材料、元件、零件及系统的寿命分布及其统计分布为主要研究对象的。寿命分布的类型很多,它与产品的失效机理、失效形式及所施加的应力有关。一种寿命分布类型可以适用于具有同类型的失效机理及承受同类型应力的研究对象。

1. 指数分布

在许多场合下,可以假定产品寿命呈指数分布,如电子元器件经过严格地筛选或装机调试筛选之后,其实际使用期内的失效(或故障)可用指数分布来描述;一般复杂设备或系统在使用期内,其失效也接近指数分布。在采用指数分布描述时,要求满足下列条件:系统由大量元器件构成;各元器件的失效互不影响,相互独立;任何一个元件失效都会造成整个系统发生故障等。这样,当系统经过长时间的工作后,该系统的故障间隔时间近似地服从指数分布。

即使有些场合产品的寿命分布不是指数分布,但为了便于统计对比,也可以用指数分布来近似。虽然分布有差异,但还是能比较出同类产品间的可靠性水平。

应该指出,指数分布的计算方法对于不是指数分布的产品来说是会产生偏差的。例如:对于威布尔分布的形状参数 $m<1$ 的产品使用指数分布近似计算失效率时,将会使算出的失效率高于产品的实际失效率;对于威布尔分布形状参数 $m>1$ 的产品,将会使算出的失效率低于产品的实际失效率。

指数分布的密度函数为

$$f_E(t,\lambda) = \begin{cases} \lambda e^{-\lambda t} & (0<\lambda<\infty; 0<t<\infty) \\ 0 & (-\infty<t<0) \end{cases} \tag{6-19}$$

式中 λ——指数分布的参数(常数)。

指数分布的分布函数(即累积失效分布)为

$$F_E(t,\lambda) = \int_{-\infty}^{+\infty} f_E(t)dt = 1 - e^{-\lambda t} \quad (0 < t < \infty) \tag{6-20}$$

指数分布的密度函数和分布函数的图形可分别参阅图 6-5 和图 6-6。

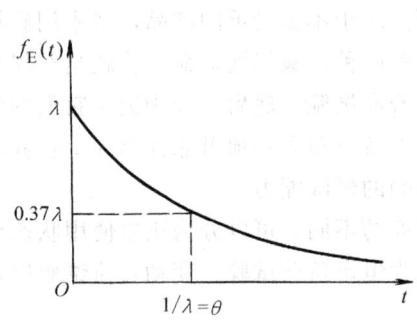

图 6-5 指数分布的密度函数图形　　图 6-6 指数分布的分布函数图形

指数分布情况下的主要可靠性特征量如下：

(1) 产品的平均寿命 θ 及方差 σ^2

$$\theta = E(T) = \int_{-\infty}^{\infty} t f_E(t)dt = \int_0^{\infty} t\lambda e^{-\lambda t}dt = \frac{1}{\lambda} \tag{6-21}$$

可以看出，指数分布情况下的平均寿命 θ 等于分布参数的倒数。这是指数分布独有的特征。

在图 6-6 中，当 $t = \theta = \frac{1}{\lambda}$ 时，指数分布的分布函数 $F_E(\theta) = 1 - e^{-1}$，即表示该批产品工作到平均寿命时刻，将会有 63% 的不可靠。

指数分布情况下的寿命方差

$$\sigma^2 = \int_0^{\infty} \lambda t^2 e^{-\lambda t}dt - \frac{1}{\lambda^2} = \frac{1}{\lambda^2} = \theta^2 \tag{6-22}$$

(2) 产品的可靠度 $R(t)$ 及失效率 $\lambda(t)$

$$R(t) = e^{-\lambda t} \quad (t \geq 0) \tag{6-23}$$

$$\lambda(t) = \frac{f(t)}{R(t)} = \frac{-R'(t)}{R(t)} = \lambda \quad (t \geq 0) \tag{6-24}$$

(3) 产品的可靠寿命 t_R 及中位寿命 $t_{0.5}$

$$t_R = \frac{1}{\lambda} \ln \frac{1}{R} \tag{6-25}$$

$$t_{0.5} = \frac{1}{\lambda} \ln 2 \tag{6-26}$$

2. 威布尔分布

若随机变量 T 的分布密度为

$$f(t)=\frac{m}{\eta}\left(\frac{t-t_0}{\eta}\right)^{m-1}e^{-\left(\frac{t-t_0}{\eta}\right)^m} \qquad (6\text{-}27)$$

$$(t\geqslant t_0, m>0, \eta>0)$$

则称 T 服从三参数威布尔分布,其中 m 称为形状参数,η 称为尺度参数,t_0 称为位置参数。

威布尔分布的分布函数

$$F(t)=\int_{t_0}^{t}f(t)\mathrm{d}t=1-e^{-\left(\frac{t-t_0}{\eta}\right)^m} \qquad (6\text{-}28)$$

威布尔分布的密度函数和分布函数的图形示意于图 6-7 和图 6-8。

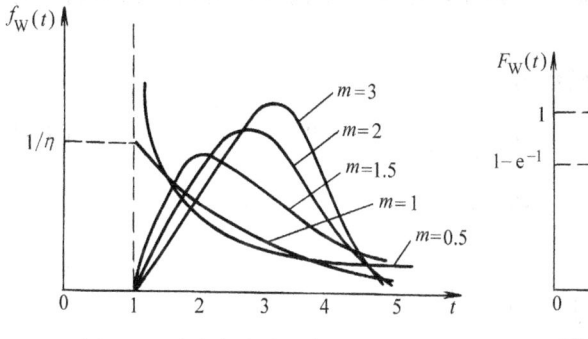

图 6-7 威布尔密度函数图形

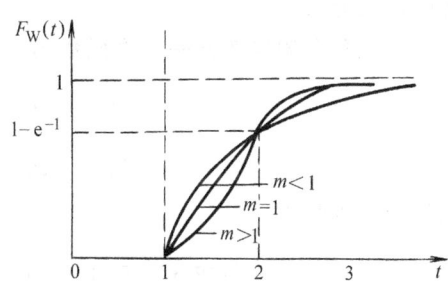

图 6-8 威布尔分布函数图形

威布尔分布情况下的主要可靠性特征量如下:

(1) 产品的平均寿命 μ 和方差 σ^2

$$\begin{aligned}\mu=E(T)&=\int_{-\infty}^{\infty}tf_W(t)\mathrm{d}t\\&=\int_{t_0}^{\infty}t\frac{m}{\eta}\left(\frac{t-t_0}{\eta}\right)^{m-1}e^{-\left(\frac{t-t_0}{\eta}\right)^m}\mathrm{d}t\\&=t_0+\eta\Gamma\left(1+\frac{1}{m}\right)\end{aligned} \qquad (6\text{-}29)$$

式中 $\Gamma(X)$ 为伽玛函数。

$$\begin{aligned}\sigma^2&=\int_{-\infty}^{\infty}t^2f_W(t)\mathrm{d}t-[E(T)]^2\\&=\eta^2\left\{\Gamma\left(1+\frac{2}{m}\right)-\left[\Gamma\left(1+\frac{1}{m}\right)\right]^2\right\}\end{aligned} \qquad (6\text{-}30)$$

(2) 可靠度函数 $R_W(t)$ 及失效率函数 $\lambda_W(t)$

$$R_W(t)=e^{\left[-\left(\frac{t-t_0}{\eta}\right)^m\right]} \quad (t\geqslant t_0) \qquad (6\text{-}31)$$

$$\lambda_W(t) = \frac{f(t)}{R(t)} = \frac{m}{\eta}\left(\frac{t-t_0}{\eta}\right)^{m-1} \tag{6-32}$$

(3) 可靠寿命 t_R 及中位寿命 $t_{0.5}$

$$t_R = t_0 + \eta\left(\ln\frac{1}{R}\right)^{\frac{1}{m}} \tag{6-33}$$

$$t_{0.5} = t_0 + \eta(\ln 2)^{\frac{1}{m}} \tag{6-34}$$

因为威布尔分布含有两个或三个参数，因此，要比指数分布适应性强，也就是对各种类型的试验数据拟合的能力强。在描述疲劳失效、真空失效、电气击穿试验等寿命分布中，它的应用很广。

(3) 正态分布　描述产品随机失效比较集中发生的现象时，常用到人们所熟悉的正态分布。

正态分布的失效概率密度函数为

$$f_N(t;\sigma^2,\mu) = \frac{1}{\sigma\sqrt{2\pi}}e^{-(t-\mu)^2/2\sigma^2} \tag{6-35}$$

$(-\infty < \mu < \infty, 0 < \sigma < \infty, -\infty < t < \infty)$

失效分布函数为

$$F_N(t;\sigma^2,\mu) = \int_{-\infty}^{t} f_N(x)dx$$

$$= \frac{1}{\sigma\sqrt{2\pi}} \int_{-\infty}^{t} e^{-(x-\mu)^2/2\sigma^2} dx \tag{6-36}$$

式中　μ——正态分布的位置参数，也是它的数学期望值，即正态分布下的平均寿命；

σ——正态分布的尺度参数，即正态分布下的寿命标准离差，σ^2 为寿命方差。

正态分布密度函数 $f_N(t)$ 及分布函数 $F_N(t)$ 的图形示于图 6-9 和图 6-10。

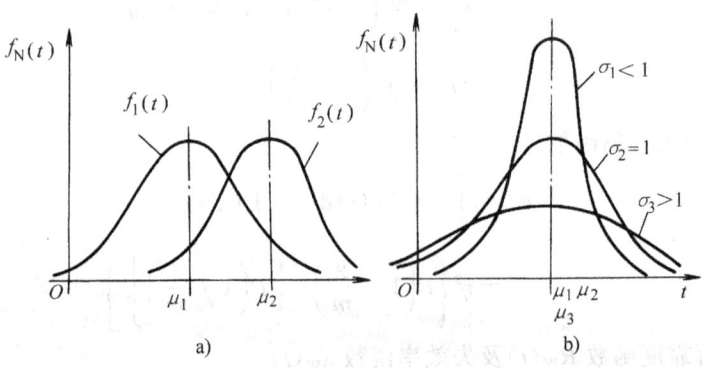

图 6-9　正态分布密度函数图形

a) $\mu_1 < \mu_2$　$\sigma_1 = \sigma_2$　b) $\mu_1 = \mu_2 = \mu_3$　$\sigma_1 < \sigma_2 < \sigma_3$

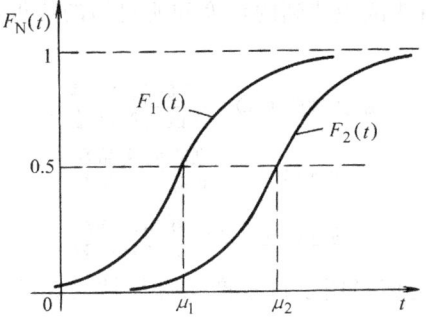

图 6-10 正态分布的失效分布函数图形

正态分布情况下的可靠度函数 $R_N(t)$ 和失效率函数 $\lambda_N(t)$ 分别为:

$$R_N(t) = 1 - F_N(t) = 1 - \frac{1}{6\sqrt{2\pi}} \int_{-\infty}^{t} e^{-\frac{(x-\mu)^2}{2\sigma^2}} dx \tag{6-37}$$

$$\lambda_N(t) = f_N(t)/R_N(t) = \frac{e^{-(t-\mu)^2/2\sigma^2}}{\int_{t}^{\infty} e^{-(x-\mu)^2/2\sigma^2} dx} \tag{6-38}$$

第三节 可靠性筛选试验

产品在成批或大批生产中,由于各种原材料、辅助材料及有关工艺条件和设备状况等因素不可避免地会有些变动,难以完全按工艺要求进行质量控制,尤其是一些人为的误差因素难以避免,造成了产品中潜在的缺陷,这些缺陷往往导致产品的强度和寿命远低于该批产品的平均寿命,形成产品的早期失效。可靠性筛选就是保证该批产品在使用(或装机)之前先剔除这些早期失效产品,从而使投入使用的产品具有较高的可靠性水平。这项技术在许多领域得到了人们的重视。

可靠性筛选是一种非破坏性试验。经筛选后,对某些批产品来说,它的失效机理和失效分布不应该受到影响,反而起到了一种"老炼"的作用。

虽然可靠性筛选需要付出一定的代价(如成本增加、生产周期延长等),但相对于在装机、调试中及使用现场发现并更换失效件所损失的代价来说,还是值得的。特别是对高可靠性工程、航天航空、核能工程等系统更是意义重大。

一、筛选方法的依据和原则

理想的筛选方法应该做到不错判一个产品,即不应该把本来是可靠的产品判为早期失效品而淘汰,也不应该把具有隐患缺陷的产品判为可靠产品。实际工作中,应尽量使所选择的筛选方法接近于理想水平。

为了说明可靠性筛选试验达到的程度和所付出的代价,可以用反映筛选效果的三个参数来衡量。

$$筛选剔除率\ Q = \frac{剔除的产品数}{受试的产品总数}$$

$$筛选效率\ \omega = \frac{剔除的次品数}{实际的次品数}$$

$$筛选损耗率\ L = \frac{好品损坏数}{实际好品数}$$

筛选剔除率 Q 从反面说明了该批产品可靠性的成品率。Q 值的大小反映了这批产品生产过程的优劣情况,Q 值越大,表示这批产品筛选前的可靠性越差,反映出生产中存在的问题越大,造成隐患的产品多,成品率低。所以,在有可靠性指标的产品标准中应规定 Q 的上限值。若实际的 Q 值超过该上限值时,这批产品就不能作为高可靠产品交付使用。

应该指出,还不能简单地以筛选剔除率 Q 的大小来评价筛选方法的优劣。因为剔除率太高有可能是产品本身设计、材料及工艺等存在本质上的严重缺陷,但也可能是筛选应力强度太高;与此相反,剔除率太低有可能是产品缺陷少,但也可能是筛选应力强度和试验时间不足造成的。所以,还要以筛选效率 ω 和筛选损耗率 L 来评价筛选方法的优劣。

筛选效率 ω 是一个 0 与 1 之间的数。ω 越接近于 1,说明筛选方法越严格,即漏剔早期失效产品越少。

筛选损耗率 L 越小越好,即错判非早期失效产品越少。

综上所述,理想的筛选应使筛选后的该批产品投入使用时,其最初的失效率应该是或接近浴盆曲线上早期失效期结束及偶然失效期刚开始的那个拐点(如图 6-11 所示)

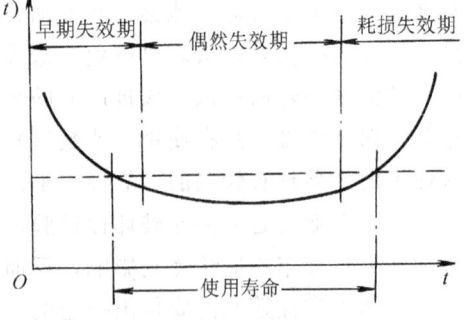

图 6-11　产品的典型失效率曲线

可靠性筛选与常规的质量检验的区别在于:

1) 可靠性筛选的目的不是检查出检测时就是坏的产品,而是假设筛选前产品已属通过检查的合格品。

2) 可靠性筛选对产品进行 100% 的试验。

3) 可靠性筛选分出的不同级别是对应于一定的寿命要求和预定的工作条件。

可靠性筛选试验的方法很多,对不同的产品和不同的使用条件可采用不同的方法,为了找出潜在的缺陷,大体上可分为目视筛选、通电筛选和环境(应力)

筛选。

目视筛选是使缺陷对我们人类表观化的方法。即检查产品尺寸、外观等，除简单的光学方法外，还可借用其他成像方法。

通电筛选是最常使用的方法。其中人们最熟悉的是耐电压试验。对电子元器件进行的一种通电筛选，也叫 Δ 筛选，它是在施加筛选应力前先测量其电气特性值，施加应力后再测量电气特性值，将其差值 Δ 大的产品剔除。

环境（应力）筛选又包括：

1）温度循环——一般地说，温度循环的目的是检查产品能否经受长时间的温度交替改变而不发生失效，也不发生退化。温度循环筛选在决定材料间热膨胀系数差异的影响、热适应性是否良好方面是有效果的。

2）温度冲击筛选——是温度循环急剧变化的筛选，对于某些产品，若其内部各材料的热胀冷缩性能不匹配，或零件有裂纹，或工艺不良造成的缺陷，则会使潜在的早期失效件提前失效。

此外还有机械冲击、振动疲劳、变频率振动等。

二、可靠性筛选试验设计

可靠性筛选试验设计的目的是要确定试验条件，包括试验的项目、试验应力和试验时间。

由于不同类型的产品，不同的生产厂家或用不同的材料、结构、工艺流程所生产的产品其失效机理是不同的，并且早期失效期与偶然失效期的分界点也不可能一样，很难制订一个统一的可靠性筛选试验条件。因此，必须针对产品的特点进行大量的可靠性试验或可靠性筛选摸底试验，掌握产品的失效分布以及失效机理与筛选试验项目、应力和时间的关系，然后才能正确地拟订出该产品的可靠性筛选试验条件。

显然，如果可靠性筛选试验条件设计不当，则可能会使一些产品因筛选试验强度不够而造成可靠性和稳定性不能满足要求，或者因漏掉必要的筛选试验项目而使早期失效品未能筛选掉。另一方面，也可能因筛选试验条件过严而把本来是好的产品剔除掉一部分。

1. 筛选试验项目的确定

关键是着眼于对缺陷敏感的参数、应力以及对缺陷敏感的测量方法。如经过长期的可靠性试验和可靠性摸底试验的经验积累，掌握了产品的失效机理与筛选试验项目的关系，则可直接选用。

2. 筛选试验应力的确定

对于那些生产工艺合理及生产稳定的产品，可通过可靠性摸底试验得到类似于图 6-12 所示的失效频率与试验应力的关系。图中的应力可以是电、热、机械环境等或它们的组合。

图 6-12 曲线显示了两种失效分布。区域 A 为正态分布，代表可靠性正常合格品的失效特性。区域 B 是另一种分布，它代表早期失效品的失效特性。可以看出，若选择 C 为筛选应力时，就可将那些早期失效品剔除掉而又不损坏可靠性正常的产品。

在已经有筛选经验的情况下，不必再做摸底试验，而直接确定筛选应力。

若经过筛选后大部分产品将失效，仅留下少量的合格品，这说明产品的材料或生产工艺上存在严重缺陷，应找出原因，加以改进。那些剩下的少量"合格品"是否可靠是没有把握的。

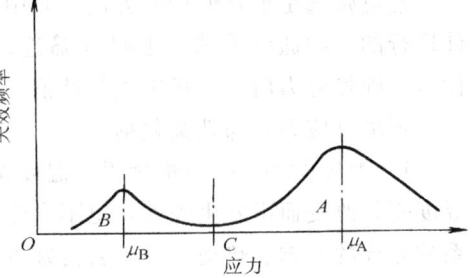

图 6-12 产品失效频率与试验应力的关系
μ_A—合格品的平均失效应力　μ_B—不合格品的平均失效应力　C—筛选应力

3. 筛选时间的确定

若早期失效是正态分布的情况下，可靠性筛选时间 T_s 的选定原则是：尽可能多地排除早期失效品，也就是要求具有早期失效产品的工作寿命大于 T_s 的概率尽可能小，即

$$P(\xi \geq T_s) = \alpha$$

其中 α 是根据产品的要求而事先给定的数，例如取 0.001 或 0.0001。

为此，可事先通过可靠性摸底试验得出早期失效产品的失效时间 t_i（$i=1, 2, 3, \cdots, n$）。然后可以计算出它们的平均值 $\bar{t}$ 及标准离差 S。根据概率原理，具有正态分布 $N(\mu, \sigma^2)$ 的随机变量 ξ 落在 $\mu+3\sigma$ 以外的概率仅有 0.00135，即

$$P(\xi \geq \mu + 3\sigma) = 0.00135$$
$$P(\xi \geq \mu + 3.10\sigma) = 0.001$$

或写为

$$P(\xi < \mu + 3.10\sigma) = 0.999$$

因为 $\bar{t}$ 和 S 是这批产品的真值 μ 和 σ 的估计值，所以存在一个置信区间 (μ_L, μ_U)，它包含真值 μ 的概率为事先确定的一个数 $1-\alpha$（称为置信度）。则上式可改写为在一定置信度下的概率

$$P(\xi < \bar{t} + KS) = 0.999$$

式中　K——安全系数。

显然，K 值要比 3.10 大，它随置信度的增大而增大，但随着抽样数的增大而减小。表 6-2 列出了在置信度为 $1-\alpha=90\%$，概率为 $P=99.9\%$ 条件下随抽样数大小 n 不同的 K 值。

这样，当求得 $\bar{t}$ 和 S 以后，根据要求的 P 值和置信度 $1-\alpha$ 就可以求出筛选试验的时间，即 $T_s = \bar{t} + KS$。

在已有筛选实践经验时，筛选时间可以根据经验或要求来确定。

表 6-2 安全系数 K 表 　　($1-\alpha=90\%$, $P=99.0\%$)

n	2	3	4	5	6	7	8	9	10
K	24.582	9.651	7.129	6.111	5.556	5.202	4.955	4.771	4.629
n	11	12	13	14	15	16	17	18	19
K	4.514	4.420	4.341	4.273	4.215	4.164	4.119	4.078	4.042
n	20	21	22	23	24	25	26	27	28
K	4.009	3.979	3.952	3.927	3.903	3.882	3.862	3.843	3.826
n	29	30	35	40	45	50	60	80	100
K	3.810	3.794	3.729	3.679	3.638	3.609	3.552	3.482	3.435

第四节　加速老化试验及其数据的分析

一般电气设备的使用期限为 15～20 年。要在短时期内获得可靠性寿命，必须强化应力，促使样品失效时间缩短，以便在短时间内根据加速老化试验所得的数据来预测出正常应力条件下的寿命特征。

加速老化试验的方法最早用在金属材料和机械零件的疲劳试验方面，而后被逐渐应用到其他领域。目前，这种方法还在不断改进、完善和发展。

加速老化试验按施加应力方式来区分，有恒定应力、步进应力和序进应力三种方式（如图 6-13 所示）。将样品分为若干组，每组固定一个保持不变的应力（高于正常条件下的应力），这种试验称为恒定应力加速老化试验（如图 6-13a 所示）；若随时间分阶段逐步增加应力的试验则称为步进应力加速老化试验（如图 6-13b 所示）；若随时间而连续增加应力的试验则称为序进应力加速老化试验（如图 6-13c 所示）。

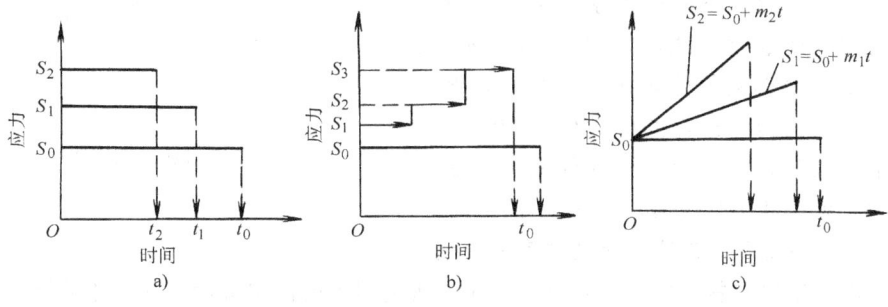

图 6-13　加速老化试验的三种施加应力方式
a）恒定应力加速老化试验　b）步进应力加速老化试验
c）序进应力加速老化试验

上述三种方式比较起来，恒定应力加速老化试验由于应力稳定，造成失效的因素较单一，准确度高，试验相对简便且较容易取得成功，但试验时间相对来说比较长。此种方法被广泛采用。

加速老化试验的理论根据可以拿恒定应力加速老化试验作为例子来阐述。常规的疲劳寿命曲线，即 S-N 曲线如图 6-14 所示。设 S_0 为正常工作应力，N_0 为 S_0 应力水平下的寿命。采用恒定加速老化试验方法时，可选取大于 S_0 的四个应力水平 S_1、S_2、S_3、S_4，使 $S_0 < S_1 < S_2 < S_3 < S_4$。试验得 $N_0 > N_1 > N_2 > N_3 > N_4$ 和坐标点 A、B、C 和 D。只要这四种大于 S_0 的应力所造成的失效机理相同，那么，从理论上或实践经验上都可以认为 S 与 N 之间有一定的关系，这种关系通常也可以用经验公式或理论公式来表达。在加速老化试验中，该关系的函数曲线称为加速老化曲线（或方程）。在这种条件下，就可以根据加速老化试验的结果来推算正常应力水平下的寿命特性。

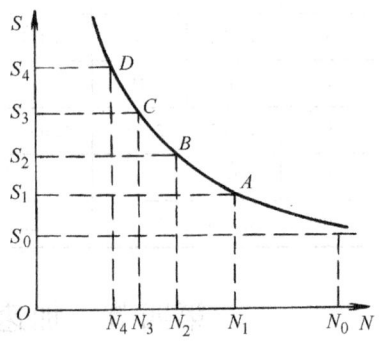

图 6-14 疲劳寿命与应力的关系

在可靠性试验研究工作中，应该将抽样 n 分为若干组（不得少于 4 个组），各组分别用大于正常应力水平的负荷，并在相同的其他条件下模拟寿命试验，从而可得到各组的寿命数据，按由小到大的顺序为

$$t_{1-1}, t_{1-2}, \cdots, t_{1-n_1}$$
$$t_{2-1}, t_{2-2}, \cdots, t_{2-n_2}$$
$$t_{3-1}, t_{3-2}, \cdots, t_{3-n_3}$$
$$t_{4-1}, t_{4-2}, \cdots, t_{4-n_4}$$

将这些数据绘成不同应力水平下的寿命分布和加速老化曲线，如图 6-15 所示。若试验数据得到如此规律性的关系，那么，可以认为所选择的应力作为加速变量是可取的，因而通过该曲线图（寿命方程）可估计正常应力水平 S_0 下的平均寿命 t_0。

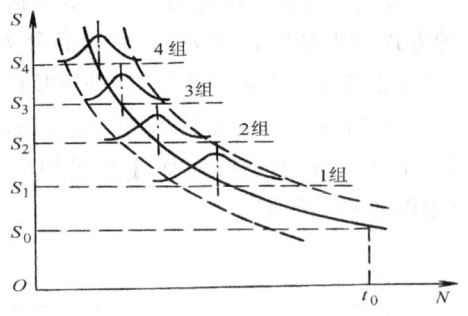

图 6-15 恒定应力加速老化曲线

一、失效与温度密切相关的寿命方程

电工绝缘材料、电子元器件、低压电机电器等的使用寿命与其工作的温度有密切的关系，温度升高会加速失效。对此，我们可依据化学反应动力学的理论建立寿命方程

$$\lg \tau = a + \frac{b}{T} \tag{6-39}$$

式中 a、b——常数；

τ——在某绝对温度 T 条件下的寿命。

在单边对数坐标纸上，该方程为直线方程，对应的直线即是以温度为变量的加速老化曲线。从而可用图解估计法或计算法推算出产品在不同温度下的寿命。

二、失效与负荷强度密切相关的寿命方程

施加于绝缘材料或绝缘系统的电应力可产生老化效应，它将引起绝缘材料或绝缘系统的功能下降，直至绝缘完全被击穿破坏。

一般认为，击穿累积的概率分布函数具有如下形式

$$\phi(t,E)=1-e^{(-a^a E^b)} \tag{6-40}$$

式中 t——施加电压时间；

E——施加场强的有效值；

a、b、c——与温度和其他环境条件有关的材料常数。

式（6-40）表示对任何场强 E 在时间 t 的击穿概率。与式（6-28）相比，不难看出式（6-40）表示的分布函数是威布尔分布的另一种表达形式。在设定击穿概率 $\phi(t,E)=r$ 的条件下，从式（6-40）可得到

$$E^b t_F^a = 常数 \tag{6-41}$$

令
$$n = b/a$$

则可得
$$(E^n t_F)^a = 常数$$

由此得到
$$t_F = \frac{K}{E^n} \tag{6-42}$$

式中 t_F——在设定的可靠水平 r 下的可靠寿命；

K——常数；

n——常数。

大量的试验表明，击穿的时间与击穿场强的试验数据与式（6-42）相符合。因此，现在电老化寿命试验或其他失效与负荷强度密切相关的试验，都可采用式（6-42）所示的反幂定律作为加速寿命方程。它的一般形式可表示为

$$\lg N = \lg K - C \lg S \tag{6-43}$$

在双对数坐标纸上，该方程呈线性关系。

三、加速老化试验的试验设计

为了能通过加速老化试验获得足够的数据，而且准确地反映产品在正常条件下的可靠性寿命特征，应当在试验之前对试验方案作周密的设计。

1. 正确模拟实际使用条件

由于材料或零部件使用的环境差异和工作应力的状态不同，失效机理也往往

有所不同，相应的寿命分布和可靠性寿命特征也就不相同。标准产品的试验条件除应符合规定的标准要求之外，对于在特殊条件下使用的产品，应当根据其特定的环境条件和工作条件的要求来模拟，使加速老化试验能正确反映实际使用状态。

2. 选择加速变量

产品的失效是由失效机理决定的，失效机理促使着失效过程的发展。与此同时，失效过程的快慢又与环境和工作应力有关，在产品所处的实际工作条件和环境条件下，即使有多种失效机理同时出现，也必然会有主要的失效机理在支配着失效过程的发展。所以，在选择加速变量时，就要选择这种对主要失效机理起主导作用的应力条件。通常对有机绝缘材料、电子元器件以选择温度作为加速变量的较多；在高压设备或在高场强下应用的绝缘材料可选择提高交流电压来加速老化。

应该指出，若以温度作为加速变量，此温度的概念不仅是环境温度，而且还包括工作应力（如电应力）造成的温升。

3. 选择加速老化变量的应力水平

通常要选择若干等级的应力水平来作加速老化试验，称为加速变量的水平数。例如：加速变量 S 选择 l 个水平数，使得 $S_1 < S_2 < S_3 \cdots\cdots < S_l$，对于恒定应力加速老化试验，选择 $l \geqslant 4$ 较为合适，最小不得少于 3，因为 l 太少将得不到准确的结果，但 l 过多耗费太大。

S_1 的数值应靠近正常应力 S_0 水平，这样，由试验结果推算正常应力下的可靠性寿命特征就比较准确。但是，S_1 太接近 S_0 又会起不到加速试验的作用，最高的应力水平 S_l 应尽量高，但必须保证 S_l 条件下的失效机理与 S_0 条件下的相同。否则，此试验就不能做出线性外推的结果。

同时，在加速老化试验过程中应严加控制那些不是加速变量，而又能够影响失效过程的其他应力条件，使其保持正常状态下的水平。

4. 试验样品的选取

试验样品必须是在经过筛选和例行试验合格的同一批产品中随机地抽取。设取 n 个，然后将这 n 个样品随机地按应力水平数分为 l 组，使得 $n = n_1 + n_2 + \cdots + n_l$，通常，可以让 $n_1 = n_2 = \cdots = n_l$，但最好能使 n_1 和 n_l 比较多些，以保证这两组试验结果精确些。一般情况下，任何一应力水平下的样品数都不应少于 5 个，而且应尽量确切地得到每个失效的时间，以免影响数据分析的精确度。

5. 寿命终了的判断

寿命终了的判断，要选择一个主要的功能参数，它能灵敏地反映老化程度，并规定这一功能下降到某一水平时做为寿命终了。各组试品不一定都要做到寿命终了。若已知该试验批产品的寿命是单一的寿命分布，则各组试验可以截尾，或 S_1 和 S_2 水平的试验适当截尾，以缩短试验时间。若不了解该产品的寿命分布时，应采用非截尾的试验，因为有些产品的寿命分布不是单一的，而是复合分布或混合分布。

截尾寿命试验的试验终止时间一般应保证失效概率达到60％以上，若失效规律性很强，而且试验过程正常，则 S_1 水平下的试验可以在50％失效概率的情况下终止试验。

四、加速老化试验的数据分析

第一步，在概率坐标纸上分别绘制不同的加速应力水平下的寿命分布直线。

其方法与正常寿命试验相同，一般可先采用威布尔概率纸（除非已确切知道寿命分布是属其他类型），如果各组分布的描点不呈一条直线，则有可能是 $t_0 \neq 0$，应该使之直线化。若不能实现直线化，则可能是不属于威布尔分布，可改用其他概率纸，或可能试验有问题。

当试验正常，并在概率纸上呈直线时，则可按以前所介绍的方法估计各应力水平组的形状参数 m_i 及 $t_{i(0.5)}$，其中，$i=1, 2, \cdots, l$；$t_{i(0.5)}$ 表示各组的中位寿命。

若试验正常，按理各组寿命分布直线应当是平行的，即应该 $m_1 = m_2 = \cdots = m_l$，但往往由于试验误差或数据统计分析误差等原因，可能 $m_1 \neq m_2 \neq \cdots \neq m_l$。不过，只要各组寿命分布直线排列的次序和位置比较合理，那么，即使各条直线不相互平行，也可以认为这次恒定应力加速老化试验是可取的。

第二步，在对数坐标纸上绘制加速寿命直线。

根据第一步所得的数据点 $[S_i, t_{i(0.5)}]$ 或 $[1/T_i, t_{i(0.5)}]$ 在对数坐标纸上描点，绘制回归直线（即为加速老化曲线），再利用外推法估计正常应力水平 S_0 下的 $t_{0(0.5)}$。

第三步，估计正常应力水平下的寿命分布。

若各组分布的 m_i 值不等时，可取其平均值作为共同的 m_0 值

$$m_0 = \frac{1}{n_1 + n_2 + \cdots + n_l} (n_1 m_1 + n_2 m_2 + \cdots + n_l m_l)$$

然后在威布尔概率纸上以 $[t_{0(0.5)}, F(t_0) = 0.5]$ 为绘制点，并以 m_0 为形状参数作直线，此直线即为正常应力水平下的寿命分布曲线。

第五节 热老化试验

具体的寿命试验，是可靠性工作中不可缺少的内容。下面，我们以绝缘材料的热老化试验和电老化试验为例来进一步介绍这方面的内容。

热老化是以热为主要老化因子而使绝缘材料或绝缘结构的性能发生不可逆变化。热老化试验用来研究、比较和确定绝缘材料或绝缘结构的长期工作温度或在

一定工作温度下的寿命。

一、绝缘的耐热分级

在电工技术中，常把电机电器的绝缘结构或绝缘系统以及绝缘材料按耐热等级分类。耐热等级由绝缘，包括绝缘材料与绝缘结构在电机电器运行中允许的最高长期工作温度决定。属于某一耐热等级的电机电器，不仅在该等级的温度下短时间内不会有显著的性能改变（如不变软、不着燃、绝缘性能没有明显降低等），而且在该温度下长期运行时绝缘也不发生不该有的性能变化，并能承受正常运行时的温度变化。

表 6-3 提供 IEC 出版物 85 第 2 版（1984 年）规定的绝缘耐热分级和极限温度，即电机电器中绝缘结构最热点的极限温度。表中的极限温度就是允许的最高工作温度，在该温度下能够获得最经济的使用寿命。在电机电器中，绝缘结构以及所使用的绝缘材料常受许多因素的作用，例如温度、湿度、电场、机械振动、冲击、周围大气以及由于温度变化产生的热冲击、热膨胀应力等。在正常运行条件下起决定作用的因素有温度、湿度、大气中的氧、电场作用、机械振动和热冲击。在低压电器中，温度是主要因素。上述分级标准适用于正常运行的电机电器，特殊条件下运行的电机电器不包括在内。

表 6-3 绝缘的耐热分级

耐热等级	极限温度/℃	耐热等级	极限温度/℃
Y	90	H	180
A	105	200	200
E	120	220	220
B	130	250	250
F	155		

注：温度超过 250℃，应按温度间隔 25℃ 增加，等级同样用数字表示。

我国所采用的耐热分级标准与 IEC 的耐热分级标准相同。

迄今耐热等级这个名词已经用来表征绝缘材料、绝缘结构和产品的长期耐热性。近年来 IEC 出版物"216"《确定绝缘材料热耐久性导则》对绝缘材料又采用温度指数来表示其长期耐热性。由于一台电机的不同绝缘部分并不都在最高设计温度下运行，而且由不同绝缘材料构成的绝缘系统还存在着材料之间的相容性问题，因而一台电机并不需要耐热等级相同的绝缘材料来构成绝缘结构，也就是说 B 级电机上所用的绝缘材料并不是都属于 B 级材料。这样的设计技术具有经济上和性能上的优越性。此外，绝缘材料的不同性能随老化时间变化的速率是不相同的，所以用不同参数获得的材料的热耐久性是不同的。因此，IEC 推荐的温度指数用来表明绝缘材料的热耐久能力是有意义的，它说明在一个特定试验条件下的性能表现。一种材料可以标注一个以上的温度指数，例如可以按其机械性能的变化给予一个温度指数，又可以按其电气性能变化给予另一个温度指数。

二、热老化试验原则

在本章第四节中，我们已经提到失效与温度密切相关时的加速寿命方程，即式（6-39）

$$\lg \tau = a + \frac{b}{T}$$

该式表明，寿命 τ 的对数与绝对温度 T 的倒数有线性关系。

绝缘材料的加速热老化寿命试验是根据上述寿命与温度的关系进行的。显然，提高试验温度可以加速材料的老化。因此，绝缘材料的加速老化试验是在比使用温度高的情况下求取寿命与温度的关系曲线，然后用外推法求取工作温度下的寿命，或在规定寿命指标下求取其耐热指标，即温度指数。

注意，上述材料的热老化寿命与温度的关系是根据单一的一级反应得出的，而一般绝缘材料的老化过程是很复杂的，有时在同一时期有几种反应同时进行，例如热裂解与热氧化裂解；有时出现复相反应，即几种反应接连产生，例如漆膜老化时，贯穿着氧的扩散与漆膜氧化；也有时随着试验温度的提高，原来是次要的反应上升为主要反应等。因此，在使用上述方法推算材料的温度指数前，必须首先研究寿命的对数与绝对温度的倒数间是否存在线性关系。为此可在较宽的温度范围内，在不同温度下（至少三个温度，最好4～5个温度）进行热暴露试验，应用统计法验证寿命的对数与绝对温度倒数间是否呈现线性关系。

绝缘在运行情况下受到的作用因素是复杂的，除热以外，尚有其他因素，例如机械振动、电场作用和潮气等。绝缘的破坏过程常是在热的作用下变脆，受振动后开裂，然后潮气进入裂缝，造成绝缘击穿。因此，比较可靠的热老化试验应该是模拟试验，即用模型线圈或模型电机做试样的绝缘系统的热老化试验。但由于这种试验复杂、费用大，所以当新材料出现时，为了探索其使用寿命，在进行绝缘系统热老化试验前，先进行单一材料的热老化试验是经济的。一般绝缘材料的热老化试验常作为绝缘热老化试验的筛选试验。但是，由于材料试验不能确切模拟实际情况，而只能求得绝缘的相对寿命。如要求取绝缘的绝对寿命，在材料试验的基础上还必须进行绝缘系统的热老化试验。

进行绝缘的热老化寿命的测定时，必须掌握以下原则：

1. 老化因子的选择

进行绝缘系统热老化的功能性评定时，老化因子根据绝缘的实际工作条件决定，绝缘在使用中所遇到的并影响其寿命的主要因素应尽可能包括在试验规程内。如前所述，热、机械应力、潮湿、电场以及周围媒质的作用是促使绝缘老化的主要因素。它们的相对重要性又因设备的具体运行条件而异。热是低压电器老化的主要因素，而且，如上所述，绝缘材料的热老化寿命与温度间已经建立起一定的理论关系，因此热老化试验常把温度作为老化因子，用提高温度来缩短试验时间达到加速老化的目的。而其他因子则维持在工作条件下的最高水平，在热暴露温度改变时也应维持不变。但是进行绝缘材料的热老化试验时，模拟设备中存在的各种应力是困难的，甚至是不可能的。另一方面，材料的老化试验仅作为绝缘系统老化的筛选试验或初步试验，因此，对于一般用途的绝缘材料，只以热作为老化因子。但如果材料在特殊条件下使用，或材料本身的性质特殊，则为考察某些老化因子的作用，这些因子应包括在试验规程内。

热暴露温度的选择很重要，选择不当将导致错误的结论。如上所述，为了验证寿命的对数与绝对温度的倒数是否存在线性关系，至少应选取三个热暴露温度。为了避免因试验温度过高导致老化机理的改变以及温度过低而导致试验时间过长，必须限制最高与最低试验温度。一般规定最高试验温度下的热老化寿命不得小于100h，最低试验温度下的寿命不小于5000h，或最低试验温度不能超过工作温度20～40℃，两试验温度的间隔在20℃左右为宜。不同耐热等级或温度指数的绝缘材料的热暴露温度，可以参考国际电工委员会提供的参考温度选择。对于温度指数一无所知的材料，在选择试验温度前，必须先做探索性试验。

在热老化过程中，经过一定时间间隔把绝缘材料或绝缘结构从恒温箱中取出，进行性能变化的测定，把整个老化过程分为若干周期。视所选取的老化因子不同，周期可以有不同的组成，例如进行电机模型线圈的热老化试验时，老化周期时常这样组成：升温→热暴露→降温→机械振动→受潮→试验。又如进行绝缘材料的热老化试验时，如果仅以热为老化因子，则老化周期很简单，即为升温→热暴露→降温→试验。为了使不同试验温度下热以外其他因子的作用保持不变，其老化周期数应相等或接近相等。这样，不同试验温度的周期长度是不等的。国际电工委员会建议老化周期数为10，即经过10个周期，绝缘寿命终了。据此，对不同耐热等级的绝缘，推荐了不同热暴露温度下的周期长度，可供选择周期长度时参考。在进行新材料的热老化试验时，事前不知道材料的热老化特性，即不知道它的耐热等级或温度指数，必须先做探索性试验以确定周期长度。

2. 寿终标准的确定

寿终标准指老化过程中材料绝缘性能已恶化到丧失其功能的临界值。关于寿终标准这里讨论两个问题，首先是选择什么性能参数来评定绝缘老化；其次性能降低到什么程度才认为绝缘已丧失其功能，即寿命告终。进行绝缘系统的热老化试验时，这个问题比较容易解决，一方面由于绝缘系统的热老化试验接近于实际运行情况；另一方面确定寿命是否终了可以在老化一定时间以后，按实际运行情况施加电压运行来观察。至于绝缘的寿命，则可根据试验结果及设备运行的经验推算。绝缘材料的热老化试验则不同，必须选择一个参数来评定它的寿命；如果参数选择不当，则可能得出错误结论。一般来说，这个参数既要反映出绝缘材料在运行中所承担的主要功用，又要反映出老化过程中的主要变化；并且这个参数必须在老化过程中有明显的变化。因此，不同材料应根据不同使用场合选取合适的参数作为评定寿终的标准，不能作统一规定。例如对作为槽绝缘的漆布来说，由于它在电机中主要起绝缘作用，如果一旦击穿电压下降到不能承受工作电压，则在运行中立即被击穿而丧失其功能，即寿命终了。因此从使用角度看，选取击穿电压作为漆布的寿终标准是正确的。同时，从热老化机理来看，老化过程中发生的重量损失、厚度减薄以及裂缝出现等，都能在击穿电压上反映出来，实践也证明，击穿电压在老化过程中的变化是明显的，故国际电工委员会推荐的以及我国国家标准漆布热老化试验规程，都以击穿电压作为评定漆布寿命的参数。此外，为了让漆布中产生一定的机械应力，推荐用曲面电极进行漆布的击穿试验。对于用来替代漆布作槽绝缘的聚酯薄膜，从使用角度看，聚酯薄膜与漆布的功能相同，也应该用击穿电压作为评定寿终的参数。但试验证明，在老化过程中聚酯薄膜的击穿电压几乎不变，而力学性能，如延伸率和抗拉强度却有明显变化。我校的试验研究工作表明，聚酯薄膜的老化是硬化→脆化→开裂引起的力学性能迅速下降直到材料丧失其功能的过程。因此，聚酯薄膜电气强度的丧失是由力学性能的破坏引起的，对聚酯薄膜，可采用延伸率或抗拉强度作为评定寿终的参数。由此可见，对于不同材料，究竟选用什么性能参数来评定老化是一个相当复杂的问题，必须在理论与实践结合的基础上对具体材料作具体分析。各国制订的各类绝缘材料的热老化试验规程中，一般都介绍评定该类材料热老化的性能参数，如美国 ASTM 评定硬质绝缘材料热老化寿命规程中，采用介电强度、抗弯强度以及吸水性等性能参数作为评定热老化寿命的参数。但是，对于特定材料应用这些规程时，尚须进行试验研究，并探讨选用哪个参数为宜。

寿命终止标准的数值的确定也很重要，它直接关系到被评定材料的寿命长短，所选定的终点值应该是绝缘在使用中必须具备的。有时也用初始值的百分数作为寿终的标准，但这种规定对初始值相差较大的材料是不公平的。有时不规定寿终值，而求取评定寿命的性能与试验温度下热暴露时间的函数关系或曲线，直到性能达到最大值或最小值。这样得到的数据是万用的，即对不同使用条件所要求的不同寿终值都可应用。用单一材料作试样进行热老化寿命的评定时，由于没有考虑到在制造设备过程中和设备运行中所遇到的复杂因素，以及试样与实际应用中材料几何形状的差异，所以得到的寿命是相对的。必须通过由该材料制成的电气设备或模型的功能性试验，或同时对已有使用经验的老材料进行比较试验，才能确定新材料的绝对寿命或温度指数。

3. 试样形式与数量

根据试验要求，热老化试验用的试样可以有不同的形式。进行绝缘系统的热老化试验时，试样应尽可能模拟实际绝缘结构，例如进行电机绝缘的热老化试验时，可以做成模型线圈或模型电机。进行绝缘材料的热老化试验时，可以用单一材料作试样，例如漆布、聚酯薄膜、层压纸板以及漆包线等。有时为了考验材料的相互作用，也用几种材料的简单组合作试样，例如浸漆的漆布、浸漆的绞线等。

（1）试样的数量　热老化试验结果的准确度在极大程度上依赖于每个热暴露

温度下的试样数及试验结果的分散性。各种数据偏离平均值越大，为获得满意的准确度所需的试样数越大。在热老化试验中，由于试验条件不可能均匀一致（如老化恒温箱的温度分布不可能非常均匀），而温度对寿命的影响极大，所以老化的结果常有较大的分散性。因此，要获得可靠的结果，必须有足够多的试验数据。经验证明，进行材料试验时，每个热暴露温度下每经一个周期最少应取 5 个试样进行试验。总的试样数可根据试验要求计算。由于周期数估算不准等原因，时常多备几组试样以备用。为了减小试验结果的分散性，也可在试验前进行筛选。

（2）试样在热暴露温度下的分配　从统计学的观点出发，在试样总数相同的情况下，为了更准确地估计工作温度下材料的平均寿命。试样在温度间隔相等的热暴露温度下的分配应该是不等的，此时两端温度下分配的试样应多于中间温度下的试样，而最低温度下的试样数应比最高温度下的试样数多。这样的试验方案获得的结果方差最小，即试验结果的准确度较高，但由于最低温度下试样数多，必然会使试验时间增加。因此，一般试验规程都采用各试验温度下试样平均分配的方案。

三、试验数据处理

热老化试验结果有较大的分散性，必采用统计方法来处理试验结果。为此首先要介绍有关术语。

1. 名词术语

在热老化试验中，涉及一些名词，为便于了解这些名词的含义，下面介绍这些名词及其定义。

（1）失效时间　通过老化试验得到的热老化或热暴露温度下试样性能到达寿终标准所经历的时间。

（2）热寿命图　它又称阿累尼乌斯图，由热老化试验得到的失效时间的对数与热力学（绝对）老化温度的倒数间的关系图。

（3）温度指数 TI　耐热关系图中对应于某给定时间，通常为 20000h 的摄氏温度。

（4）相对温度指数 RTI　被试材料和温度指数已知的参考材料经受相同的老化和诊断试验的对比，求得被试材料的温度指数。

（5）半差 HIC　温度指数与对应半寿命（对应温度指数寿命的一半）点温度之差，以 ℃ 表示。

（6）耐温概貌　耐温概貌用三个温度值表示，前面两个相当于热寿命图上 20000h（规定的寿命）与 5000h（最低温度下的失效时间）的温度值（℃），后一个数指热寿命图上 5000h 处 95% 下单边置信界限的温度值（℃），它是热寿命图的简单表示形式。

2. 统计法的基础——假设与验证

(1) 假设　下列计算步骤是根据以下假设进行的。

1) 达到给定终点的失效时间的对数与热力学老化温度的倒数呈线性关系。

2) 到达终点的失效时间的对数离上述线性关系的偏差呈正态分布,其方差与老化温度无关。

失效时间与热力学温度的线性关系参数,可用最小二乘法获得最佳统计结果。线性关系的置信界限是用回归分析获得的。

(2) 验证　在计算过程中包括三类验证:①方差相等性检验(Bartlett 检验)。②线性检验(F 检验)。③分散性检验(置信区间)。

检验②与③可以检测对理想情况的偏离,这在统计学上是很重要的,但还不会有严重的实际后果。

3. 统计计算步骤

为了显示老化的程度,试样要承受一个诊断过程。诊断过程可以是试样某性能的非破坏性测定或破坏性测定,或破坏性耐力试验。根据不同的诊断过程,试验与统计计算步骤也有差异。

(1) 非破坏性测量和耐力试验

1) 确定失效时间。这类试验分为连续性记录和周期性耐力试验或周期性测量。

如果采用连续记录,则评定老化的性能是连续地测量或记录,因此能直接测定每个试样的失效时间 t_{ij},它就是该性能第一次超越给定寿终标准的时间。如果在暴露于某温度下的预定时间 t_1,t_2…下测量,则每个试样的失效时间 t_{ij} 可从性能-时间曲线测定。如果在预定时间加上一耐受应力,在时间 t_f 第一次观察到试样失效,而在紧挨着的没有观察到失效的时间为 t_{f-1},则这两个值的平均值就作为失效时间 t_{ij},即

$$t_{ij} = \frac{t_f + t_{f-1}}{2} \tag{6-44}$$

2) 求取回归线方程 $y = a + bx$。

$$y = \lg\tau, \quad x = -\frac{1}{T} \tag{6-45}$$

式中　τ——寿命;

T——热力学(绝对)温度。

回归线方程的常数 a、b 可用下式求取

$$a = \bar{y} - b\bar{x} \tag{6-46}$$

$$b = \frac{N\Sigma(x_i \Sigma y_{ij}) - (\Sigma n_i x_i)(\Sigma\Sigma y_{ij})}{N\Sigma n_i x_i^2 - (\Sigma n_i x_i)^2} \tag{6-47}$$

式中　$\bar{x} = \frac{\Sigma n_i x_i}{\Sigma n_i}, x_i = \frac{1}{T_i} = \frac{1}{\theta_i + 273}$;

$$\bar{y} = \frac{\Sigma \Sigma y_{ij}}{\Sigma n_i}, y_{ij} = \lg t_{ij};$$

θ_i——热暴露温度(℃)；

t_{ij}——试样 No.j 在 θ_i 下的失效时间(h)；

n_i——暴露在 θ_i 下的试样数；

N——总试样数，$N = \Sigma n_i$。

3) 绘制热寿命图。当回归线建立以后，把它画在热寿命图上，它是以 y（$y = \lg t$）为纵坐标，以 x $\left(x = \frac{1}{T}\right)$ 为横坐标的图。通常图是这样绘制的，x 从右到左增加，相应的摄氏温度 θ 值标在轴上（如图 6-16 所示），可用专为绘制这类图的特种图纸绘制。

4) 求取温度指数 TI 或相对温度指数 RTI。温度指数 TI 可从热寿命图确定，即相应于回归线上规定的时间，一般为 20000h 的摄氏温度 θ；TI 也可从回归线方程计算，即

$$TI = b/(\lg 20000 - a) - 273 \tag{6-48}$$

温度指数只有在试验点相对于回归线的位置证明线性关系的假设是正确时才可以求取。

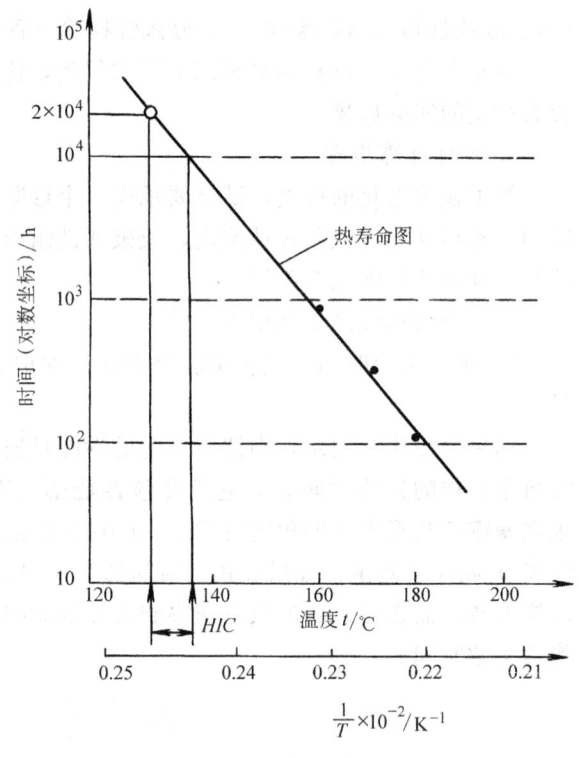

图 6-16 热老化寿命图

相对温度指数可以从被试材料与参考材料的比较试验得到的两个热寿命关系或图来求取。如图 6-17 所示，相对温度指数 RTI 可计算如下

$$RTI = TI_r + \theta_A - \theta_B \tag{6-49}$$

式中 TI_r——参考材料的温度指数；

θ_A——A 点的摄氏温度，A 点为从比较试验得到的被试材料热寿命关系或图上的一个点，其坐标为 (θ_A, t_0)，t_0 为相应于 TI_r 的时间；

θ_B——B 点的摄氏温度，B 点为参考材料的热寿命关系或图上的一个点，其坐标为 (θ_B, t_0)。

相对温度指数可用图形确定,也可用数值计算。

5) 半差。如图 6-16 和图 6-17 所示,热寿命图的斜率可以用半差表示。半差 HIC 可以从热寿命图上求取,也可用下式计算

$$HIC=(TI+273)^2\ln2/b \quad (6-50)$$

式中 TI——被试材料的温度指数;

b——回归线的斜率。

两种方法所得结果,虽不完全相等,但很接近。

6) 方差等同性的检验。用巴脱来脱(Bartlett)检验在不同温度下失效时间的对数 $\lg t$ 的方差的等同性。

对于每个 i,计算方差为

$$S_{1i}^2=\frac{n_i\Sigma y_{ij}^2-(\Sigma y_{ij})^2}{n_i f_i} \quad (6-51)$$

S_{1i}^2 的自由度 $f_i=n_i-1$

其加权平均值

$$S_1^2=\frac{\Sigma f_i S_{1i}^2}{\Sigma f_i} \quad (6-52)$$

S_1^2 的自由度 $f_1=\Sigma f_i$

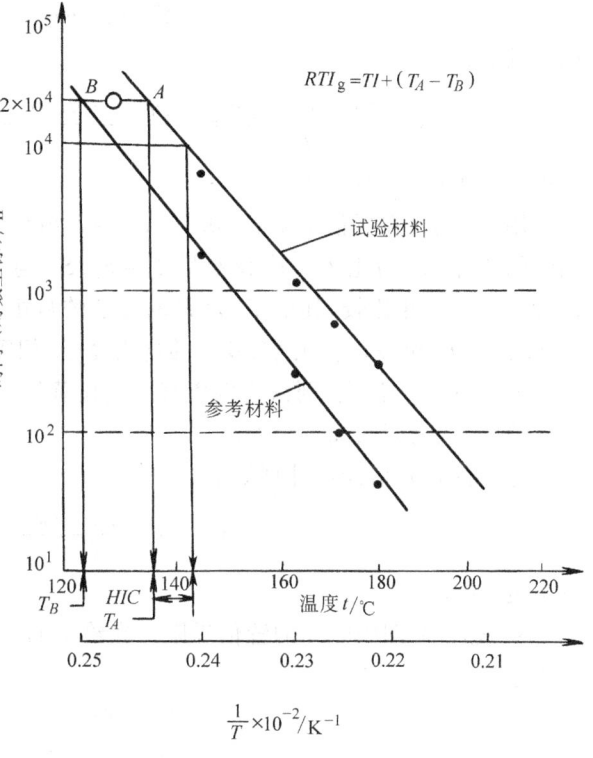

图 6-17 热老化寿命图(求 RTI)

用巴脱来脱检验在置信水平 $\alpha=0.05$ 下 k 个方差 S_{1i}^2 的等同性时,把检验变量

$$\chi^2=\frac{2.3[f_1\lg S_1^2-\Sigma(f_i\lg S_{1i}^2)]}{C} \quad (6-53)$$

式中

$$C=1+\frac{\left(\Sigma\dfrac{1}{f_i}\right)-\dfrac{1}{f_1}}{3(k-1)} \quad (6-54)$$

$$f_1=\Sigma f_i \quad (6-55)$$

与 $\chi^2(0.95,k-1)$ 的表值(见附录表 F_1)相比较,$(k-1)$ 为 χ^2 的自由度。

如果 χ^2 大于表值,S_{1i}^2 的差异认为是显著的,χ^2 值将在试验报告中给出。加权

平均值 S_1^2 用作 k 组测量的方差的合并估计量，f_1 为其自由度。

7) 线性检验。用 F 分布检验回归方程的直线性

从下列回归方程，计算相应于 k 个 x_i 的 y 的估计平均值

$$Y_i = a + bx_i$$

因此其方差

$$S_2^2 = \frac{\Sigma n_i(\bar{y}_i - Y_i)^2}{f_2} = \frac{(\Sigma n_i \bar{y}_i - N\bar{Y}) - b(\Sigma n_i x_i \bar{y}_1 - N\bar{x}\bar{y})}{f_2} \quad (6\text{-}56)$$

式中　自由度 $f_2 = k - 2$。

用 F 检验，在置信水平 $\alpha = 0.05$ 下，将 k 组试验的方差的合并估计量 S_1^2 与回归线的方差 S_2^2 相比较。检验变量 $F = S_2^2/S_1^2$ 与 F 值表（见附录表 F）的表值 $F(0.95, f_n, f_d)$ 相比较，其中 f_n 为 F 的分子的自由度，f_d 为 E 的分母的自由度，即 f_n 与上述 f_2 相等，f_d 与式(2-21)的自由度 f_1 相等。

如果 F 比表值大，则认为偏离直线是显著的。F 值应在报告中说明。如 F 小于表值，则认为回归线是线性的。

方差的合并估计量计算如下

$$S^2 = \frac{(N-k)S_1^2 + (k-2)S_2^2}{N-2} \quad (6\text{-}57)$$

自由度 $f = N - 2$。

8) 热寿命图中时间的置信界限。在给定的 X 值下 y 的真值的 95% 下单边置信界限为

$$Y_c = Y - tS_y \quad (6\text{-}58)$$

式中

$$Y = a + bX$$

$$S_y^2 = S^2 \left[\frac{1}{N} + \frac{(X-\bar{x})^2 N}{N\Sigma n_i x_i^2 - \Sigma(n_i x_i)^2} \right] \quad (6\text{-}59)$$

t 是相应于 95% 置信水平，自由度 $f = N - 2$ 时 t 分布的表值，即 $t(0.95f)$。

在感兴趣的量程中，对回归方程的有关几个 Y 与 X 值求取 Y_c，然后经这些点 (X, Y_c) 可绘制一条曲线。

9) 计算相应于失效时间为 5000h 与 20000h 的温度。从回归方程 $y = a + bx$ 计算相应于

$$Y_5 = \lg 5000 = 3.70$$
$$Y_{20} = \lg 20000 = 4.30$$

的 X_5 与 X_{20}，因此相应的摄氏温度为

$$\theta_5 = \frac{1}{X_5} - 273$$

$$\theta_{20} = \frac{1}{X_{20}} - 273$$

10) 计算方差系数。相应于 θ_5 的由回归方程确定的 Y_5 的方差计算如下

$$S_y^2 = S^2 \left[\frac{1}{N} + \frac{(X_5 - \bar{x})^2 N}{N\Sigma n_i x_i^2 - (\Sigma n_i x_i)^2} \right] \qquad (6\text{-}60)$$

因而方差系数 CV 计算如下

$$CV = \frac{S_y}{\lg 5000} = \frac{S_y}{3.7} \qquad (6\text{-}61)$$

如果方差系数 $CV \leqslant 1.5\%$，则可求取下面所设的耐温概貌。如果 $CV > 1.5\%$，则只能绘出热寿命图，并写出温度指数。

11) 求取 θ_5 的置信界限。相应于失效时间 5000h 的温度 θ_5 的 95% 下置信界限 θ_c 计算如下

$$X_c = \bar{x} + \frac{Y_5 - \bar{y}}{b_r} + \frac{tS_r}{b_r} \qquad (6\text{-}62)$$

式中

$$b_r = b - \frac{t^2 S^2}{b\Sigma n_i (x_i - \bar{x})^2} \qquad (6\text{-}63)$$

$$S_r^2 = S^2 \left[\frac{b_r}{Nb} + \frac{(X_5 - \bar{x})^2 N}{N\Sigma n_i x_i^2 - (\Sigma n_i x_i)^2} \right] \qquad (6\text{-}64)$$

t 是相应于 95% 置信水平，自由度 $f = N - 2$ 时，t 分布的表值，即 $t(0.95f)$。

因而

$$\theta_c = \frac{1}{X_c} - 273 \qquad (6\text{-}65)$$

12) 求取耐温概貌 TEP。上面已求出 θ_{20}、θ_5 和 θ_c，耐温概貌用下式表示

$$TEP\theta_{20}/\theta_5(\theta_c) \qquad (6\text{-}66)$$

IEC216-1 第 3 版提出，如用数值法计算，且满足有关直线性与分散性的统计条件，则耐热老化性用 $TI(HIC)$，即温度指数（半差）表示，例如 $TI(HIC) = 152(9)$。

(2) 破坏性测量

1) 确定失效时间。当采用某一性能的破坏性试验（如介电强度的测定）来确定老化终点时，由于测量以后试样被击穿，不能测量该试样的性能变化过程，也不能确切地确定每个试样的失效时间，因此只能在每个温度下绘制被测性能—测量时间图。根据测得的数据绘制一条代表测量数据的最佳曲线，这条曲线与寿命终点直线的交点就是在该试验温度下的失效时间。有时为了获得简单（如线性）图形，可采用性能的某种函数—时间或时间函数的关系曲线，例如性能的对数—时间曲线。配线时可采用最小二乘法。因此，采用破坏性测量时，每一试验温度下只能获得一个失效时间。

2) 求取失效时间 t 的对数与绝对温度倒数 $1/T$ 的回归线，即

$$Y = a + bx \left(Y = \lg t, \ x = \frac{1}{T} \right)$$

由 1) 求得温度 θ_i ($i=1, 2, 3, \cdots, k$) 下的失效时间 t_i, 用最小二乘法配置回归线 $Y=a+bx$。因为相应于每一个暴露温度 θ 只有一个 t 或 Y 值, 不可能用 F 分布检验回归线方程的直线性, 同时必须用 S_2^2 作为 σ^2 的估计量, 而 S_2^2 的自由度为 $k-2$, 因而在这种情况下, 置信界限必然是相当宽的。

3) y 方差（即 S_{1i}^2）的约略估计。y 方差的约略估计可进行如下：设在 1) 中获得的性能—时间曲线与终点标准线交点邻近处的性能—时间曲线平行, 从图 6-18 中单个测试点在最靠近交点的 n 个测量时间处画平行于 1) 中所得曲线, 这些平行线与寿终评定标准线的交点作为单个试样的失效时间 t_{ij}（如图 6-18 所示）。由此可计算出 S_{1i}^2, 并用巴脱来脱检验各温度下的方差是否相等。同时可用与非破坏性试验相同的方法求出回归线, 用 F 分布检验回归线的直线性并求出耐温概貌。必须着重指出, 这样的计算方法是近似的。

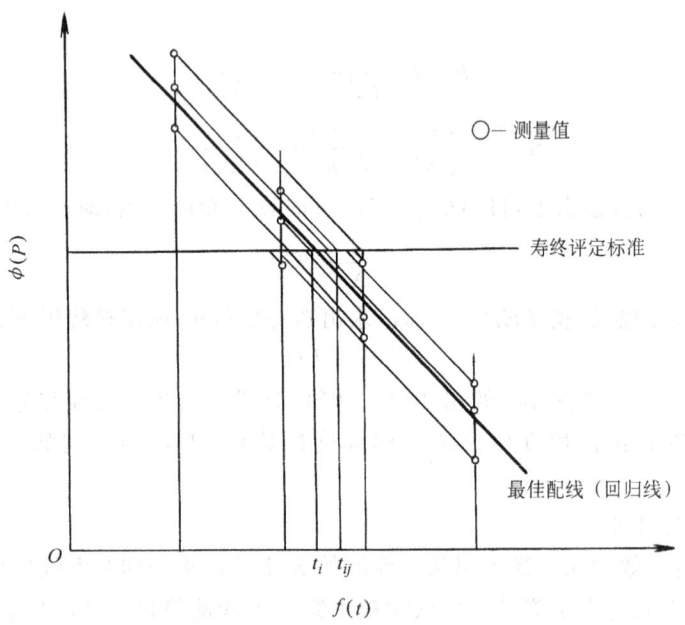

图 6-18 假定失效时间的确定方法
P—性能 t—时间

4. 计算机的应用

应用统计法计算温度指数与半差是一个复杂的过程, 要花费很多时间。现在计算机已广泛应用于各个领域, 当然也可用于计算温度指数、半差等等。图 6-19 所示为计算寿命参数的程序框图。关于用基本语言编写的程序可参阅 IEC, 15B$\binom{\text{BC}}{\text{CO}}$—73。

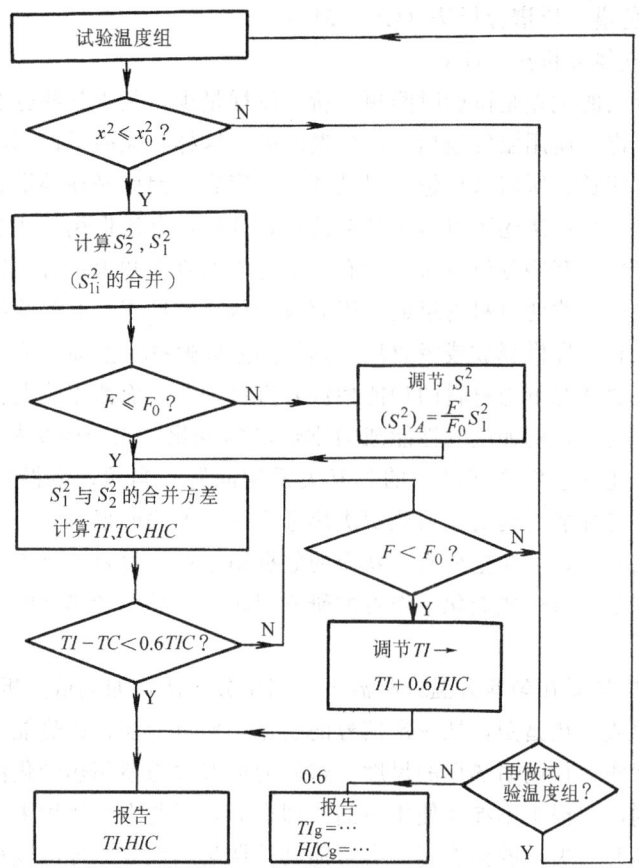

图 6-19 计算寿命参数的程序框图

四、快速评定热老化寿命的方法

目前，国内外正在探索的快速评定绝缘热老化寿命的方法，都是把热分析方法引进热寿命的评定，所采用的热分析方法可分为两大类。

一类是能量分析法，包括：

1) 差热分析法（DTA）
2) 差示扫描量热法（DSC）
3) 等温差动量热法（IDC）

另一类是质量分析法，包括：

1) 热重分析法（DGA）
2) 质谱分析法（MS）
3) 红外光谱分析法（IR）
4) 气相色谱分析法（GC）
5) 液相色谱分析法（LC）

6）气相色谱+质谱分析法（GC+MS）

7）其他气体分析法（GA）

这些分析法的优点是试验时间短、所需试样量少，其中某些分析方法还非常灵敏，因而允许把使用温度包括在试验温度内。这样，克服了惯用热老化法，即常规法试验时间长、所需试样量大以及试验温度高，因而必须外推到工作温度求取寿命的缺点。分析法还可以给出许多信息，这些信息比惯用方法能更好地描绘材料的老化特性。有些分析方法产生有关动力学的直接知识；有些得出化学反应的类型，这些反应改变材料的组成，因而改变材料的性能；有些给出老化产物的种类与含量；有些提供释放或吸收反应热的热量或速率。然而，应用分析法提供的信息，大多数情况下与材料的功能性没有直接关系，而惯用热老化试验方法是借助功能性的变化，例如电气性能或力学性能的变化，来判断材料老化程度的。这就提出一个建立它们之间确切的相互关系的问题。当然，掌握材料的物质结构、物理构象与性能之间的关系是解决热老化试验方法的根本途径。在没有完全弄清这种关系之前，怎样把分析法获得的数据用于评定材料的热老化寿命，这是近数十年来许多从事快速老化工作者的研究课题。不同作者建议的评定方法有下列两类：

1）把试样暴露在匀速升温或降温下，利用分析法，如热重分析或差热分析，得到热重谱图或差热谱图，把一定信号的变化，如重量变化或热能变化的起始温度或中心温度作为长期耐热性的尺度。这样的近似法与惯用热老化法，即常规法有根本性差别，它根本不涉及使用时间，即寿命，因此它只能用来粗略地指明方向。例如试样开始失重的温度高，有可能其长期耐热性好，即温度指数高，但不能用来评定材料的热老化性能。

2）从分析法获得的数据给出阿累尼乌斯图，配上一或二个高温下的老化常规试验，也就是在共同温度间隔内把分析法与惯用法或常规法结合起来，用这样得来的数据评定材料的热寿命性能。这种方法的基础是假定惯用法规定的寿命终点，即寿终标准，是与一定程度的分子变化相关联的。如果在试验温度范围内寿命曲线是单值的，即每个性能值对应于一个，而且只对应于一个化学组成，这个假定是有可能得到的。

下面叙述用上述原理求取热老化寿命的两种方法。

1. 点斜法

点斜法的原理是根据分析法得到的阿累尼乌斯图，即反应速率的对数-$1/T$图求出反应的活化能，再用惯用法或常规法求出某高温点下的寿命。寿命曲线或寿命方程可从一个寿命，即失效时间及其斜率（从活化能计算）得到。

可由下述方法获得阿累尼乌斯图。

（1）恒温老化 在恒温下用等温差动量热法（IDC）、质谱或色谱分析法和热重分析法等记录热量、释放出的反应物或重量的变化速率就是化学反应的速率 v_r，它与阿累尼乌斯反应速率常数 k 成比例，根据

$$k = A e^{-\frac{E}{RT}}$$

化学反应速率 v_r 与温度有如下关系

$$v_r = A' e^{-\frac{E}{RT}}$$

式中　A'——常数。

由此得

$$\ln v_r = A'' - \frac{E}{R}\left(\frac{1}{T}\right) \tag{6-67}$$

式中　E——活化能；
　　　R——气体常数；
　　　A''——常数。

从式 6-67 可见，阿累尼乌斯图，即反应速率的对数-$1/T$ 为一直线，其斜率为 E/R。绘出反应速率的阿累尼乌斯图，即可求出反应的活化能。

(2) 匀速升温（或降温）老化　在匀速升温下求取活化能，必须在不同升温速率下进行几次试验。下面以热重分析为例说明如何绘制阿累尼乌斯图。

化学反应动力学给出反应速率 dc/dt 与反应物浓度 c 有如下关系

$$-\frac{dc}{dt} = k f_1(c) \tag{6-68}$$

式中　k——反应速率常数；
　　　$f_1(c)$——反应物浓度 c 的任意已知函数，其中包括反应级数。

设热裂解服从化学反应动力学，反应物的重量变化与裂解程度有关，因此反应物的质量 m 与反应物的组成或浓度 c 有下列关系

$$W = f_2(c), \frac{dm}{dc} = f_3(c)$$

式中　$f_2(c)$ 为 c 的任意函数，$f_3(c)$ 可从 $f_2(c)$ 导出。从上述关系可导出反应物质量 m 对时间 t 的导数

$$\frac{dm}{dt} = -k f_4(c) = -k f_5(m) \tag{6-69}$$

式中　$f_4(c)$ 为 $f_2(c)$、$f_3(c)$ 的函数，$f_5(m)$ 可通过 $m = f_2(c)$ 变换得到。

把时间变量 t 变换为温度变量 T，得

$$\frac{dm}{dT} = -\left(\frac{k}{\beta}\right) f_5(m) \tag{6-70}$$

式中　β——匀速升温的速率，$\beta = dT/dt$。

引进阿累尼乌斯方程

式中

$$k = A\mathrm{e}^{-x}$$

$$x = \frac{E}{RT}$$

由此得

$$-\frac{\mathrm{d}m}{\mathrm{d}T} = \frac{A}{\beta}\mathrm{e}^{-x}f_5(m)$$

把上式变换后积分,得

$$\int -\frac{\mathrm{d}m}{f_5(m)} = g_5(m) = \frac{A}{\beta}\int \mathrm{e}^{-x}\mathrm{d}T + 常数$$

指数的积分是一个超越函数,因此不能用代数的方法进一步求值,经过台维得(David)和托朴(Toop)等人的数学运算,得到下列公式

$$[g_5(m) - g_5(m_0)]/A = \frac{E}{R\beta}P(x) \tag{6-71}$$

$$P(x) = \mathrm{e}^{-x}x^{-1} - \int_x^\infty \mathrm{e}^{-x}x^{-1}\mathrm{d}x \tag{6-72}$$

式中 m_0——$T = T_0$(室温)时的 m,即试样的起始质量。

式(6-71)的推导可参阅本书第 1 版 248 页附录。

在热重分析中经常用到的范围内,已有文献指出 $P(x)$ 的对数非常接近下列线性函数,即

$$\lg P(x) \approx -2.315 - 0.457x \tag{6-73}$$

因此对式(6-71)两边取对数后代入式(6-73)得

$$\lg\{[g_5(m) - g_5(m_0)]/A\} = \lg(E/R) - \lg\beta - 2.315 - 0.457\frac{E}{RT}$$

当 m 为常数,而 E/R 对给定的化学反应也是常数,此时上式可写成

$$常数 \approx -\lg\beta - \left(0.457\frac{E}{R}\right)\frac{1}{T} \tag{6-74}$$

从式 (6-74) 看到,升温速率的对数 $\lg\beta$ 与绝对温度的倒数有线性关系,并且 $\lg\beta$-$1/T$ 直线的斜率为 $0.457E/R$。因此求出 $\lg\beta$-$1/T$ 的关系就可以求出活化能,这就是用热重分析求取活化能的理论基础。

托朴就是根据上述 $\lg_2\beta$-$1/T$ 的关系,以质量作为评定绝缘材料热寿命的性能参数,在匀速升温下用热天平称量被试材料的重量变化,自动记录或绘制不同升温速度下一族质量-温度图 (参阅图 6-20),然后在质量-温度图上,求取同一失重百分数或质量 m' 下对应于不同升温速率 β_1、β_2、β_3 的温度 T_1、T_2、T_3。用上述数据绘制图 6-20b 所示的 $\lg\beta$-$1/T$ 曲线。求取该曲线的斜率,即可获得反应活化能。

上述求取活化能的方法虽有一定理论根据，但比较复杂，需要获得不同升温速率下的质量-温度图才能求取。

求出活化能以后，一般用常规法求出在选定温度点下的失效时间，即可获得寿命方程；也可用托朴提出的方法直接求取工作温度下的寿命或规定寿命指标下的温度指数。

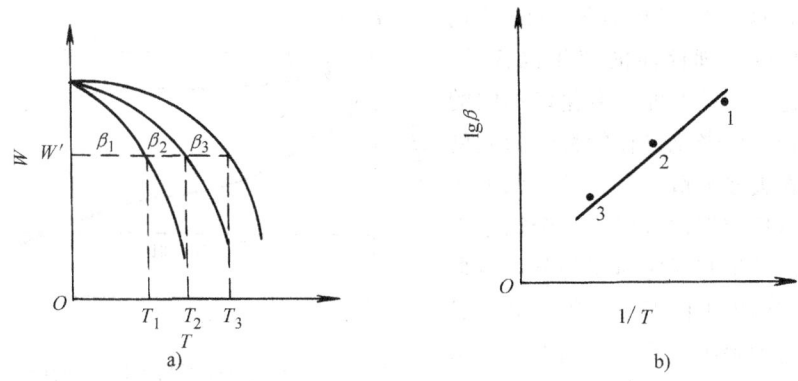

图 6-20 应用热重分析求活化能

a) 不同升温速率 β 下的质量-温度图　b) 升温速率对数 $\lg\beta$ 与温度倒数 $\frac{1}{T}$ 的关系图

2. 等效老化过程法

(1) 具有单一化学反应的老化　为使下述等效老化过程方法形象化，先以一单一化学反应的老化为例。设绝缘材料在使用温度 T_1 和试验温度 T_2 下某物理性能对时间的函数关系，如图 6-21 所示。实际上，由于测量时间太长，在 T_1 下不可能得到完整的老化曲线。然而，如果在热老化过程中只有一个化学反应，在两个温度下老化必定以完全相同的方式进行，因而图 6-21 中的曲线是一致的，仅仅是加速因子，即老化加速的程度不同。如果测量出在温度 T_1 与 T_2 下老化起始阶段的老化速率 v_1 和 v_2，则能直接确定在温度 T_2 下的加速因子 a，即

$$a = \frac{v_2}{v_1} \tag{6-75}$$

当测定的物理性能最小允许值已知时，相应于使用温度 T_1 下的寿命 t_1（到达寿终的时间）可计算如下

$$t_1 = at_2 \tag{6-76}$$

式中　t_2——相应于温度 T_2 下物理性能到达最低允许值的时间（如图 6-21 所示）。

不同温度下测定一个物理性能的变化速率是困难的。然而，可以认为物理性能的变化速率是与相应的化学反应速率相关联的。不同温度下的化学反应速率可以用近代试验方法，即分析法准确地测量，例如气相色谱、质谱、热重以及等温差热法等，可以用上述方法测定在老化试验温度 T_2 下以及使用温度 T_1 下的化

学反应速率，从而求得老化加速因子 a，由此便可以得出使用温度下的寿命。可以先测定试验温度 T_2 下的寿命，即失效时间，再用分析法测定 T_1、T_2 下的反应速率之比，即加速因子 a 来求取。

(2) 等效老化过程法的基本思想　上述方法只有当老化过程中仅有一个化学反应或一个化学反应为主时才是正确的。然而，常有两个或三个化学反应参与老化过程，这些反应具有不同的活化能，产生的物理性能的变化也各异。其结果是在不同温度下老化以不同的方式进行，即老化过程的特性随温度改变。在大多数情况下，不能像上述单一化学反应那样可以从一个加速老化试验的结果和反应速率的测量数据求取使用温度下的寿命，等效老化过程法就是为解决这样的问题而提出来的。其方法是使给定老化试验温度下

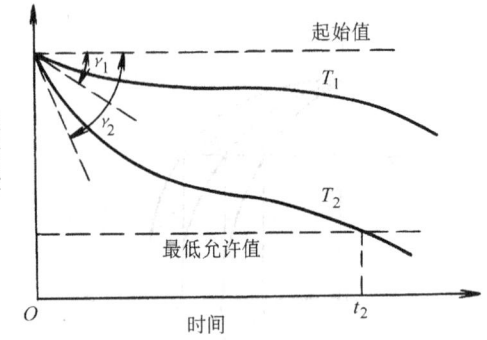

图 6-21　不同温度下物理性能-时间函数

的老化过程特性与使用温度下的相一致，即使得老化过程等效。其基本原理是使所涉及的每个化学反应有相等的加速因子。

绝缘材料热老化过程中发生的化学反应可分为内部反应和外部反应。属于内部的化学反应，即有关材料本身发生的化学变化，如材料的化学降解；属于外部的化学反应，即涉及环境因素、其他材料和外部能量等，热老化过程中最重要的外部化学反应有氧化和水解。内部化学降解、氧化和水解具有不同的活化能，即反应速率的阿累尼乌斯图（如图 6-22 所示）有不同的斜率。因此，当老化过程中同时存在这些反应时，从理论分析或实际测量都不可知老化过程中物理性能的变化究竟是由哪个化学变化决定的。如果化学反应的斜率相同，则物理性能的老化速率可以用任一个化学反应的速率来描述。等效老化过程法的做法就是适当改变老化试验期间有关气体（主要是氧与水汽）的含量，使不同反应速率—温度曲线的斜率相等（如图 6-23 所示）。做到这一点，即达到每个反应的热老化加速因子相等，则在不同温度下的老化过程是相似的。因此，也可用上述单一反应相同的方法求取使用温度下的寿命，即在达到相等加速因子的气体含量的气氛下，用惯用老化法求取一定温度 T_2 下的失效时间 t_2，同时用分析法求出老化试验温度 T_2 和使用温度 T_1 下的化学反应速率 v_2 和 v_1，则使用温度下材料的寿命 t_1 可计算如下

$$t_1 = at_2$$

式中　　a——加速因子，$a = -\dfrac{v_2}{v_1}$。

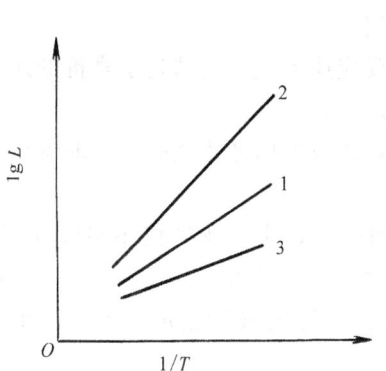
图 6-22 化学反应速率-$1/T$
1—内部化学反应 2—氧化 3—水解

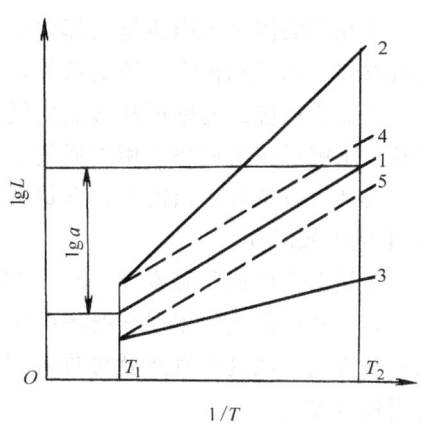
图 6-23 等效老化过程法的基本思想
1—内部化学反应 2—氧化 3—水解
4—降低氧含量下的氧化 5—增加
水蒸气含量下的水解

（3）试验方法

1）等效条件的计算　上面讲到，必须改变老化反应所涉及的气体含量来达到相等的加速因子，现举例说明如何计算所需的气体含量。

设在使用温度 T_1 和试验温度 T_2 下测得内部化学降价速率为 v_{t1} 和 v_{t2}，气体 b 在温度 T_1 和 T_2 下引起的外部反应速率为 v_{b1} 和 v_{b2}，又设气体 b 的反应速率 v_b 与其含量 c_b 的 n 次幂 c_b^n 成正比（n 为反应级数），则温度 T_1 和 T_2 间内部化学降价的加速因子 a 计算如下

$$a = v_{t2}/v_{t1}$$

气体 b 引起反应的加速因子 a_b 计算如下

$$a_b = \frac{v_{b2}}{v_{b1}} = \left(\frac{c_{b2}}{c_{b1}}\right)^n \tag{6-77}$$

式中　c_{b1}、c_{b2}——温度 T_1 和 T_2 时气体 b 的含量。

使内部化学反应和气体 b 引起的外部反应等效的条件是

$$a = a_b$$

因而老化试验温度 T_2 下的气体 b 的含量 c_{b2} 可计算如下

$$c_{b2} = c_{b1} a^{\frac{1}{n}} \tag{6-78}$$

如果计算得到的含量 c_{b2} 不切实际，即太高或太低，则可适当改变老化试验温度 T_2。

由此可见，为了求取 c_{b2}，必须求出气体 b 引起的化学反应的速率 v_b 与其含量 c_b 的关系。

2）化学反应速率的测量

①在不活泼气体内测量内部化学降价反应,一般用9.999纯氮已足够。各种分析仪器,如气相色谱、质谱仪等,都可应用。

②氧化反应的速率可从含氧大气中的总反应速率减去内部化学降价的速率来计算;水解反应的速率可用类似的方法求取。

③在等效条件求出的气体含量下,用常规法或惯用老化试验法求取老化温度T_2下的失效时间。

④根据老化试验温度T_2下求出的失效时间t_2,求出预期使用温度T_1下的寿命t_1,然后在绘阿累尼乌斯图的坐标纸上通过(T_1,t_1)和(T_2,t_2)两点绘制一条直线,从这条直线就可推算出温度指数。T_1越接近温度指数,求出的温度指数越准确。

(4) 讨论 由上述试验方法可见,等效老化过程法是根据下列假设进行的。

1) 材料的物理性能主要由化学组成决定。假定物理变化,如结晶或增塑剂的挥发对性能无大的影响,或者如果这些变化不属于长期老化,则可以用预处理消除其影响。

2) 如果所有老化反应的加速因子相等,则在两个温度下材料的老化过程被认为是相同的,因而有一个共同的加速因子控制着整个化学老化过程,而且在两个温度下,不同反应速率的比值是相等的。

3) 如果在老化起始时,两个温度下材料内的老化过程相等,则它们在整个老化过程将保持相等。

4) 如果在两个温度下材料的老化过程相等,则物理性能劣化的加速因子等于化学反应的公共加速因子。

当以上四点假设对于任意一个平行独立反应以及任意级数的化学反应都确定,则等效老化过程法都能应用。但如果反应之一存在两个或两个以上的相继,即串联反应,则上述假设就不成立,因此不能应用等效老化过程法。例如,在氧化过程中,如果扩散效应不可忽略,则扩散与氧化应视作串联反应,等效老化过程法就不能应用。但如果氧化或水解是由扩散控制的,在计算等效条件时,把扩散效应考虑进去,则等效老化过程法也可应用。在这种情况下,要使老化温度下的扩散效应与预期使用温度下的扩散效应等值,其材料厚度必须服从下列条件方程

$$d_2 = d_1 \left[\frac{D_2 v_1}{D_1 v_2}\right]^{\frac{1}{2}} \left[\frac{c_2}{c_1}\right]^{\frac{1-n}{2}} \quad (6-79)$$

式中　　d——材料厚度;

D——扩散常数;

v——反应速率;

c——扩散气体的浓度;

n——反应级数；

下角 1、2——分别表示温度 T_1、T_2 下的参数。

总而言之，分析法只能得到化学反应速率，得不到材料性能变化情况，因此迄今分析法只能作惯用或常规热老化试验方法的补充，而不能替代惯用或常规法。

第六节　电老化试验

作为与负荷强度相关的加速寿命试验的实例，我们来进一步介绍电老化试验。一般来说，绝缘材料或绝缘系统中发生的电老化效应比较复杂，它们有单独的，也有联合的，主要有：

1）局部放电效应。

2）电痕效应。

3）树枝效应。

4）电解效应。

5）与上述这些效应有关的两绝缘材料相邻表面上的效应，在该处可产生相当高的切线场强。

这里只描述局部放电所产生的电老化及其试验方法。

一、电老化机理与影响电老化寿命的因素

局部放电对绝缘材料有很大危害，它引起绝缘材料性能下降，直至绝缘完全被损坏。对不同的绝缘材料，局部放电对材料破坏的原因各不相同。例如：马逊（Mason）指出，对于聚乙烯，裂解是主要的；而对发电机的云母绝缘线圈而言，离子轰击是导致损坏的原因。绝缘材料在放电下的损坏机理很复杂，局部放电对绝缘材料的破坏过程中，常常留下不可逆的破坏痕迹，因而在材料的电气力学性能方面也会有明显的变化，例如：

1）放电产生的低分子极性物质或酸类渗透到材料内部，使其体积电阻率下降，损耗因数上升。这类变化在油浸纸绝缘中尤为明显。

2）材料丧失弹性而发脆或开裂等。

3）放电性能，例如放电起始电压、放电强度有所变化。对一般材料，在放电过程中放电起始电压逐渐下降，因放电以后有气体和离子留下来。由于放电伴随着性能变化，有时用测量局部放电过程中各种放电特性的变化来判断材料的老化。

不同化学结构的绝缘材料在局部放电下的破坏机理不同，它们的电老化寿命也不同。绝缘材料在放电作用下的老化速率除材料本身的结构以外，还受许多外界因素的影响。因此，在讨论绝缘材料的耐放电性试验方法前，须研究各种因素

对电老化速率，即电老化寿命的影响。

（1）频率　放电次数随外施电压的频率增加。除频率非常高引起热击穿外，一般电老化寿命与频率成反比。有些研究工作者已经指出，当由于放电产生的损耗可以忽略不计时，在干燥的条件下，绝缘在放电下以电压周期数计的寿命与外施电压的频率无关，因而可以用提高试验频率的方法缩短电老化试验时间。国外曾用几百Hz到几千Hz的电压进行聚乙烯以及其他非极性材料的电老化试验，获得与工频下一致的寿命（以周期数计算）。但是必须指出，提高试验电压频率、缩短失效时间的方法只是在干燥空气条件下有效，也就是不存在放电自衰的情况下是有效的。如果存在放电自衰，则当试验电压的频率增高时，半导电膜形成的速率比放电腐蚀的速率增加得更快，因此以周期数计算的寿命在高频下更长。我们曾经在427Hz与50Hz下，在相同的电压值下做过胶纸套管小样的电老化试验，试验结果证明，胶纸套管有明显的放电自衰，而且以周期数计算的寿命在427Hz下比50Hz下长得多。

（2）电场强度　绝缘所承受的电场强度对其寿命有非常大的影响。其原因是：一方面场强增加，放电次数增加；另一方面，加快了从局部放电到击穿的进程。一般电老化寿命与场强不是线性关系，而是反幂关系。因此，提高试验场强可以加快电老化速率，缩短试验时间。但是由于电老化寿命与场强之间的关系复杂，不同场强下电老化机理不尽相同，所以不能简单地从高场强下获得的试验结果外推到工作场强下求取其工作场强下的寿命。此外，由于不同材料的寿命—场强曲线是交错的，所以高场强下的试验结果常使人误解，因为在这种情况下，高场强下寿命较长的材料在低场强下寿命反而较短。

（3）温度　通常情况下，温度增加，有机绝缘材料的耐放电性能降低，电老化寿命缩短，因为温度增加，放电起始电压降低，放电强度增加，放电产生的化学腐蚀加剧，热的不稳定性也能在更低的电压与频率下发生，但在高温下臭氧与氧化氮的生成减少。有人曾在30°C与130°C下做过聚酯薄膜寿命—场强曲线，在4000kV/m的场强下，在这样的温度变化下，寿命从1700h降到450h。不过，温度对不同材料的耐放电性的影响是不同的。有些材料的耐放电性随温度升高而明显下降，如酚醛塑料；而另一些材料随温度的改变而变化不大，如线性聚乙烯。此外，如天然橡胶，在高温下材料的耐放电性反而提高，这可能是高温下臭氧生成减少的缘故。这些情况说明，不能用室温下所得材料的耐放电性的试验结果来预测高温下的耐放电性。

（4）相对湿度　如果材料承受表面放电，环境的相对湿度对材料的耐放电性有显著影响。由于在高相对湿度下，放电的结果将在材料表面生成一层半导电层，使放电产生自衰，因此，在表面放电情况下，绝缘材料的电老化寿命随相对湿度的增高而增长。已有不少人在进行聚乙烯、聚苯乙烯和聚氯乙烯等材料的电老化试验时证实了这一规律。但是相对湿度的影响并不那么简单，如果由于相对湿度的影响产生的导电层并不完全使放电间隙短路，则残余部分能够增强放电强度与放电功率，常发生在一定部位的放电集中而导致材料的迅速腐蚀与加速老化，聚乙烯的耐表面放电寿命与相对湿度的关系正是如此。在一定相对湿度范围内，电老化寿命随相对湿度的增高而延长；但在较高的相对湿度下，寿命随相对湿度的增加而缩短。因此，相对湿度对工作场强下绝缘材料的电老化寿命的影响尚须进一步研究。

（5）机械应力　试验证明，当材料内部存在拉伸应力时，它的耐放电性能下降。试验还证明，压缩应力对它的耐放电性能影响不大。由于绝缘材料在制造和应用过程中常存在残余拉伸应力，因此它对材料电老化寿命的影响极为重要，在进行绝缘材料的电老化试验时必须着重考虑这个因素。

二、绝缘材料耐局部放电性试验

存在局部放电时，用耐放电性来评价绝缘材料比用介电强度更有意义，因为有些绝缘材料短时电气强度很高，但长时处于电压下能承受的场强不高；相反，有些材料电气强度虽然不高，但长时间处于电压下能承受的场强较高。因此，对绝缘材料的耐局部放电性试验日益得到重视，并常用这类试验来筛选材料。这种试验是人工加速电老化试验，它一方面模拟实际情况，另一方面强化个别因子，使材料在放电作用下短期内被破坏。由于一方面要求试验时间尽可能地短，而另一方面过分强化老化因子而使试验条件与实际运行条件相差太远，因而使材料的老化机理发生质的变化，这就使缩短试验时间与模拟实际情况发生矛盾，使试验复杂化。此外，由于绝缘材料的电老化机理也还没有完全弄清楚，而各种材料的结构不同，老化的机理也各异，所以目前电老化试验只能作为一定条件下绝缘材料耐放电性的比较，或求取材料的相对寿命。

目前国际上评定绝缘材料耐局部放电性能的方法主要是击穿法，即在试样上加一定电压，直到试样击穿，记下所经历的时间，既失效时间；然后根据不同电压（或场强）下获得的材料失效时间绘制寿命曲线，即场强—寿命关系曲线。现就此法讨论下列问题，并介绍几种试验标准与方法。

1. 电老化寿命试验的依据——电老化寿命定律

在上一节中，我们已经提到，击穿的时间与击穿场强的试验数据是与式（6-42）相符的，即

$$t_F = \frac{K}{E^n}$$

式中　t_F——场强 E 下的寿命；

　　　K——常数；

　　　n——常数。

在这里上式表示材料在恒定场强下寿命与场强的关系，即电老化寿命定律。由此可见，电老化寿命定律具有反幂定律的形式。

上述电压老化寿命定律是根据绝缘材料击穿的概率分布函数属于威布尔分布得到的。事实上，根据统计理论已经证明，击穿时间和击穿场强的分布函数都是威布尔分布，并且大量试验数据与式（6-42）相符合，因此现在电老化寿命试验都以该式表示的寿命定律为基础，在强化电场强度下，测量寿命与场强的关系曲线，求出寿命系数 n。但必须注意，不是所有情况下 n 都是恒定不变的，有些材料当场强在宽广范围内变化时，n 是变化的，即测量数据在威布尔坐标纸上的标绘并不是直线。

2. 试样与电极装置

局部放电可以发生在材料的不同部位，可以在绝缘的表面，也可以在绝缘的内部气隙中；可以在电极与绝缘层之间，也可以在绝缘层与绝缘层之间。例如，电机线棒常在出槽口发生强烈放电，这种放电是在绝缘外部的表面放电，而线棒在槽部的放电可以视作绝缘层与金属层间的内部放电。又如胶纸套管中的放电，由于纸层与铝箔、纸层与纸层粘结不良，放电可以发生在纸层与铝箔之间，也可以发生在纸层与纸层之间；此外，由于边缘电场比较集中，放电可以发生在电极边缘。因此，为了模拟实际情况，试样与电极可以采用不同装置。图 6-24 表示模拟各种放电情况可采用的各类试样与电极装置。图中所谓活动电极系指它与介质表面间发生放电的电极。在大多数情况下，另外一个电极是不活动的，即它与试样紧密接触，且比活动电极大得多，在它的四周不发生放电（或发生极微弱的放电）。图中活动电极与不活动电极中任何一个都可以接地，或两者都不接地。Ⅰ、Ⅱ、Ⅲ类试样与电极装置代表外部放电，这时承受放电的材料表面敞开在外，放电产生的气体可以流通。第Ⅰ类电极直接与试样接触，在介质表面可以形成半导电膜，金属电极的触媒作用可以影响试验结果。第Ⅱ类电极不与试样接触，因此不会发生放电自熄现象。第Ⅲ类电极装置表示放电在绝缘材料间发生。第Ⅰ、Ⅱ类电极装置采用了不同形状的电极，以便研究电极形状对测试结果的影响。第Ⅳ、Ⅴ两类试样与电极装置代表内部放电。在这类电极装置中，为了避免电极边缘放电，在活动电极边缘充填放电抑制物，如环氧树脂。在这样的试样与电极结构中，内部气隙是与外界大气不通的。第Ⅳ类电极代表电极与绝缘材料间的内部放电情况，第Ⅴ类电极代表材料之间的内部放电情况。在这类装置中，气隙尺寸可根据实际情况选取。

以上各种试样与电极装置可以根据试验研究的目的选择。其中第Ⅰ类 a 电极使用方便，而且试验结果分散性小，宜于评定材料的耐表面放电性能。第Ⅴ类电极适用于研究材料内部气隙放电。

3. 试验条件的选择

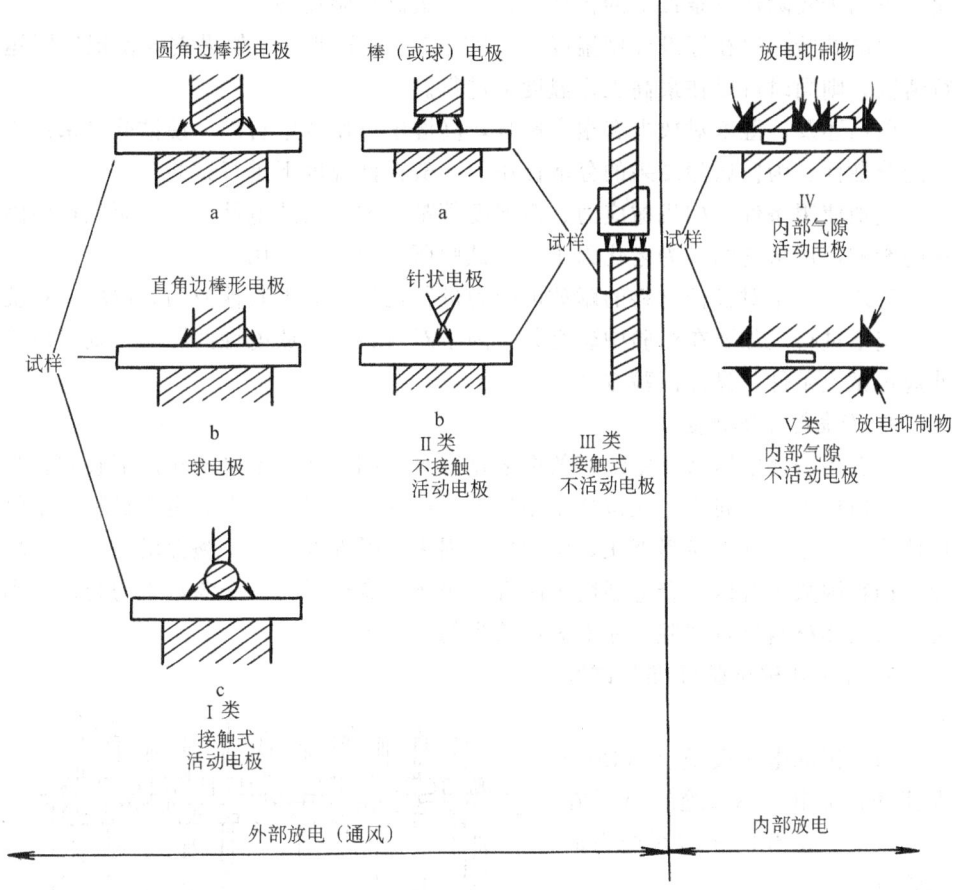

图 6-24 试样电极装置分类

如上所述，为了缩短试验时间，必须强化某些因子。一般采用提高试验电压以增加场强的方法，以加快老化速度和缩短寿命。有时也用增加试验频率的方法来加速老化。但是，增加频率不一定能加快老化速度。当增加试验频率时，许多有机绝缘材料的电老化寿命并不按频率的倒数 $1/f$ 下降。而且试验指出：许多材料的电老化寿命与湿度有很大关系，只有在干燥大气中，寿命与频率有可能有倒数关系。因此，采用提高频率的方法时，在进行电老化试验之前，必须先研究寿命与频率的关系，证实寿命与频率成反比。采用提高频率加速老化时，还须注意介质发热情况，不能因提高试验频率引起介质的热不稳定。

采用提高场强加速老化时，一般要取得一组寿命与场强曲线数据。为了使试验场强不超过实际工作场强太多，一般都规定最低试验场强。例如，IEC 规定最高和最低电压下的寿命分别不小于 100h 和 5000h，美国 ASTM 规定试验场强不高出放电起始场强的 40%。此外，为了避免试验场强过高而使老化机理发生变化，不同于实际运行条件下的机理，常规定最高试验场强。

放电试验一般在标准环境温度（20°C±5°C）下进行，如果需要模拟实际运行情况，则同时可以在最高工作温度下进行。

前已述及，湿度对放电有很大影响，高湿度可使放电自熄，使试验结果产生大的分散性。为使试验结果的分散性小，一般在低湿度下进行试验。

其他使用条件，如机械应力、高温度等都将改变耐放电性。为了研究这些因素的影响，可将它们作为老化因子，在试验研究中加以采用。

总之，为了对各种材料的耐放电能力进行比较，如无其他原因，试验应在统一规定下进行。如要在试验中研究某一因子对材料的耐放电性的影响，则可以另外规定试验条件，设计试验方案。

4. 寿命终了的评定

一般用击穿电压来评定绝缘的电老化寿命。测定在一定电压作用下直到材料被击穿所经历的时间作为在该特定条件下材料的失效时间。有时也用材料力学物理性能的变化来标志材料老化，例如质量损失、弹性的丧失、脆性增加、电导增加、损耗因数上升以及介电强度下降等。至于究竟选择哪一个参数更为合适，则必须对具体材料进行试验，才能做出恰当的选择。

5. 介绍几种试验标准与试验方法

（1）国际电工委员会（IEC）推荐的出版物 343《绝缘材料在表面放电下击穿的相对耐受力的试验方法》

1）试样　试样厚度要均匀，面积足够大，在试验电压下不发生飞弧。暴露在放电下的上表面应无污秽。为了防止试样与平板电极间发生微弱的放电，必须在试样下表面涂上导电漆。必须注意，漆或溶媒有无促进试样表面开裂或化学劣化等现象，当被试材料吸收导电漆时，可以在与平板电极相接触的试样面上用硅油粘贴与试样一样大的 0.025mm 厚的铝箔，以代替导电漆。硅油应尽可能用得少，应对试样不产

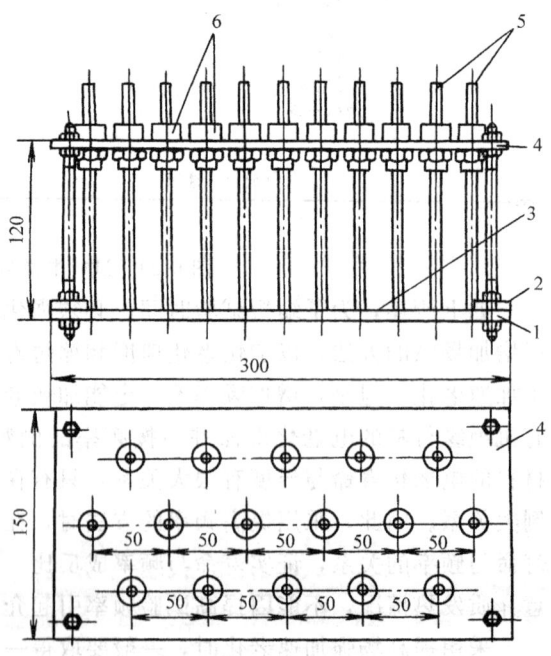

图 6-25　电极布置
1—低压电极　2—试样夹　3—试样　4—玻璃补强云母
5—高压电极 $\phi 6 \pm 0.3$mm　6—电极夹（用于软材料）

生化学作用。

当试样很薄时，可以用几层叠起来进行试验，但此时所得结果与总厚度相等的单层材料的试验结果有很大差别。

试样在试验前应按材料规定作预处理。

2) 电极　上电极为 6 ± 0.3mm 直径的不锈钢圆柱形电极，边的圆角半径为 1mm，电极重约 30g。

对于软材料，在电极与试样间可留不超过 $100\mu m$ 的间隙，以避免机械损伤。对于非常薄的试样，可把它们置放在相距 $100\mu m$ 的固定电极之间。

一块试样上可以放置一个或多个电极。如放置多个电极，极间应有足够距离，以避免相邻电极放电的相互作用。图 6-25 表示一个多电极布置图。

3) 环境条件　一般在室温（15~35℃）下相对湿度不超过 20% 的干燥空气中进行试验。对每个试验电极，空气流速至少为 0.5l/min。特殊情况下可在其他媒质中或在高温下进行试验。

4) 试验电压　对于新材料，至少在三个电压下确定寿命与电压的关系。最高试验电压应使试样寿命不小于相当于工频下 100h 的寿命。最低试验电压应使试样寿命不小于相当于工频下 5000h 的寿命。对于非常薄的材料（小于 $100\mu m$），允许选择给出相当于工频 1000h 寿命的最低试验电压。进行已经评定过的材料的常规验收试验时，试验电压应该这样选择，在该电压下，从过去在该材料上的试验结果，可期望获得相当于工频下一年的寿命。对于非常薄的材料（小于 $100\mu m$），试验电压应使试验能给出所期望的相当于工频 1000h 的寿命。

5) 频率　试验一般在工频下进行。如果试验要在高频下进行，则必须首先肯定被测材料的寿命与频率成反比，由此可以计算出工频下的等值寿命。

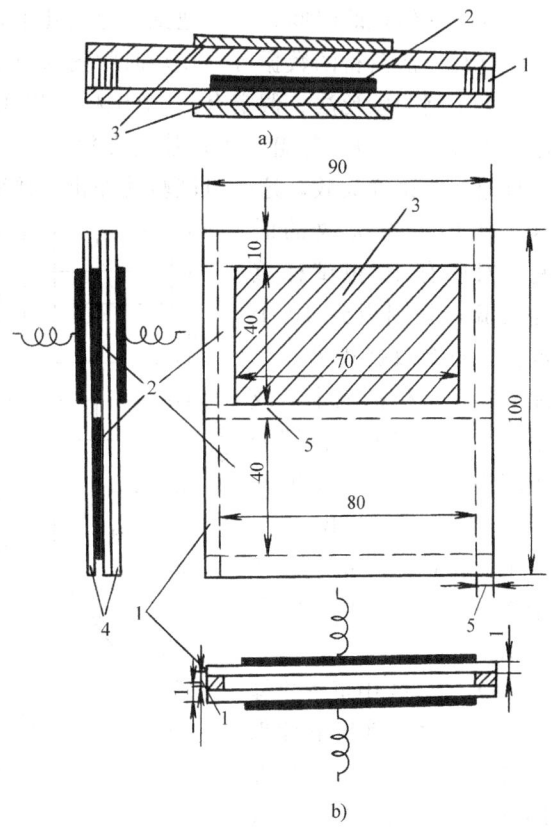

图 6-26　评定耐放电性试验盒
1—垫片　2—试样　3—电极　4—硼硅玻璃板

(2) 重量损失法 这个方法属于非破坏性试验。可采用图 6-26a 所示试验盒。试验时在电极上施加一定电压使试验盒内产生一定强度的放电量。试样在试验盒内经受一定时间放电后，测定其重量变化，然后根据测得数据绘制重量变化曲线。有时为了分析放电对材料的作用，采用图 6-26b 所示放电盒。盒中放两个试样，一个置于两金属箔电极之间，直接处于放电之下；另一个离电极 5mm，以避免直接处于放电之下，而仅仅接触到放电产生的臭氧和各种放电产生的分解物，在经受一定时间后，测其重量变化，来研究材料的老化。

日本用上述方法对 20 多种薄膜材料进行了试验，认为这样的方法对评定薄膜的耐放电性以及研究放电对薄膜的破坏机理是适用的。

(3) 骤死法 一组试样经电压老化所获得的寿命值，即失效时间，属于威布尔分布，即寿命的失效百分率在威布尔坐标纸上对寿命是一条直线。因此，可以用寿命试验的威布尔坐标图求取寿命的平均值或特征值。

为了缩短试验时间，可以把试样分成几组，每组第一个试样失效，试验就停止。这种方法获得的数据可以在短时间内求取试样的寿命值，这就是骤死法。

为了阐明骤死法，假定有 50 个试样可以用来做电压老化寿命试验。把试样随机地分成 10 组，每组 5 个；然后在第一组的 5 个试样上进行电压老化试验，一旦第一个试样失效，这一组试验就停止。接着在第二组试样上进行试验，记下这一组第一次失效的时间。对所有 10 组试样重复试验，分别得到 10 个数据，每个数据代表 5 个随机集合试样的最小值或第一次失效时间。按照分级理论，5 个一组中的最低值群集在总体 $B_{12.94}$ 点的中值位置。因此，这 10 个数代表 $B_{12.94}$ 寿命的个别估计。

从附录 G 中可查出样本容量为 10 的各个数据的等级，然后在威布尔概率纸上绘出 10 个点，这样就可以获得一根直线，

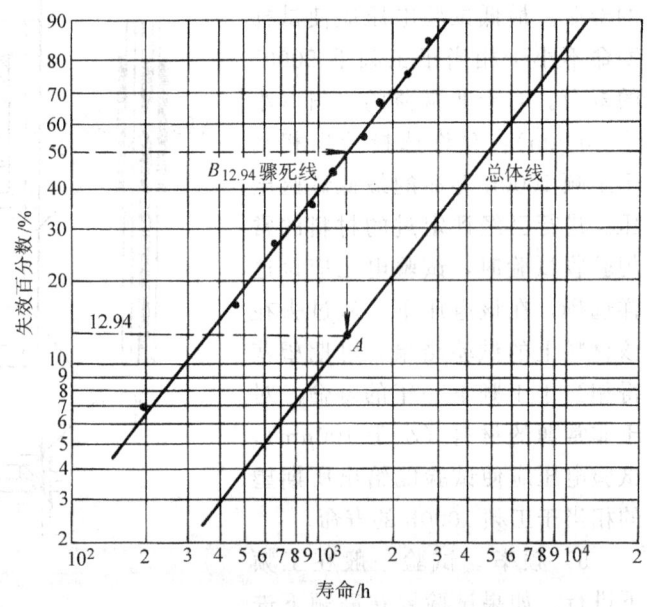

图 6-27 从骤死试验数据预测总体

该直线描绘 $B_{12.94}$ 寿命的分布，而不代表总体。取中值寿命作为 $B_{12.94}$ 的最佳估计，它位于直线的 50% 水平。此时，经过骤死线 B_{50} 寿命和总体的 $B_{12.94}$ 寿命的

公共点 A（见图 6-27）绘一条与骤死线相平行的线，即可预测总体的失效时间分布。$B_{12.94}$ 寿命的估计与所有 50 个试样全部失效获得的一样可靠。

例 6-1 有 50 根电机线棒用来做电老化试验。为了节省试验时间，把试样分为 10 组，每组 5 个试样进行骤死试验，结果如下：

试样组号	1	2	3	4	5	6	7	8	9	10
寿命/h	190	460	1170	300	1520	644	944	2690	2230	1760

首先把试验数据按上升次序排列，并给每个数据以中值等级，见表 6-4；然后把表 6-4 的数据标绘在威布尔纸上，并通过这些点绘制最佳直线。因为数据代表 5 个试样组成的样本中的第一次失效时间，它们是 $B_{12.94}$ 失效线的估计，所以经过这些点的直线被称为 $B_{12.94}$ 线（见图 6-27）；最后找出 A 点，其横坐标为骤死线的中值寿命，纵坐标为失效 12.94%，过 A 点绘与骤死线相平行的直线，得到图 6-27 所示的总体线。

表 6-4 例 6-1 数据

第一次失效时间/h	中值等级/%	第一次失效时间/h	中值等级/%
190	0.0670	1520	0.5481
460	0.1692	1760	0.6443
644	0.2594	2230	0.7406
944	0.3557	2690	0.8368
1170	0.4519	3850	0.9330

获得总体线以后，威布尔分布的特征值以及任何失效百分数的特征值均可求取。

附　　录

附录 A　ZC—36 型高阻计的测量原理

ZC—36 型高阻计的主要部件是一只直流放大器，第一级放大用的是电测电子管，其余都采用晶体管。整台仪器还备有高压直流电源和电极夹具，其线路原理图见图附 A-1。

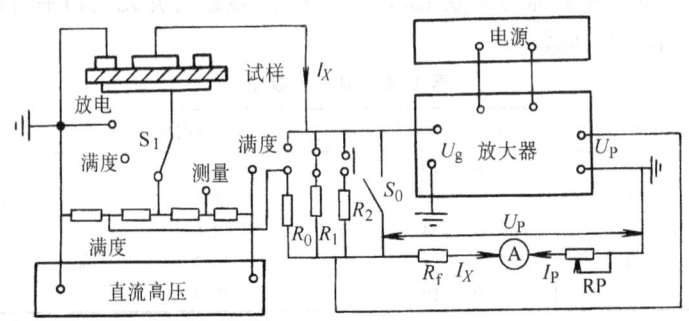

图附 A-1　ZC—36 型高阻计简图

一、高压电源

提供施加于试样的试验电压，经过分压器分为 10V，100V，250V，500V、1000V 等数档，为了缩小升压变压器的尺寸，变压器一次侧由振荡器提供音频电压，二次电压经整流、滤波得到直流高压。

放大用的直流电压，是全波整流后经滤波、稳压得到的比较稳定的直流电压，这是提高放大器工作的稳定性所必需的。

二、放大器

为了提高稳定性，克服放大器本身的噪声和零点漂移，采用三级差动放大及负反馈线路，同时为了提高负载能力，最后一级用射极输出。

R_0、R_1、R_2、$\cdots$ 都是标准电阻，R_0 是用来调节仪器的满度的。如图附 A-1 所示，调节时 S_1 置于"放电"位置，S_3 接通 R_0，在 R_0 上有一固定电压，若放大器的放大倍数稳定，则指示仪表应偏转到满刻度，如果有偏差则可调 RP 使指针达到满刻度。其他标准电阻都是用来改变测量电阻的量程的。使用时应由小到大按次序调节，因为阻值愈大仪器的灵敏度愈高，在测量的 R_x 不大时，容易损坏仪器。

当试样刚加上电压时,若试样的电容较大,则有较大的充电电流通过输入电阻,由此产生过大的输入电压将会损坏仪器。为了防止发生这种危险,在输入电阻上并接一开关 S_0,操作时必须先闭合 S_0,而后将 S_1 置于测量位置,并开始计时,经十几秒钟后将 S_0 打开,选择适当量程使指示器有明显偏转,待到达 1min 时记下仪器的读数。

附录 B 电桥的灵敏度

设电桥的 4 个桥臂阻抗分别为 Z_X、Z_N、Z_3、Z_4,平衡指示器(检流计)的阻抗为 Z_g,当电桥加上电压 U 时,流过桥臂各支路的电流如图附 B-1 所示。根据回路方程原理,可以列出以下三个方程

$$\begin{cases} I_1(Z_N+Z_4)-I_g Z_4 = U \\ I_2(Z_X+Z_3)+I_g Z_3 = U \\ -I_1 Z_4 + Z_2 Z_3 + I_g(Z_g+Z_3+Z_4) = 0 \end{cases}$$

解此方程组可得

$$I_g = \frac{U(Z_X Z_4 - Z_N Z_3)}{Z_X[(Z_N+Z_4)(Z_g+Z_3)+Z_N Z_4]+Z_N Z_3(Z_g+Z_4)+Z_3 Z_4 Z_g}$$

电桥的灵敏度是以电桥在平衡后,当被测阻抗 Z_X 有微小变化时,平衡指示器出现的读数大小来表征,因此可先求上式 I_g 对 Z_X 的偏导数,而后再代入平衡条件 $Z_X Z_4 = Z_3 Z_N$,得到

$$\frac{\partial I_g}{\partial Z_X} = \frac{U Z_4}{Z_X[(Z_N+Z_4)(Z_g+Z_3)+Z_N Z_4]+Z_N Z_3(Z_g+Z_4)+Z_3 Z_4 Z_g}$$

在工频下,$Z_N \gg Z_4$,$Z_N \gg Z_g$,ΔI_g 和 ΔZ_X,很小时,上式可近似改写为

$$\Delta I_g = \frac{\Delta Z_X}{Z_X} \frac{U\omega C_N}{1+\frac{C_N}{C_X}+\frac{Z_g}{Z_4}}$$

$\Delta Z_X/Z_X$ 为试品阻抗(包括电容及损耗因数)相对变化量,对于一定的 $\Delta Z_X/Z_X$,产生的 ΔI_g 愈大,电桥的灵敏度就愈高。从式中可以看出增大电压 U、频率 ω、及标准电容 C_N 都可以提高电桥的灵敏度。

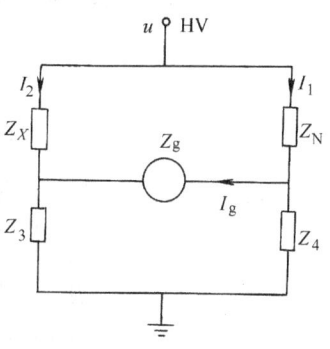

图附 B-1 电桥原理图

附录C 大电容电桥计算式

将图 2-9a 中的分压电阻及 R_3 组成的 $\triangle bce$ 网络改写为 $Ybce$ 网络,如图附 C-1 所示。当电桥平衡时 R_∞ 与指示器 G 串联,不影响电桥平衡条件。

$$R_{bo}=\frac{R_3 R_n}{R_3+R_n+R_{N-n}}=\frac{R_3 R_n}{R_3+R_N}$$

$$R_\infty=\frac{R_n R_{N-n}}{R_3+R_N}$$

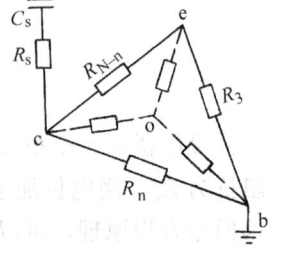

图附 C-1 大电容电桥的桥臂

原来正接西林电桥中的 R_3,现在变为 R_{bo},于是

$$C_X=C_N\frac{R_4}{R_3}\left(\frac{R_3+R_N}{R_n}\right)$$

而 R_∞ 与试品串联,设试品用等值阻抗 R_s、C_s 来表示,则这时测得的 $\tan\delta_m$ 为

$$\tan\delta_m=\omega C_4 R_4=\omega C_s(R_s+R_\infty)=\tan\delta_X+\omega C_s R_\infty$$

试品的损耗因数为

$$\tan\delta_X=\omega C_s R_s=\omega C_4 R_4-\omega C_s\frac{R_n R_{N-n}}{R_3+R_N}=\omega C_4 R_4-\omega C_N\frac{R_4}{R_3}R_{N-n}$$

附录D 对角线接地电桥计算式

见图 2-11,打开开关 S_1(不接试品),这时试验变压器高压端对壳(即对地)的等效并联阻抗 C_1、R_1 做为电桥的一个桥臂(代替试品),并把 C_4、R_4 短路,即闭合开关 S_2,调节 R_3、R_2、C_2 使电桥达到平衡,从平衡条件可得

$$C_1=C_N\frac{R_2}{R_3}$$

$$\tan\delta_1=\frac{G_1}{\omega C_1}=\omega C_2 R_2 \quad \left(G_1=\frac{1}{R_1}\right)$$

之后闭合开关 S_1,打开 S_2,调节 C_4、R_4,使电桥重新平衡,这时

$$Z_4=\frac{1}{\frac{1}{R_4}+j\omega C}+\frac{1}{\frac{1}{R_2}+j\omega C_2}=\frac{R_4}{1+j\omega C_4 R_4}+\frac{R_2}{1+j\omega C_2 R_2}$$

$$=\frac{R_4(1-j\omega C_4 R_4)}{1-(\omega C_4 R_4)^2}+\frac{R_2(1-j\omega C_2 R_2)}{1-(\omega C_2 R_2)^2}$$

实际上 $1\gg(\omega C_4 R_4)^2$ $1\gg(\omega C_2 R_2)^2$

所以上式可简写为
$$Z_4 = R_2 + R_4 - j\omega(C_4R_4 + C_2R_2)$$

变为导纳

$$Y_4 = \frac{1}{Z_4} = \frac{1}{R_2 + R_4 - j\omega(C_2R_2 + C_4R_4)} = \frac{R_2 + R_4 + j\omega(C_2R_4 + C_4R_4)}{(R_2+R_4)^2 - [\omega(C_2R_2 + C_4R_4)]^2}$$

由于 $(R_2+R_4)^2 \gg [\omega(C_2R_2 + C_4R_4)]^2$

故上式可简化为

$$Y_4 = \frac{1}{R_2+R_4} + j\omega\frac{C_2R_2 + C_4R_4}{R_2+R_4} = \frac{1}{R_4'} + j\omega C_4'$$

式中 $R_4' = R_2 + R_4$，$C_4' = \frac{C_2R_2 + C_4R_4}{R_2+R_4}$。同时，接试品桥臂的导纳为

$$Y_X = G_1 + G_X + j\omega(C_1 + C_X)$$

根据电桥平衡条件可得

$$C_1 + C_X = C_N \frac{R_4'}{R_3} = \frac{C_N(R_2+R_4)}{R_3}$$

$$C_X = \frac{C_N(R_2+R_4)}{R_3} - C_1 = \frac{C_N(R_2+R_4)}{R_3} - C_N\frac{R_2}{R_3} = C_N\frac{R_4}{R_3}$$

同样，根据平衡条件可得

$$\tan\delta_m = \frac{G_1 + G_X}{\omega(C_1 + C_X)} = \omega R_4' C_4'$$

$$\tan\delta_X = \frac{G_X}{\omega C_X} = \frac{\omega R_4' C_4' (C_1 + C_X)}{G_1 C_X}$$

将 $\frac{G_1}{\omega C_1} = \omega C_2 R_2$ 及 C_X、R_4'、C_4' 等代入，最终可得

$$\tan\delta_X = \omega C_4 R_4$$

附录 E 球隙放电电压表

球接地时球隙的工频交流、负极性直流、负极性冲击放电电压峰值/kV

间隙 d/cm \ 球径 D/cm	2	5	6.25	10	12.5	15	25	50	75	100	150	200
0.05	2.4	—	—	—	—	—	—	—	—	—	—	—
0.10	4.4	—	—	—	—	—	—	—	—	—	—	—
0.15	6.3	—	—	—	—	—	—	—	—	—	—	—
0.2	8.2	8	—	—	—	—	—	—	—	—	—	—
0.3	11.5	—	—	—	—	—	—	—	—	—	—	—
0.4	14.8	14.3	14.2	—	—	—	—	—	—	—	—	—
0.5	18	—	—	16.9	16.7	16.5	—	—	—	—	—	—

(续)

球径 D/cm \ 间隙 d/cm	2	5	6.25	10	12.5	15	25	50	75	100	150	200
0.6	21	20.4	20.2	—	—	—	—	—	—	—	—	—
0.7	23.9	—	—	—	—	—	—	—	—	—	—	—
0.8	26.6	26.3	26.2	—	—	—	—	—	—	—	—	—
0.9	29	—	—	—	—	—	—	—	—	—	—	—
1.0	31.2	32.0	31.9	31.6	31.5	31.3	31.0	—	—	—	—	—
1.2	(35.1)	37.6	37.5	—	—	—	—	—	—	—	—	—
1.4	(38.5)	43	43	—	—	—	—	—	—	—	—	—
1.5	(40)	—	—	45.6	45.6	45.5	45.0	—	—	—	—	—
1.6	(41.4)	48.1	48.4	—	—	—	—	—	—	—	—	—
1.8	(44)	53	53.6	—	—	—	—	—	—	—	—	—
2.0	(50.2)	57.4	58.2	59.1	59.2	59.2	59	58.1	58	—	—	—
2.2	—	61.5	63.1	—	—	—	—	—	—	—	—	—
2.4	—	65.3	67.4	—	—	—	—	—	—	—	—	—
2.5	—	67.2	69.6	72	72	72.6	72	—	—	71	—	—
3.0	—	(75.4)	79.1	84.1	85.2	85.8	86	—	—	—	—	—
3.5	—	(82.4)	(87.5)	95.2	97.2	98.1	—	—	—	—	—	—
4.0	—	(88.4)	94.8	105	109	110	112	112	112	—	—	—
4.5	—	(93.5)	(101)	115	119	122	—	—	—	—	—	—
5.0	—	(98)	(107)	123	129	132	137	—	—	137	137	137
5.5	—	—	(112)	(131)	138	143	—	—	—	—	—	—
6.0	—	—	(116)	(138)	146	152	161	—	164	—	—	—
6.5	—	—	—	(141)	(157)	161	—	—	—	—	—	—
7.0	—	—	—	(150)	(162)	169	184	—	—	—	—	—
7.5	—	—	—	(155)	(168)	177	—	—	—	—	—	—
8.0	—	—	—	(160)	(174)	(185)	205	214	215	—	—	—
9.0	—	—	—	(169)	(186)	(198)	225	—	—	—	—	—
10	—	—	—	(177)	(196)	(209)	243	262	265	266	267	265
11	—	—	—	—	(204)	(219)	260	—	—	—	—	—
12	—	—	—	—	(212)	(229)	275	308	313	—	—	—
13	—	—	—	—	—	(238)	(289)	—	—	—	—	—
14	—	—	—	—	—	(245)	(302)	352	360	—	—	—
15	—	—	—	—	—	(252)	(314)	—	—	387	388	389
16	—	—	—	—	—	—	(325)	392	406	—	—	—
18	—	—	—	—	—	—	(345)	428	450	—	—	—
20	—	—	—	—	—	—	(363)	461	492	503	508	510
22	—	—	—	—	—	—	(378)	491	532	—	—	—
24	—	—	—	—	—	—	(391)	520	570	—	—	—
25	—	—	—	—	—	—	(396)	—	—	611	626	630
26	—	—	—	—	—	—	—	(545)	606	—	—	—
28	—	—	—	—	—	—	—	(570)	640	—	—	—
30	—	—	—	—	—	—	—	(591)	670	709	739	745

(续)

球径 D/cm 间隙 d/cm	2	5	6.25	10	12.5	15	25	50	75	100	150	200
32	—	—	—	—	—	—	—	(611)	702	—	—	—
34	—	—	—	—	—	—	—	(630)	731	—	—	—
35	—	—	—	—	—	—	—	—	—	797	846	858
36	—	—	—	—	—	—	—	(647)	756	—	—	—
38	—	—	—	—	—	—	—	(663)	783	—	—	—
40	—	—	—	—	—	—	—	(679)	(806)	876	947	965
45	—	—	—	—	—	—	—	(710)	(858)	949	1040	1075
50	—	—	—	—	—	—	—	(738)	(904)	1010	1130	1180
55	—	—	—	—	—	—	—	—	(945)	(1070)	1210	—
60	—	—	—	—	—	—	—	—	(981)	(1120)	1280	1360
65	—	—	—	—	—	—	—	—	(1012)	(1170)	1350	—
70	—	—	—	—	—	—	—	—	(1040)	(1210)	1420	1530
75	—	—	—	—	—	—	—	—	(1060)	(1240)	1470	—
80	—	—	—	—	—	—	—	—	—	(1280)	(1530)	1680
90	—	—	—	—	—	—	—	—	—	(1330)	(1630)	1810
100	—	—	—	—	—	—	—	—	—	1370	(1710)	1930
110	—	—	—	—	—	—	—	—	—	—	(1790)	(2030)
120	—	—	—	—	—	—	—	—	—	—	(1850)	(2120)
130	—	—	—	—	—	—	—	—	—	—	(1900)	(2200)
140	—	—	—	—	—	—	—	—	—	—	(1950)	(2280)
150	—	—	—	—	—	—	—	—	—	—	(1980)	(2350)
160	—	—	—	—	—	—	—	—	—	—	—	(2410)
180	—	—	—	—	—	—	—	—	—	—	—	(2520)
200	—	—	—	—	—	—	—	—	—	—	—	(2580)

附录 F 统计数值表

χ^2 值表（相应于给定概率的 χ^2 值）

自由度	偏差大于 χ^2 的概率									
	0.99	0.98	0.95	0.90	0.50	0.10	0.05	0.02	0.01	0.001
1	0.000	0.001	0.001	0.015	0.455	2.71	3.84	5.41	6.64	10.83
2	0.020	0.040	0.103	0.211	1.386	4.61	5.99	7.82	9.21	13.82
3	0.115	0.185	0.352	0.584	2.366	6.25	7.82	9.84	11.34	16.27
4	0.297	0.429	0.711	1.064	3.357	7.78	9.49	11.67	13.28	18.47
5	0.554	0.752	1.145	1.610	4.351	9.24	11.07	13.39	15.00	20.52
6	0.872	1.134	1.635	2.204	5.35	10.65	12.59	15.08	16.81	22.46
7	1.239	1.564	2.167	2.833	6.35	12.02	14.07	16.62	18.48	24.32
8	1.646	2.032	2.733	3.490	7.34	13.36	15.51	18.17	20.09	26.13
9	2.088	2.532	3.325	4.168	8.34	14.68	16.92	19.68	21.67	27.88

(续)

自由度	偏差大于 χ^2 的概率									
	0.99	0.98	0.95	0.90	0.50	0.10	0.05	0.02	0.01	0.001
10	2.558	3.059	3.940	4.865	9.34	15.99	18.31	21.15	23.01	29.59
11	3.05	3.61	4.57	5.58	10.34	17.28	19.68	22.62	24.73	31.26
12	3.57	4.18	5.23	6.30	11.34	18.55	21.03	24.05	26.22	32.91
13	4.11	4.76	5.89	7.04	12.34	19.81	22.36	25.47	27.69	34.03
14	4.66	5.37	6.57	7.79	13.34	21.06	23.69	26.87	29.14	36.12
15	5.23	5.99	7.26	8.55	14.34	22.31	25.00	28.26	30.58	37.70
16	5.81	6.61	7.96	9.31	15.34	23.54	26.30	29.63	32.00	39.25
17	6.41	7.26	8.67	10.09	16.34	24.77	27.59	31.00	33.41	40.79
18	7.02	7.91	9.39	11.87	17.34	25.99	28.87	32.35	34.81	42.31
19	7.63	8.57	10.12	11.65	18.34	27.20	30.14	33.69	36.19	43.82
20	8.26	9.24	10.85	12.44	19.34	28.41	31.41	35.02	37.57	45.32
21	8.90	9.91	11.59	13.34	20.34	29.61	32.67	36.34	38.93	46.80
22	9.54	10.60	12.34	14.01	21.34	30.81	33.92	37.66	40.29	48.27
23	10.20	11.29	13.09	14.85	22.34	32.01	35.17	38.97	41.64	49.73
24	10.86	11.99	13.85	15.66	23.34	33.20	36.42	40.27	42.98	51.18
25	11.52	12.70	14.61	16.47	24.34	34.38	37.65	41.57	44.31	52.62
26	12.20	13.41	15.38	17.29	25.34	35.56	38.89	42.86	45.64	54.05
27	12.88	14.12	16.15	18.11	26.34	36.74	40.11	44.14	46.96	55.48
28	13.56	14.85	16.93	18.94	27.34	37.92	41.84	45.42	48.28	56.89
29	14.26	15.57	17.71	19.77	28.34	39.00	42.56	46.69	49.59	58.30
30	14.95	16.31	18.49	20.60	29.31	40.26	43.77	47.96	50.89	59.70

方差比值表（Ⅰ）

F_2 \ F_1	0.20 显著性水准								
	1	2	3	4	5	6	12	24	∞
1	9.5	12.0	13.1	13.7	14.0	14.3	14.9	15.2	15.6
2	3.6	4.0	4.2	4.2	4.3	4.3	4.4	4.4	4.5
3	2.7	2.9	2.9	3.0	3.0	3.0	3.0	3.0	3.0
4	2.4	2.5	2.5	2.5	2.5	2.5	2.5	2.4	2.4
5	2.2	2.3	2.3	2.2	2.2	2.2	2.2	2.2	2.1
6	2.1	2.1	2.1	2.1	2.1	2.1	2.0	2.0	2.0
7	2.0	2.0	2.0	2.0	2.0	2.0	1.9	1.9	1.8
8	2.0	2.0	2.0	1.9	1.9	1.9	1.8	1.8	1.7
9	1.9	1.9	1.9	1.9	1.9	1.8	1.8	1.7	1.7
10	1.9	1.9	1.9	1.8	1.8	1.8	1.7	1.7	1.6
11	1.9	1.9	1.8	1.8	1.8	1.8	1.7	1.6	1.6
12	1.8	1.8	1.8	1.8	1.7	1.7	1.7	1.6	1.5
13	1.8	1.8	1.8	1.8	1.7	1.7	1.6	1.6	1.5
14	1.8	1.8	1.8	1.7	1.7	1.7	1.6	1.6	1.5
15	1.8	1.8	1.8	1.7	1.7	1.7	1.6	1.5	1.5
16	1.8	1.8	1.7	1.7	1.7	1.6	1.6	1.5	1.4

(续)

F_2 \ F_1	0.20 显著性水准								
	1	2	3	4	5	6	12	24	∞
17	1.8	1.8	1.7	1.7	1.7	1.6	1.6	1.5	1.4
18	1.8	1.8	1.7	1.7	1.6	1.6	1.5	1.5	1.4
19	1.8	1.8	1.7	1.7	1.6	1.6	1.5	1.5	1.4
20	1.8	1.8	1.7	1.7	1.6	1.6	1.5	1.5	1.4
22	1.8	1.7	1.7	1.6	1.6	1.6	1.5	1.4	1.4
24	1.7	1.7	1.7	1.6	1.6	1.6	1.5	1.4	1.3
26	1.7	1.7	1.7	1.6	1.6	1.6	1.5	1.4	1.3
28	1.7	1.7	1.7	1.6	1.6	1.6	1.5	1.4	1.3
30	1.7	1.7	1.6	1.6	1.6	1.5	1.5	1.4	1.3
40	1.7	1.7	1.6	1.6	1.5	1.5	1.4	1.4	1.2
60	1.7	1.7	1.6	1.6	1.5	1.5	1.4	1.3	1.2
120	1.7	1.6	1.6	1.5	1.5	1.5	1.4	1.3	1.1
∞	1.6	1.6	1.6	1.5	1.5	1.4	1.3	1.2	1.0

方差比值表(Ⅱ)

F_2 \ F_1	0.05 显著性水准								
	1	2	3	4	5	6	12	24	∞
1	164.4	199.5	215.7	224.6	230.2	234.0	234.9	149.0	254.3
2	18.5	19.2	19.2	19.3	19.3	19.3	19.4	19.5	19.5
3	10.1	9.6	9.3	9.1	9.0	8.9	8.7	8.6	8.5
4	7.7	6.9	6.6	6.4	6.3	6.2	5.9	5.8	5.6
5	6.6	5.8	5.4	5.2	5.1	5.0	4.7	4.5	4.4
6	6.0	5.1	4.8	4.5	4.4	4.3	4.0	3.8	3.7
7	5.6	4.7	4.4	4.1	4.0	3.9	3.6	3.4	3.2
8	5.3	4.5	4.1	3.8	3.7	3.6	3.3	3.1	2.9
9	5.1	4.3	3.9	3.6	3.5	3.4	3.1	2.9	2.7
10	5.0	4.1	3.7	3.5	3.3	3.2	2.9	2.7	2.5
11	4.8	4.0	3.6	3.4	3.2	3.1	2.8	2.6	2.4
12	4.8	3.9	3.5	3.3	3.1	3.0	2.7	2.5	2.3
13	4.7	3.8	3.4	3.2	3.0	2.9	2.6	2.4	2.2
14	4.6	3.7	3.3	3.1	3.0	2.9	2.5	2.3	2.1
15	4.5	3.7	3.3	3.1	2.9	2.8	2.5	2.3	2.1
16	4.5	3.6	3.2	3.0	2.9	2.7	2.4	2.2	2.0
17	4.5	3.6	3.2	3.0	2.8	2.7	2.4	2.2	2.0
18	4.4	3.6	3.2	2.9	2.8	2.7	2.3	2.1	1.9
19	4.4	3.5	3.1	2.9	2.7	2.6	2.3	2.1	1.9
20	4.4	3.5	3.1	2.9	2.7	2.6	2.3	2.1	1.8
22	4.3	3.4	3.1	2.8	2.7	2.6	2.2	2.0	1.8
24	4.3	3.4	3.0	2.8	2.6	2.5	2.2	2.0	1.7
26	4.2	3.4	3.0	2.7	2.6	2.5	2.2	2.0	1.7
28	4.2	3.3	3.0	2.7	2.6	2.4	2.1	1.9	1.7
30	4.2	3.3	2.9	2.7	2.5	2.4	2.1	1.9	1.6
40	4.1	3.2	2.9	2.6	2.5	2.3	2.0	1.8	1.5
60	4.0	3.2	2.8	2.5	2.4	2.3	1.9	1.7	1.4
120	3.9	3.1	2.7	2.5	2.3	2.2	1.8	1.6	1.3
∞	3.8	3.0	2.6	2.4	2.2	2.1	1.8	1.5	1.0

方差比值表（Ⅲ）

F_2 \ F_1	0.01 显 著 性 水 准									
	1	2	3	4	5	6	8	12	24	∞
1	4052	4999	5403	5625	5764	5859	5981	6106	6234	6366
2	98.5	99.0	99.2	99.3	99.3	99.4	99.3	99.4	99.5	99.5
3	34.1	30.8	29.5	28.7	28.2	27.9	27.5	27.1	26.6	26.1
4	21.2	18.0	16.7	16.0	15.5	15.2	14.8	14.4	13.9	13.5
5	16.3	13.3	12.1	11.4	11.0	10.7	10.3	9.9	9.5	9.0
6	13.7	10.9	9.8	9.2	8.8	8.5	8.1	7.7	7.3	6.9
7	12.3	9.6	8.5	7.9	7.5	7.2	6.8	6.5	6.1	5.7
8	11.3	8.7	7.6	7.0	6.6	6.4	6.0	5.7	5.3	4.9
9	10.6	8.0	7.0	6.4	6.1	5.8	5.5	5.1	4.7	4.3
10	10.0	7.6	6.6	6.0	5.6	5.4	5.1	4.7	4.3	3.9
11	9.7	7.2	6.2	5.7	5.3	5.1	4.7	4.4	4.0	3.6
12	9.3	6.9	6.0	5.4	5.1	4.8	4.5	4.2	3.8	3.4
13	9.1	6.7	5.7	5.2	4.9	4.6	4.3	4.0	3.6	3.2
14	8.9	6.5	5.6	5.0	4.7	4.5	4.1	3.8	3.4	3.0
15	8.7	6.4	5.4	4.9	4.6	4.3	4.0	3.7	3.3	2.9
16	8.5	6.2	5.3	4.8	4.4	4.2	3.9	3.6	3.2	2.8
17	8.4	6.1	5.2	4.7	4.3	4.1	3.8	3.5	3.1	2.7
18	8.3	6.0	5.1	4.6	4.3	4.0	3.7	3.4	3.0	2.6
19	8.2	5.9	5.0	4.5	4.2	3.9	3.6	3.3	2.9	2.5
20	8.1	5.0	4.9	4.4	4.1	3.9	3.6	3.2	2.9	2.4
22	7.9	5.7	4.8	4.3	4.0	3.8	3.5	3.1	2.8	2.3
24	7.8	5.6	4.7	4.2	3.9	3.7	3.3	3.0	2.7	2.2
26	7.7	5.5	4.6	4.1	3.8	3.6	3.3	3.0	2.6	2.1
28	7.6	5.5	4.6	4.1	3.8	3.5	3.2	2.9	2.5	2.1
30	7.6	5.4	4.5	4.0	3.7	3.5	3.2	2.8	2.5	2.0
40	7.3	5.2	4.3	3.8	3.5	3.3	3.0	2.7	2.3	1.8
60	7.1	5.0	4.1	3.7	3.3	3.1	2.8	2.5	2.1	1.6
120	6.9	4.8	4.0	3.5	3.2	3.0	2.7	2.3	2.0	1.4
∞	6.6	4.6	3.8	3.3	3.0	2.8	2.5	2.2	1.8	1.0

方差比值表（Ⅳ）

F_2 \ F_1	0.001 显 著 性 水 准									
	1	2	3	4	5	6	8	12	24	∞
1					400000～600000					
2	998	999	999	999	999	999	999	999	999	999
3	167	148	141	137	135	133	131	128	126	123
4	74.1	61.3	56.2	53.4	51.7	50.5	49.0	47.4	45.8	44.1
5	47.0	36.6	33.2	31.1	29.8	28.8	27.6	26.4	25.1	23.8
6	35.5	27.0	23.7	21.9	20.8	20.0	19.0	18.0	16.9	15.8
7	29.2	21.7	18.8	17.2	16.2	15.5	14.6	13.7	12.7	11.7
8	25.4	18.5	15.8	14.4	13.5	12.9	12.0	11.2	10.3	9.3

(续)

F_2 \ F_1	\multicolumn{10}{c}{0.001 显著性水准}
	1	2	3	4	5	6	8	12	24	∞
9	22.9	16.4	13.9	12.6	11.7	11.1	10.4	9.6	8.7	7.8
10	21.0	14.9	12.6	11.3	10.5	9.9	9.2	8.5	7.6	6.8
11	19.7	13.8	11.6	10.4	9.6	9.1	8.3	7.6	6.9	6.0
12	18.6	13.0	10.8	9.6	8.9	8.4	7.7	7.0	6.3	5.4
13	17.8	12.3	10.2	9.1	8.4	7.9	7.2	6.5	5.8	5.1
14	17.1	11.8	9.7	8.6	7.9	7.4	6.8	6.1	5.4	4.6
15	16.6	11.3	9.3	8.3	7.6	7.1	6.5	5.8	5.1	4.3
16	16.1	11.0	9.0	7.9	7.3	6.8	6.2	5.6	4.9	4.1
17	15.7	10.7	8.7	7.7	7.0	6.6	6.0	5.3	4.6	3.9
18	15.4	10.4	8.5	7.5	6.8	6.4	5.8	5.1	4.5	3.7
19	15.1	10.2	8.3	7.3	6.6	6.2	5.6	4.9	4.3	3.5
20	14.8	10.0	8.1	7.1	6.5	6.0	5.4	4.8	4.2	3.4
22	14.4	9.6	7.8	6.8	6.2	5.8	5.2	4.6	3.9	3.2
24	14.0	9.3	7.6	6.6	6.0	5.6	5.0	4.4	3.7	3.0
26	13.7	9.1	7.4	6.4	5.8	5.4	4.8	4.2	3.6	2.8
28	13.5	8.9	7.2	6.3	5.7	5.2	4.7	4.1	3.5	2.7
30	13.3	8.8	7.1	6.1	5.5	5.1	4.6	4.0	3.4	2.6
40	12.6	8.2	6.6	5.7	5.1	4.7	4.2	3.6	3.0	2.2
60	12.5	7.8	6.2	5.3	4.8	4.4	3.9	3.3	2.7	1.9
120	11.4	7.3	5.8	5.0	4.4	4.0	3.5	3.0	2.4	1.6
∞	10.8	6.9	5.4	4.6	4.1	3.7	3.3	2.7	2.1	1.0

附录 G 试样数 10 以下中值，5% 和 95% 等级表

j	\multicolumn{10}{c}{样本容量 n}
	1	2	3	4	5	6	7	8	9	10
1	0.5000	0.2929	0.2063	0.1591	0.1294	0.1091	0.0943	0.0830	0.0741	0.0670
2		0.7070	0.5000	0.3864	0.3147	0.2655	0.2295	0.2021	0.1806	0.1632
3			0.7937	0.6136	0.5000	0.4218	0.3648	0.3213	0.2871	0.2594
4				0.8409	0.6853	0.5782	0.5000	0.4404	0.3935	0.3557
5					0.8706	0.7345	0.6352	0.5596	0.5000	0.4519
6						0.8909	0.7705	0.6787	0.6065	0.5481
7							0.9057	0.7979	0.7129	0.6443
8								0.9170	0.8194	0.7406
9									0.9259	0.8368
10										0.9330

(续)

中 值 等 级

j	样本容量 n									
	1	2	3	4	5	6	7	8	9	10
1	0.5000	0.0253	0.0170	0.0127	0.0102	0.0085	0.0074	0.0065	0.0057	0.0051
2		0.2236	0.1354	0.0976	0.0764	0.0629	0.0534	0.0468	0.0410	0.0368
3			0.3684	0.2486	0.1893	0.1532	0.1287	0.1111	0.0978	0.0873
4				0.4729	0.3426	0.2713	0.2253	0.1920	0.1688	0.1500
5					0.5493	0.4182	0.3413	0.2892	0.2514	0.2224
6						0.6070	0.4793	0.4003	0.3449	0.3035
7							0.6518	0.5293	0.4504	0.3934
8								0.6877	0.5709	0.4931
9									0.7169	0.6058
10										0.7411

5% 等 级

j	样本容量 n									
	1	2	3	4	5	6	7	8	9	10
1	0.9500	0.7764	0.6316	0.5270	0.4507	0.3930	0.3482	0.3123	0.2831	0.2589
2		0.9747	0.8646	0.7514	0.6574	0.5818	0.5207	0.4707	0.4291	0.3942
3			0.9830	0.9024	0.8107	0.7287	0.6587	0.5997	0.5196	0.5069
4				0.9873	0.9236	0.8468	0.7747	0.7103	0.6551	0.6076
5					0.9898	0.9371	0.8713	0.8071	0.7436	0.6965
6						0.9915	0.9466	0.8889	0.8312	0.7776
7							0.9926	0.9532	0.9032	0.8500
8								0.9935	0.9590	0.9127
9									0.9943	0.9632
10										0.9949

参 考 文 献

1 刘耀南、邱昌容主编. 电气绝缘测试技术（第2版）. 北京：机械工业出版社，1994
2 （美）R. Bartnikas. Engineering Dielectric, Volume II B. Electrical Properties of Solid Insulating materials；Measurement techniques. ASTM STP926，1987
3 （苏）Л. М. 柯察诺夫斯基著. 电气绝缘材料试验. 袁明珍译. 北京：机械工业出版社，1986
4 （日）日本电气学会编. 绝缘试验手册. 陈琴生译. 北京：水利电力出版社，1987
5 邱昌容、王乃庆主编. 电工设备局部放电及其测试技术. 北京：机械工业出版社，1994
6 D. Kind. Accurate Measurements Over Wide Parameter Rangs. IEEE. DEI. Vol. 3，NO. 3，1996
7 A. Van Roggen. An Overview of Dielectric Measurement IEEE. EI-25，NO. 1，1990
8 J. C. Filppinin. On the Measurement of the Risistivily of Insulating Solids. International Symposum on Electrical Insulation，1996
9 L. C. A Hendersen. A New Technigue for the Automatic Measurement of High Value Risistors. J. Phys. Sci Instrm Vol. 20，1987
10 T H KWAAITAAL. A Transformer-Ratio Bridge for Measurement of Small loss Angles IEEE. IM Vol. 39. NO. 6，1990
11 R. C. Hughes Traceability of Measurements in H. V Test Circuils。Electra Vol. 155，1994
12 Peter H. Reynolds Field Testing Instrumentation IEEE. EI-25，NO. 1，1990
13 R. Nozaki，T. K. Bose. Broadband Complex Permittiuily Measurements by Time-Domain Spectroscopy IEEE. IM-39. NO. 6，1990
14 R. Bartnikas Detection of Partial Discharges in Electrical Apparatus IEEE. EI-25，NO. 1，1990
15 F. H. Kreuger Classification of Partial Discharge. IEEE. EI. Vol. 28，NO. 6，1996
16 B. H. Ward Digital Technigues for P D Measurements IEEE. Tran. on Power Delivery Vol. 7. NO. 2，1992
17 G. C. Stone Practical Technigues for Measuring P D in Operating Equipment. IEEE. EI，Vol. 17. NO. 4，1991
18 E. Gulski Computer-aided Measurement of P D in HV Equipment IEEE. EI. Vol. 28，NO. 6，1993
19 Harrold R T. Acoustical Technology Application in Electrical Insulation and Dielectrics. IEEE. EI-20，NO. 1，1985
20 A. Kelen and M. G. Danikas. Evidence and Presumption in PD Diagnostics. IEEE. DEI Vol. 2 NO. 5，1995
21 Л. М 斯维著. 高电压设备的绝缘监测. 张仁豫译. 北京：水力电力出版社，1984
22 和田、昱二著. 电气设备诊断技术及其自动化. 张家元译. 北京：机械工业出版社，1990
23 N. H. Ahamed. Review of space charge Measurements in Dielectrics. IEEE. DIE. Vol. 4，

NO. 5，1997
24 Yoshkazu Shibuya Progress in Insulation Diagnositic Technigues for Power Apperatus. Conference on Dielectrics and Electrical Insulation，1996
25 D. M. Allan. New Insuletion Diagnostic and Monitoring Technigues for In-service HV Apparatus. 3rd Conference on Properties and Applications of Dielectric Materials，1991
26 A. Krivda. Automated Recognition of Partial Discharges. IEEE. DEI. Vol. 2 NO. 5，1995
27 T. Tanaka Internal Partial Discharge and Material Degradation. IEEE. EI-21. NO. 6，1986
28 蔡俊编．可靠性工程．哈尔滨：黑龙江科学技术出版社，1990
29 何圆伟主编．可信性工程．北京：中国标准出版社，1997
30 陈季丹、刘子玉主编．电介质物理学．北京：机械工业出版社，1982
31 GB/T 1408.1—1999 固体绝缘材料电气强度试验方法 工频下的试验
32 GB/T 1409—1988 固体绝缘材料在工频、音频、高频（包括米波长在内）下相对介电常数和介质损耗因数的试验方法
33 GB/T 1410—1989 固体绝缘材料体积电阻率和表面电阻率试验方法
34 GB/T 311.1～311.6—1983 高压输变电设备的绝缘配合高电压试验技术
35 IEC. Pub. 60270—2000 High-voltage test technigues partial discharge measure ments
36 IEC Publication 85. Thermal evaluation and Classification of electrical insulation
37 IEC. Publication 216 Guide for the Determination of Thermal Endurance Properties of Electrical Insulating Materials Part 1、Part 2、Part 3、Part 4
38 IEC. Publication 243 Methods of Test for Electric Strength of Solid Insulating Materials Part 1、Part 2、Part 3、Part 4